大数据/人工智能系列教材

Python基础教程（第2版）

周　胜　鄢军霞　主　编

张松慧　王　坤　朱永君　副主编

宋楚平　主　审

電子工業出版社

Publishing House of Electronics Industry

北京 · BEIJING

内 容 简 介

本教材以 Windows 操作系统为平台，系统讲解 Python3 的基础知识。全书共 11 章，主要介绍了 Python 基本语法、字符串、列表、元组、字典、文件的读写、函数与模块等基础知识。首先介绍了 Python 的特点、发展及推荐学习方法，然后讲授了 Python 基础语法、流程控制语句、数据类型、函数、模块、面向对象、文件处理、异常处理、数据库操作，最后增加了全国计算机等级考试二级 Python 语言程序设计考试中所要求的第三方库相关知识等。教材根据"自主式一体化教学"模式，对构成要素进行调整，按照 Python 的有关知识由浅入深、从易到难进行编写，并在每章后布置实训与练习，实现"教、学、做"一体，从而切实提高学生的持续发展能力。

本教材力求为数据采集及分析提供全面的语言基础，同时也考虑到部分学有余力的同学参加全国计算机等级考试的要求，补充了全国计算机等级考试二级 Python 语言程序设计考试大纲规定的知识，故也适合作为全国计算机等级考试二级考试 Python 语言程序设计考试参考用书。

为提升学习效果，教材结合实际应用提供了大量的案例进行说明和训练，并配以完善的学习资料和支持服务，包括教学大纲、教学进度表、教学 PPT、案例源码等，为读者提供全方位的学习服务。

图书在版编目（CIP）数据

Python 基础教程 / 周胜，鄢军霞主编. —2 版. —北京：电子工业出版社，2024.3

ISBN 978-7-121-47377-7

Ⅰ. ①P… Ⅱ. ①周… ②鄢… Ⅲ. ①软件工具—程序设计—高等学校—教材 Ⅳ. ①TP311.56

中国国家版本馆 CIP 数据核字（2024）第 043478 号

责任编辑：贺志洪（hzh@phei.com.cn）
印　　刷：三河市华成印务有限公司
装　　订：三河市华成印务有限公司
出版发行：电子工业出版社
　　　　　北京市海淀区万寿路 173 信箱　邮编 100036
开　　本：787×1092　1/16　印张：18　字数：458 千字
版　　次：2019 年 8 月第 1 版
　　　　　2024 年 3 月第 2 版
印　　次：2024 年 3 月第 1 次印刷
定　　价：54.00 元

凡所购买电子工业出版社图书有缺损问题，请向购买书店调换。若书店售缺，请与本社发行部联系，联系及邮购电话：（010）88254888，88258888。

质量投诉请发邮件至 zlts@phei.com.cn，盗版侵权举报请发邮件至 dbqq@phei.com.cn。

本书咨询联系方式：（010）88254609 或 hzh@phei.com.cn。

前　言

Python 作为一门编程语言，已被应用在众多领域，如系统运维、图形处理、数学处理、文本处理、数据库编程、网络编程、Web 编程、多媒体应用、pymo 引擎、黑客编程、爬虫编写、机器学习、人工智能等，可以说 Python 应用无处不在。

Python 的设计哲学是“优雅、明确、简单”，它的语法清楚、干净、易读，程序易维护。编程简单直接，适合于初学编程者，让初学者专注于编程逻辑，而不是纠结于晦涩的语法细节。

为什么要学习本书

中国人工智能行业正处于一个创新发展的时期，对人才的需求也在急剧增长。国家相关教育部门对于“人工智能的普及”格外重视，不仅将 Python 语言列入小学、中学和高中等教育体系中，并借此为未来国家和社会发展奠定了人工智能的人才培养基础，逐步由底层向高层推动“全民学 Python”，从而进一步实现人工智能技术的发展和社会人才结构的更迭。

随着大数据与人工智能时代的到来，Python 已成为人们学习编程的首选语言。本教材力求为数据采集及分析提供全面的语言基础。作者根据“自主式一体化教学”模式，对教材的构成要素进行调整，重视学生的认知度、掌握度，按照 Python 的有关知识由浅入深、从易到难进行编写，实现“教、学、做”一体化，从而提高了学生的持续发展能力。

通过对教材的学习，读者可学会运用 Python 进行数据处理，为数据采集及分析提供全面的语言基础。同时，教材也考虑到部分学有余力的同学参加全国计算机等级考试的要求，补充了全国计算机等级考试大纲规定的知识，因此也适合作为全国计算机等级考试 Python 参考用书。

教材内容分布

教材基于 Python3，主要进行 Python 基本语法、元组、列表、字典、文件的读写、函数与模块等 Python 基础知识的讲授。具体章节内容如下。

第 1 章为初识 Python，包括 Python 发展历程、特点及应用领域，开发环境的搭建及程序的打包发布，并给出了 Python 学习方法的建议。需要读者独立完成开发环境的搭建并了解程序打包发布的方法。

第 2 章主要对 Python 的基础语法进行讲解，包括中文编码、固定语法、标识符及保留字、基本输入/输出、变量和数据类型、运算符等。读者在初学 Python 时，须多动手写代码，这样才能加深印象，为后期深入学习打好基础。

第 3 章主要介绍 Python 的控制流程语句，包括条件语句、循环语句及其他语句。在开发中，须多加理解并掌握它们的使用。

第 4 章主要对 Python 的数据类型进行了讲解，介绍了序列及序列操作、字符串、列表、元组、字典、集合、对象的浅复制与深复制、推导式等知识。读者需要掌握这些数据类型不同的特点及操作，以便在后续的开发中选择合适的类型对数据进行操作。

第 5 章主要对函数进行了讲解，包括函数的定义及调用、参数及返回值、全局与局部变量、global 与 nonlocal 语句及匿名函数。函数作为关联功能的代码段，可以很好地提高代码的复用性。读者需要掌握函数的这些功能，也要能查询相关的函数手册或文档。

第 6 章主要对 Python 中的模块进行讲解，包括模块的制作使用、包及时间与日期、math 库、json 模块这些常用的模块介绍。读者可以结合函数模块实现代码的封装，提高代码的可读性与可复用性，进一步熟悉导入 Python 内置模块和第三方模块的方法，提高程序开发效率的能力。

第 7 章主要介绍了面向对象编程的知识，包括面向对象编程概述、类和对象的创建、类的属性方法、类的继承、方法重写与运算符重载。通过本章的学习，读者应掌握使用面向对象思想进行程序设计的能力。

第 8 章主要对文件操作进行讲解，包括 os 模块操作及文件处理、文件的打开和关闭、文件的读写、TXT 文件及 CSV 文件操作等。通过本章的学习，读者能掌握文件的相关操作，能够使用相关方法来实现文件及文件数据集的操作。

第 9 章主要对 Python 中的异常进行处理，包括异常的介绍、系统内置异常的抛出和捕捉、用户自定义异常的处理、with 及 as 语句的使用。通过本章的学习，读者能了解异常的处理，知道在程序中如何运行异常处理来提高程序的鲁棒性。

第 10 章主要讲解了 MySQL 数据库的操作，包括 pymysql 模块安装、Python 操作数据库过程及对象、执行事务及错误处理，以及数据库操作。通过本章的学习，读者能掌握 Python 操作 MySQL 数据库的方法。

第 11 章补充介绍了全国计算机等级考试二级考试中涉及的计算生态库，包括 turtle 标准库、random 标准库、jieba 第三方库及 wordcloud 第三方库等。本章不作为基础必讲部分，可根据教学课时进行灵活安排。建议感兴趣的读者或计划参加二级 Python 考试的读者认真学习。

在本书的学习中，读者在理解知识点的过程中遇到困难时，建议不要纠结于某个地方，可以继续往后学习。通常来说，通过逐渐深入的学习，前面不懂和疑惑的知识点会“豁然开朗”。在编程的学习中，一定要多动手实践。如果实践过程中碰到问题，则可以停下来，整理思路，认真分析问题发生的原因，并在问题解决后及时进行总结。另外，考虑到本书中实例代码有很多，所以约定全部变量都用正体，不区分正文和代码。本书中的实例代码、实训代码及每章习题中程序练习代码和素材可扫描左边的二维码免费下载，所提供的代码仅供参考。

本书编写成员

本书由周胜、鄢军霞、张松慧、王坤、朱永君负责编写，宋楚平负责审核。刘莉、杨艳、王禹参与了部分章节及视频等资料的制作整理工作。陈涵参与了第二版的修订工作。

尽管编者付出了很多努力，在写作过程中，力求准确、完善，但书中难免会有不妥和错误之处，敬请读者批评指正。

编者

2023 年 5 月

目　录

第 1 章　初识 Python

Python 语言是一种高级语言，是面向对象、解释性的程序设计语言，具有语法简洁、易于学习、功能强大、可扩展性强、跨平台等特点。本章的目标是了解 Python，能安装配置 Python 开发环境并掌握 pip、PyInstaller 工具的使用。

教学导航

学习目标　1. 了解 Python 的发展历史及应用领域
2. 掌握 Python 环境搭建的方法
3. 了解常用的 Python 开发环境
4. 掌握 pip 包管理工具的使用方法
5. 掌握 PyInstaller 打包发布方法

教学重点　IDLE 开发环境、pip 包管理工具、PyInstaller 打包发布方法

教学方式　案例教学法、分组讨论法、自主学习法、探究式训练法

课时建议　4 课时

内容导读

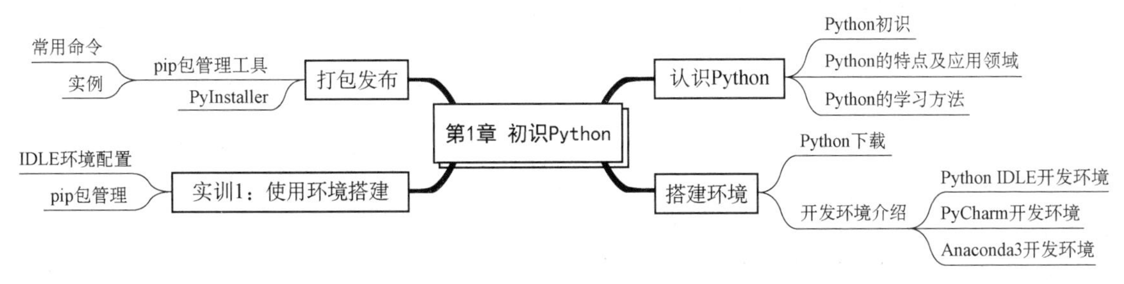

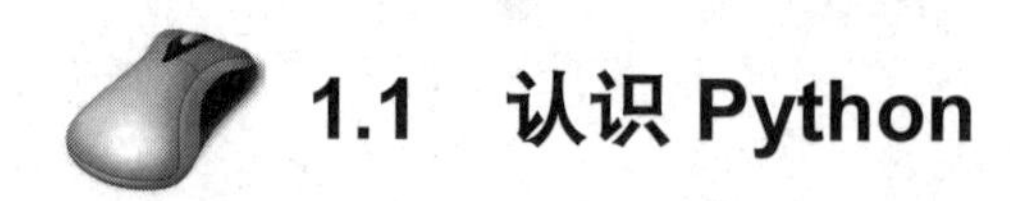

1.1 认识 Python

本节介绍 Python 的发展历程、特点及主要应用领域，同时从数据处理分析这一角度给出了 Python 学习线路。

【学习目标】

小节目标 1. 了解 Python 的发展历史
2. 了解 Python 的特点及应用领域
3. 掌握 Python 的学习方法

1.1.1 Python 初识

1. Python 入门

对于大多数程序语言，第一个入门编程实例便是输出"Hello World！"，Python 3.0+版本已经把 print 作为一个内置函数，正确输出"Hello World!"代码极其简单，只需要一行：

```
print("Hello, World!")
```

2. Python 的发展

Python 是一种解释性、面向对象、动态数据类型的高级程序设计语言。

Python 是由 Guido van Rossum 在 20 世纪 80 年代末到 90 年代初，在荷兰国家数学和计算机科学研究所设计出来的。

Python 本身也是由诸多其他语言发展而来的，这包括 ABC、Modula-3、C、C++、Algol-68、SmallTalk、UNIX shell 和其他的脚本语言等。

像 Perl 语言一样，Python 源代码同样遵循 GPL（GNU General Public License）协议。

现在 Python 由一个核心开发团队维护，Guido van Rossum 在其中仍然占据着至关重要的地位，指导其进展。

1.1.2 Python 的特点及应用领域

1. Python 的特性

Python 是一个高层次地结合了解释性、编译性、互动性和面向对象的脚本语言。

Python 具有很强的可读性，相比其他语言经常使用英文关键字，以及其他语言的一些标点符号，它具有比其他语言更有特色的语法结构。

- Python 是一种解释性语言，开发过程中没有编译这个环节，类似于 PHP 和 Perl 语言。对于 Python 而言，源代码不需要编译成二进制代码，可以直接从源代码运行程序。Python 解释器先将源代码转换为字节码，然后把字节码转发到 Python 虚拟机（PVM）上执行。字节码是特定用于 Python 的一种表现形式，需要在 PVM 中进一步编译执行。

- Python 是交互式语言，可以在一个 Python 提示符后直接互动编程。
- Python 是面向对象语言。Python 支持面向对象的风格或代码封装在对象中的编程技术。
- Python 适合初学者。对初级程序员而言，它是一种简单易懂的语言，支持广泛的应用程序开发，从简单的文字处理到网页浏览器再到游戏。

Python 的功能特性如下：

- 其标准库提供了各种功能，旨在简化复杂应用程序的实现。
- 高级编程语言。使用较少的代码执行基本任务，语言简洁，只有少量的语法约束。
- 如果与 Java 相比，同样的功能实现 Python 的代码量是 Java 的 1/3～1/5；与 C ++ 相比，它的代码量为 C++的 1/10～1/5。
- Python 语言通过强制缩进保证程序可读性。
- Python 语言具有丰富的数据结构（类型）。Python 语言在多数程序设计语言的基础上，增加了列表、字典、元组、集合等数据结构。
- Python 语言具有可移植性。
- Python 语言支持多种类型，支持面向过程和面向对象，还支持灵活的编程模式，如面向对象、命令式和函数式编程。
- 其内存管理由系统自动完成。

对于初学者来说，Python 比 Java、C++ 等传统静态语言更具实用性，更容易上手；对于有一定编程基础的开发者来说，学会了 Java、C++、C# 等语言，再反过来学习 Python 可以称得上小菜一碟了。

以上介绍的功能特性也是 Python 的优点。那么 Python 是否有缺点？答案必然是肯定的。它的缺点主要是执行速度不够快、语句只能单行显示、强制缩进等，和它的优点相比，几乎可以忽略不计。

1.1.3　Python 的学习方法

1. Python 计算生态

Python 计算功能强大，得益于众多的第三方库。常用的第三方库有网络爬虫、数据分析、数据可视化、机器学习、Web 开发等。

2. Python 学习方法

Python 能进行桌面程序、网络网站、嵌入式等多种开发。不同的开发方向有不同的侧重点。用 Python 完成项目，编写的代码量更少，代码简短可读性强，团队协作开发时读别人的代码速度会非常快，使工作变得更加高效。因此，Python 应用范围广泛，学习方法也多种多样。本书以 Python 应用最广泛的数据采集、分析学习方法为例简要介绍 Python 的学习方法。

Python 从基础到数据处理、分析，再到机器学习、深度学习，学习方法一般如步骤 1 到步骤 6 所示。本教材只讲最基础的部分，即步骤 1 到步骤 4 前期基础这几部分，步骤 4 和步骤 5，学有余力的同学可以进行相应学习。步骤 6 仅提供参考，如果立志于大数据技术分析与人工智能，须重点学习步骤 6 所提的相关内容。

步骤 1：设置机器环境

设置机器环境，最简单的方法就是从 Continuum.io 上下载分发包 Anaconda。Anaconda

将应用 Python 编程可能会用到的大部分内容进行了打包。

步骤 2：学习 Python 语言的基础知识

了解 Python 语言的基础知识、库和数据结构，能轻松地利用 Python 写一些小脚本，同时也能理解 Python 中的类和对象。

重点学习内容有列表 List、元组 Tuple、字典 Dictionary、集合 Set、列表推导式、字典推导式。

步骤 3：学习 Python 语言中的文件处理、数据库操作、第三方库的使用。

了解了以上几个方面，就可以进行数据采集，编写爬虫程序进行网页数据采集。数据采集是数据处理分析的基础。有人把数据采集当作大数据技术的一部分，但在更多的分类中，把数据采集归并于人工智能范畴。在数据采集区，需要处理文本数据，其中数据预处理中涉及的各个处理步骤会是不小的挑战。

步骤 4：学习 Python 中的科学库——NumPy、Scipy、Matplotlib

从这步开始，学习旅程将会变得有趣了。下边是对各个库的简介，可以进行一些常用的操作：

（1）根据 NumPy 教程进行完整的练习，特别要练习数组 arrays 的应用，这将会为后边的学习旅程打好基础。

（2）接下来学习 Scipy 教程。看完 Scipy 介绍和基础知识后，可以根据自己的需要学习剩余的内容。

（3）Matplotlib 是一个 Python 的 2D 绘图库，通过 Matplotlib，开发者可以仅编写几行代码，便可以生成直方图、功率谱、条形图、错误图、散点图等。

步骤 5：学习 Pandas，进行数据可视化

Pandas 为 Python 提供 DataFrame 功能（类似于 R）。这也是在数据分析领域需要花比较多的时间练习的地方。Pandas 会成为所有中等规模数据分析的最有效的工具。Pandas 也是数据预处理的主要工具。

步骤 6：了解 Scikit-learn 等 Python 库和机器学习的内容

Scikit-learn 是机器学习领域最有用的 Python 库。需要学习机器学习的基本知识，了解回归、决策树、整体模型等监督算法及聚类等非监督算法。

完成以上步骤，再勤加练习，你就已经完成了 Python 数据分析整个学习旅程，已经学会了需要的所有技能。如果想更进一步，则可以再进行深度学习。

1.2 搭建环境

Python 可应用于多平台，包括 Windows、Linux 和 Mac OS X。通过终端窗口输入“python”命令来查看本地是否已经安装 Python。

Python 可以在下述所列举的系统和平台上运行：

- UNIX（Solaris、Linux、FreeBSD、AIX、HP/UX、SunOS、IRIX 等）。
- windows7/8/10/11/2008/2012 等。
- Macintosh（Intel、PPC、68K）。
- OS/2。

- DOS（多个 DOS 版本）。
- PalmOS。
- Nokia 移动手机。
- Windows CE。
- Acorn/RISC OS。
- BeOS。
- Amiga。
- VMS/OpenVMS。
- QNX。
- VxWorks。
- Psion。

Python 同样可以移植到 Java 和 .NET 虚拟机上。

【学习目标】

小节目标
1. 了解 Python 下载方法
2. 了解并掌握 Python IDLE 开发环境的安装与使用
3. 了解 PyCharm 开发环境
4. 了解 Anaconda3 环境的安装与使用

1.2.1 Python 下载

Python 最新源码、二进制文档、新闻资讯等可以在 Python 的官网查看到。Python 官网网址为 http://www.python.org/。

在链接中下载 Python 的文档，下载 HTML、PDF 和 PostScript 等格式的文档。Python 文档下载地址为 www.python.org/doc/。

打开 Python 官网，官网主页如图 1-2-1 所示。

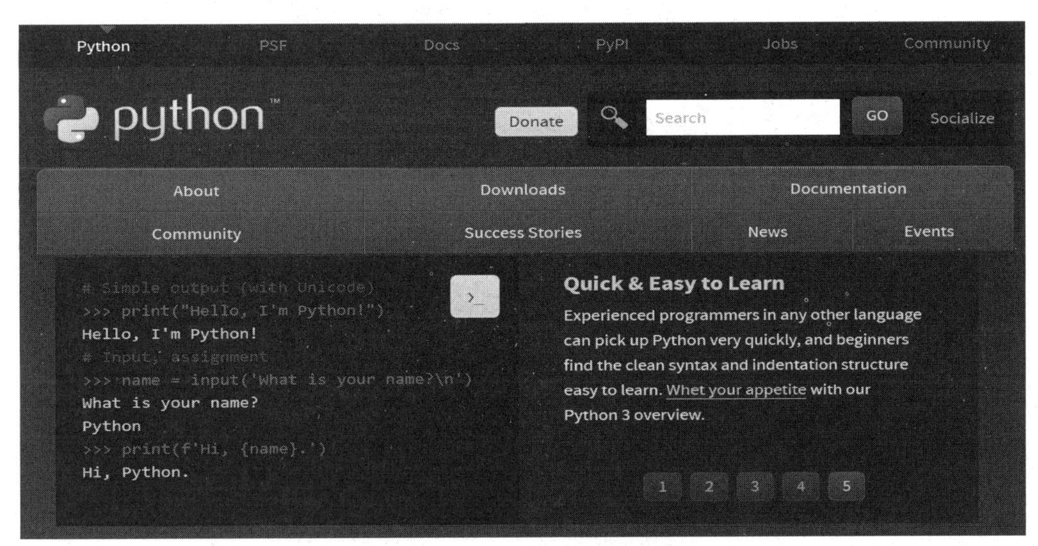

图 1-2-1 Python 官网主页

单击“Downloads”，弹出下载页面，如图 1-2-2 所示。

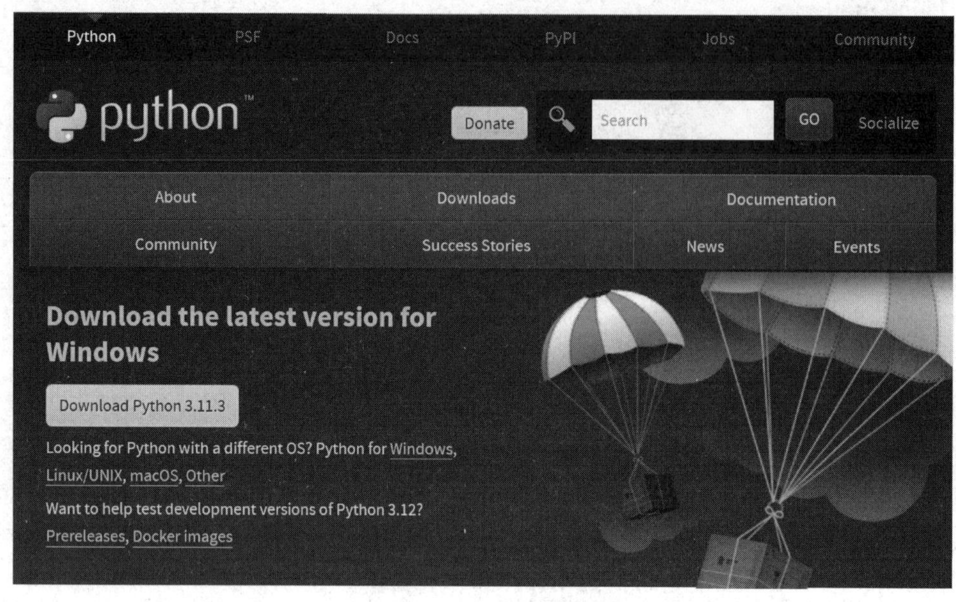

图 1-2-2　Python 下载页面

单击图中的“Download Python 3.11.3”按钮，即可下载 Python 3.11.3 版本。如果要下之前的版本，滚动翻页找到具体版本，如图 1-2-3 所示。

Active Python Releases

For more information visit the Python Developer's Guide.

Python version	Maintenance status	First released	End of support	Release schedule
3.12	prerelease	2023-10-02 (planned)	2028-10	PEP 693
3.11	bugfix	2022-10-24	2027-10	PEP 664
3.10	security	2021-10-04	2026-10	PEP 619
3.9	security	2020-10-05	2025-10	PEP 596
3.8	security	2019-10-14	2024-10	PEP 569
3.7	security	2018-06-27	2023-06-27	PEP 537

Looking for a specific release?

Python releases by version number:

Release version	Release date		Click for more
Python 3.10.11	April 5, 2023	Download	Release Notes
Python 3.11.3	April 5, 2023	Download	Release Notes

图 1-2-3　Python 具体版本页

本教材所用软件操作系统是 Windows 10，64 位操作系统。本教材相关代码在 Python 3.6 及以上版本均测试通过。

1.2.2　Python IDLE 开发环境

Python 提供了交互式命令行操作环境，可以一边输入程序一边运行程序。开发时使用的是 Python 中的 IDLE。IDLE 是开发 Python 程序的基本 IDE（集成开发环境），具备基本的 IDE 的功能，初学者可以利用它方便地创建、运行、测试 Python 程序。

本教材使用的版本为 Python 3.6 及以上版本。目前 Python 版本已经到了 Python-3.12 及以上。安装了基本的 Python 程序，就可以启动 IDLE 的交互式解释器工具 Python3.11 shell。从"开始"菜单→"所有程序"→"Python 3.11"→"IDLE（Python GUI）"来启动 IDLE。

IDLE 启动后的初始窗口如图 1-2-4 所示。

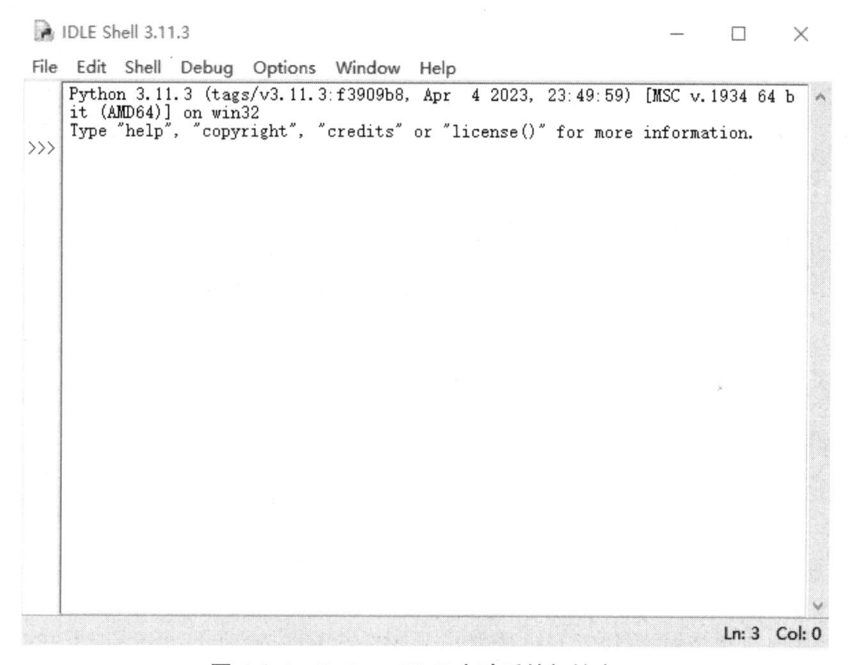

图 1-2-4 Python IDLE 启动后的初始窗口

IDLE 使用不同的颜色来表示关键字、常量、字符串等，用户可以很方便地进行区分。IDLE 常用操作介绍如下。

1. Python 命令

在 IDLE 交互式窗口中，使用">>>"作为操作提示符，用户在其后直接输入 Python 命令，按 Enter 键执行。

IDEL 支持自动补全功能，在对象变量名后输入"."号时，自动显示该对象可用的属性和方法下拉列表。输入属性或方法名称的前几个字符串，列表会自动筛选。用户同样可以使用上下方向键从列表中选择相应的属性或方法，按回车键或空格键（在属性或方法名后会添加一个空格）可完成输入。

2. 查找历史记录

">>>"提示符用来输入相关 Python 命令，如果想查找之前执行过的 Python 命令，可以按 Alt+P 组合键进行查找，也可以按 Alt+N 组合键进行查找。利用菜单"Edit"中的剪切、复制、粘贴等可以自制历史命令。

3. 创建程序

在 IDLE 交互式窗口中，选择菜单“File”下的“New File”命令（“File”→“New File”）或者按 Ctrl+N 组合键，打开 IDLE 编辑器编写 Python 程序，如图 1-2-5 所示。

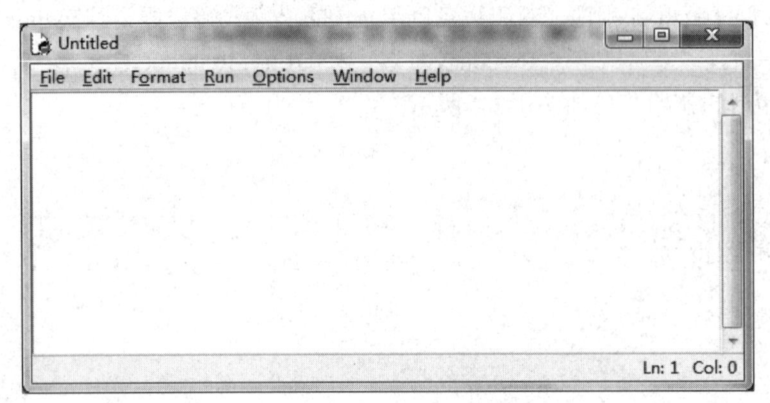

图 1-2-5 IDLE 编辑器

在 IDLE 编辑器中编写完成后，可以运行程序。首先保存文件，然后选择菜单“Run”中的“Run Module”命令或按 F5 键运行。程序运行结果直接显示在 IDLE 交互式解释器窗口中。

4. 打开程序文件

在 IDLE 交互式解释器或编辑器中，选择菜单“File”下的“Open”命令可打开已有的 Python 程序。Python 程序文件扩展名主要有“.py”和“.pyw”两种，其中后者常用于 GUI 程序。

注意，结合全国计算机等级考试二级 Python 语言程序设计考试大纲要求，本教材使用开发环境主要是 IDLE 交互式解释器和编辑器，其中，代码前所带的“>>>”为 IDLE 交互式解释器的输入提示符。在交互式代码中，中间穿插有前面没有“>>>”的数据行，那是程序运行结果。代码块（所有行前不带“>>>”提示符的）的开发输入环境为 IDLE 编辑器。所有代码均能在 1.2.3 节中的 PyCharm 开发环境和 1.2.4 节中的 Anaconda3 开发环境下直接运行。

1.2.3 PyCharm 开发环境

PyCharm 是由 JetBrains 打造的一款 Python IDE。

PyCharm 具备一般 Python IDE 的功能，如调试、语法高亮、项目管理、代码跳转、智能提示、自动完成、单元测试、版本控制等。

另外，PyCharm 还提供了一些很好的功能用于 Django 开发，同时支持 Google App Engine，更酷的是，PyCharm 支持 IronPython。

PyCharm 官方下载地址为 http://www.jetbrains.com/pycharm/download/。进入 PyCharm 的下载页面，可以根据不同的平台下载不同版本的 PyCharm，并且每个平台均可以选择下载 Professional 和 Community 两个版本。

1. Professional 版本

（1）提供 Python IDE 所有的功能，支持 Web 开发。

（2）支持 Django、Flask、Google App 引擎、Pyramid 和 web2py。

（3）支持 JavaScript、CoffeeScript、TypeScript、CSS 和 Cython 等。

（4）支持远程开发、Python 分析器、数据库和 SQL 语句。

2. Community 版本

（1）它是轻量级的 Python IDE，只支持 Python 开发。

（2）免费、开源、集成 Apache2 的许可证。

（3）智能编辑器、调试器、支持重构和错误检查，集成 VCS 版本控制。

这里建议下载 Professional 版本。

PyCharm 安装方式简单，直接按安装界面默认设置进行操作即可。安装后的 PyCharm 操作效果图如图 1-2-6 所示。

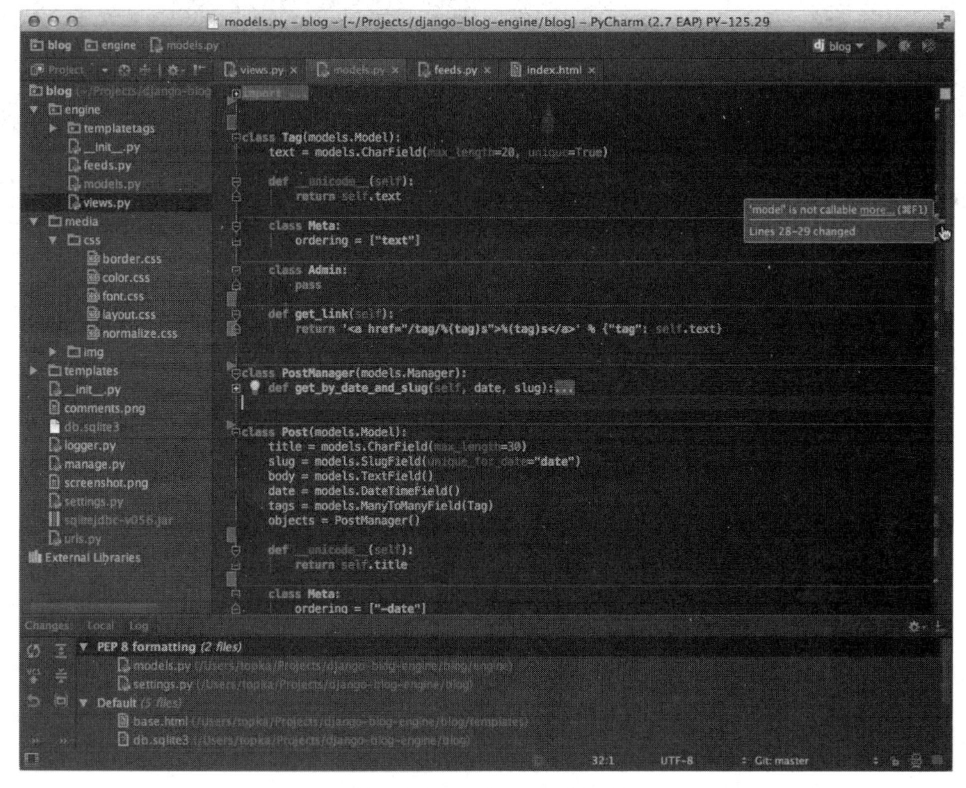

图 1-2-6　PyCharm 效果图

1.2.4　Anaconda3 开发环境

在众多 Python 开发环境中，Anaconda3 因为集成安装大量扩展库，得到了很多 Python 学习者和开发人员尤其是科研人员的喜爱。为此，这里简单介绍 Anaconda3 开发环境的使用。

这里以 Windows 操作系统为例，首先打开网址 https://www.anaconda.com/，如图 1-2-7 所示。

选择“Download”可直接下载最新的 anaconda3 版本，如果要根据需要选择版本，可以单击“Download”下的图标按钮，在弹出的窗口中选择合适的版本。

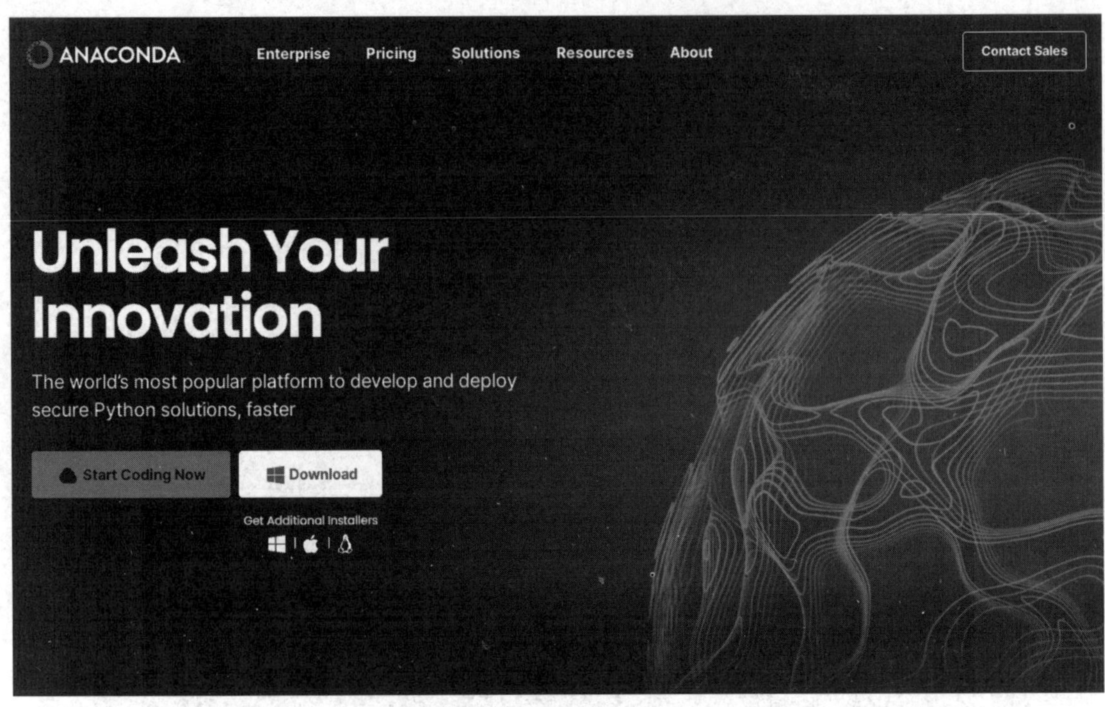

图 1-2-7 Anaconda3 下载页面

安装较为简单，基本都是单击“Next”按钮，为了避免不必要的麻烦，最后采用默认安装路径，具体安装过程为：下载最新版本的安装包，双击安装文件就可以安装了，如图 1-2-8 所示。

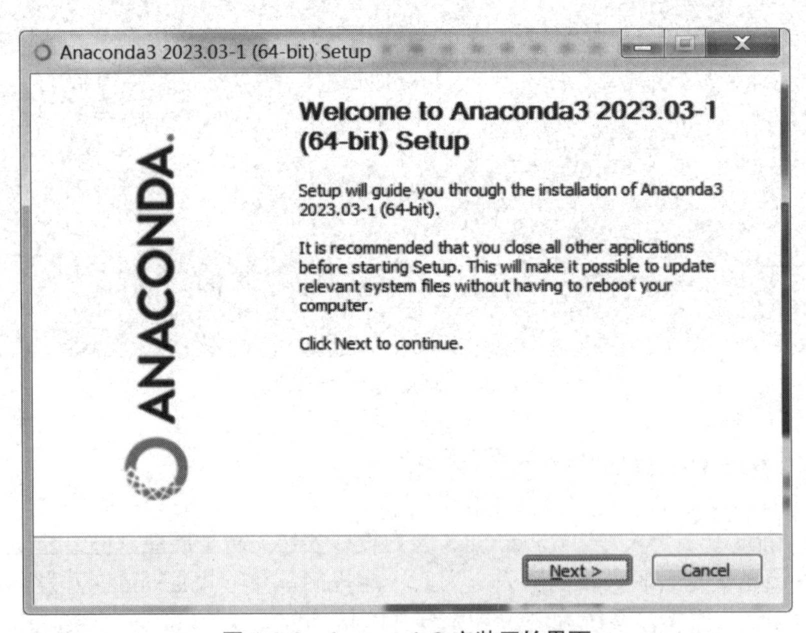

图 1-2-8 Anaconda3 安装开始界面

单击“Next”按钮，弹出如图 1-2-9 所示界面。

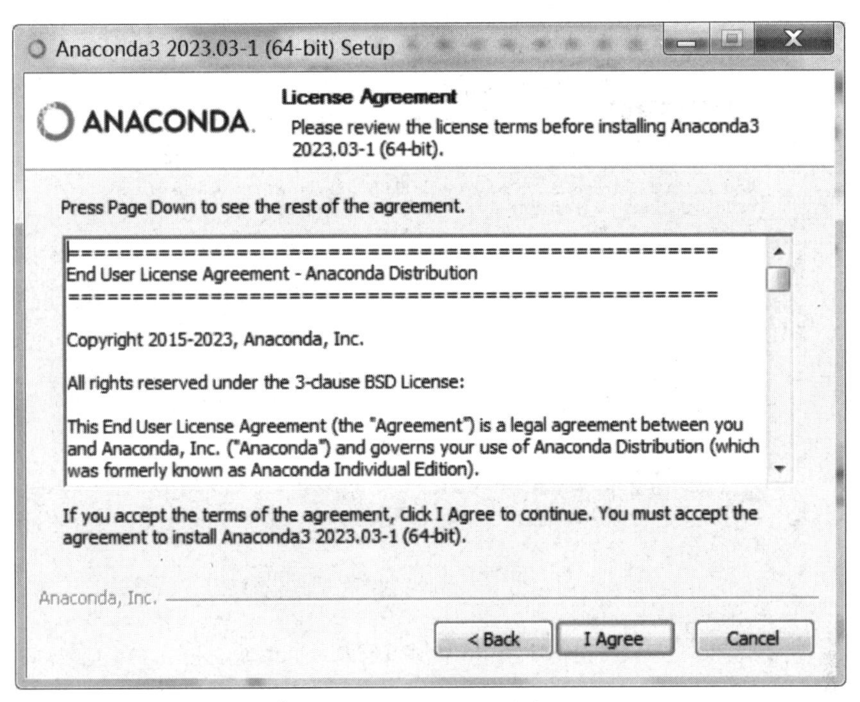

图 1-2-9　Anaconda3 安装协议界面

单击“I Agree”按钮后，在弹出的以下界面中，可以根据自己的情况选择“Just Me”或“All Users”，如图 1-2-10 所示。

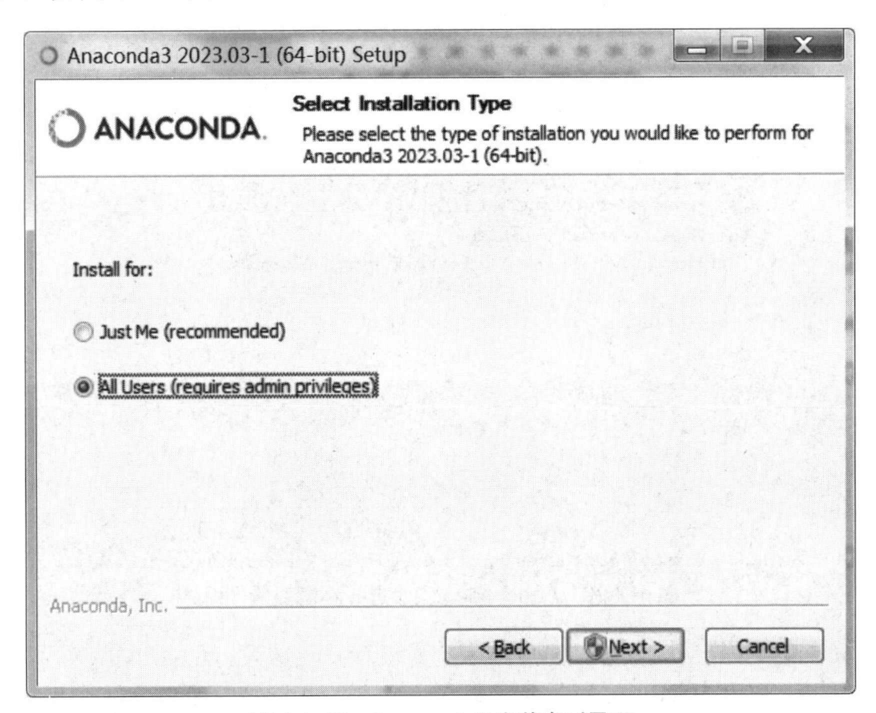

图 1-2-10　Anaconda3 安装类型界面

选择安装目录，再单击“Next”按钮继续，如图 1-2-11 所示。

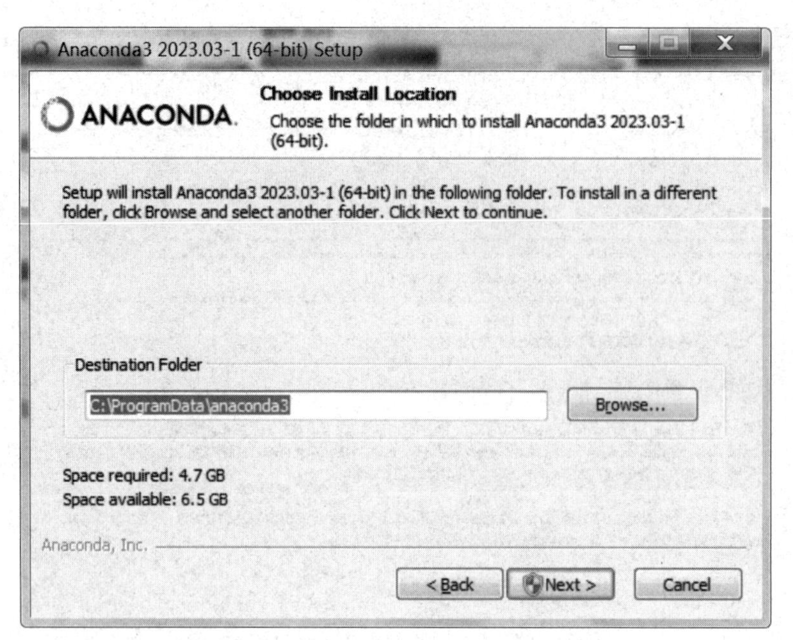

图 1-2-11　Anaconda3 安装目录界面

在弹出的以下界面中，如果是第一次安装，则根据情况将相关选项选上，将安装路径写入环境变量。如果不是第一次安装，则默认即可，如图 1-2-12 所示。

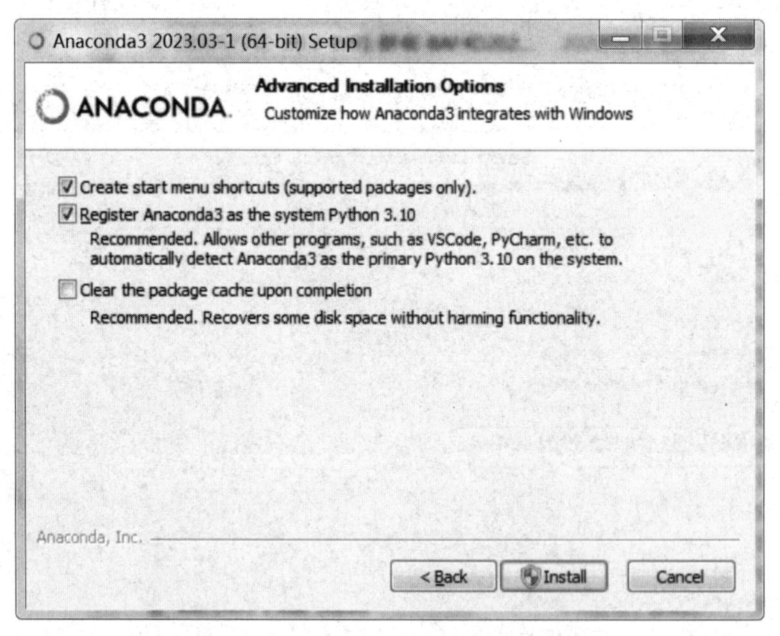

图 1-2-12　Anaconda3 安装选择环境变量界面

单击“Install”按钮等待安装，进度显示完成表示安装结束。

安装完成后，打开 Windows 的命令行窗口：按 Win+R 键打开窗口，输入“cmd”。打开 Windows 的命令提示符，输入 conda list 就可以查询现在安装了哪些库，建议安装常用的 NumPy、Scipy 等，如图 1-2-13 所示。

如果还有什么包没有安装上，则可以运行“conda install ***”来进行安装（***为需要的包的名称）。如果某个包版本不是最新的，运行“conda update ***”就可以更新了。

```
C:\WINDOWS\system32\cmd.exe
pyflakes                  1.1.0                    py35_0
pygments                  2.1.1                    py35_0
pyopenssl                 0.15.1                   py35_2
pyparsing                 2.0.3                    py35_0
pyqt                      4.11.4                   py35_5
pyreadline                2.1                      py35_0
pytables                  3.2.2               np110py35_2
pytest                    2.8.5                    py35_0
python                    3.5.1                         4
python-dateutil           2.5.1                    py35_0
pytz                      2016.2                   py35_0
pywin32                   220                      py35_1
pyyaml                    3.11                     py35_3
pyzmq                     15.2.0                   py35_0
qt                        4.8.7                    vc14_7  [vc14]
qtawesome                 0.3.2                    py35_0
qtconsole                 4.2.0                    py35_1
qtpy                      1.0                      py35_0
requests                  2.9.1                    py35_0
rope                      0.9.4                    py35_1
rope-py3k                 0.9.4.post1               <pip>
scikit-image              0.12.3              np110py35_0
scikit-learn              0.17.1              np110py35_0
scipy                     0.17.0              np110py35_0
setuptools                20.3                     py35_0
simplegeneric             0.8.1                    py35_0
singledispatch            3.4.0.3                  py35_0
sip                       4.16.9                   py35_2
six                       1.10.0                   py35_0
snowballstemmer           1.2.1                    py35_0
sockjs-tornado            1.0.1                    py35_0
sphinx                    1.3.5                    py35_0
sphinx-rtd-theme          0.1.9                     <pip>
sphinx_rtd_theme          0.1.9                    py35_0
spyder                    2.3.8                    py35_1
sqlalchemy                1.0.12                   py35_0
statsmodels               0.6.1               np110py35_0
sympy                     1.0                      py35_0
tables                    3.2.2                     <pip>
tk                        8.5.18                   vc14_0  [vc14]
toolz                     0.7.4                    py35_0
tornado                   4.3                      py35_0
traitlets                 4.2.1                    py35_0
unicodecsv                0.14.1                   py35_0
vs2015_runtime            14.00.23026.0                 0
werkzeug                  0.11.4                   py35_0
wheel                     0.29.0                   py35_0
xlrd                      0.9.4                    py35_0
xlsxwriter                0.8.4                    py35_0
xlwings                   0.7.0                    py35_0
xlwt                      1.0.0                    py35_0
```

图 1-2-13　查询 Anaconda 库界面

各个包都安装好以后，就可以进行后续操作了！数据分析最常用的程序叫 Jupyter，它是一个交互式的笔记本，能快速创建程序，支持实时代码、可视化和 Markdown 语言。

安装之后，有 IPython、Jupyter Notebook 和 Spyder 三个 Python 开发环境可用，本教材中代码均可使用 IPython、Spyder 或 Jupyter Notebook 运行。基于行业的通用性，介绍后面两个。

单击“开始”菜单，选择“所有程序”，再选择“Anaconda3”，展现如图 1-2-14 所示项目。在此选项中，包括 IPython、Jupyter Notebook 和 Spyder 等 Python 开发环境。

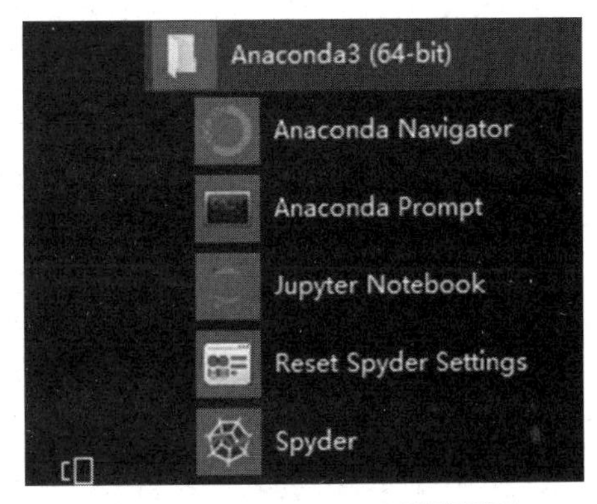

图 1-2-14　Anaconda3 列表界面

（1）首先看一下 Jupyter Notebook，单击上面的菜单，自动打开一个网页，如图 1-2-15 所示。

单击右上角的“New”菜单，选择“Python 3”，进入交互编程界面，如图 1-2-16 所示。

在每个 cell 中输入代码块，单击箭头所指处按钮“run cell”，运行代码并查看输出结果，如图 1-2-17 所示。

（2）单击“开始”菜单的“Spyder”，打开如图 1-2-18 所示的界面。

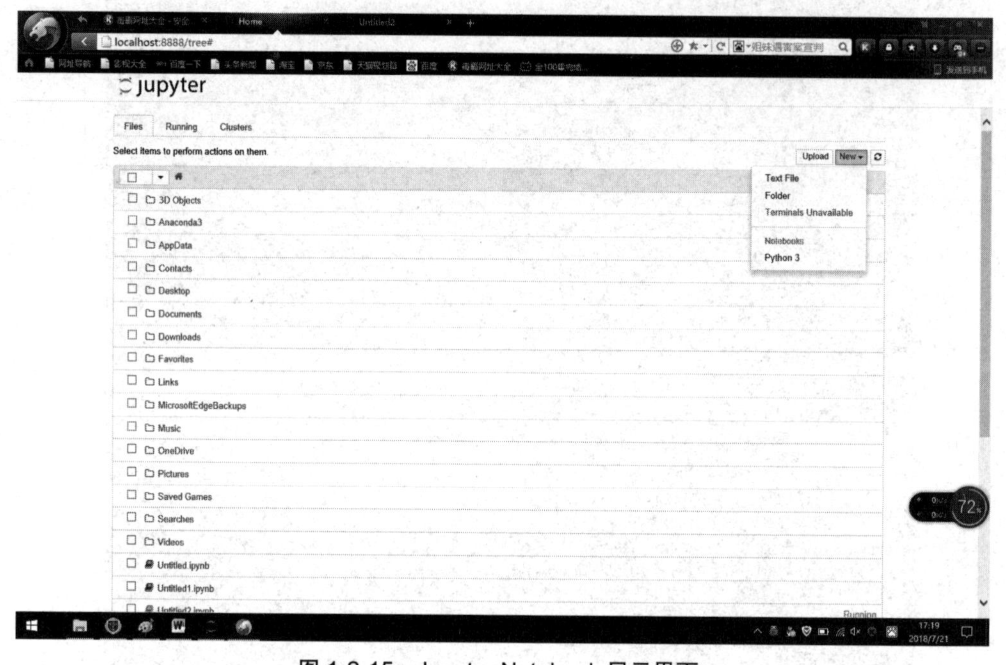

图 1-2-15 Jupyter Notebook 显示界面

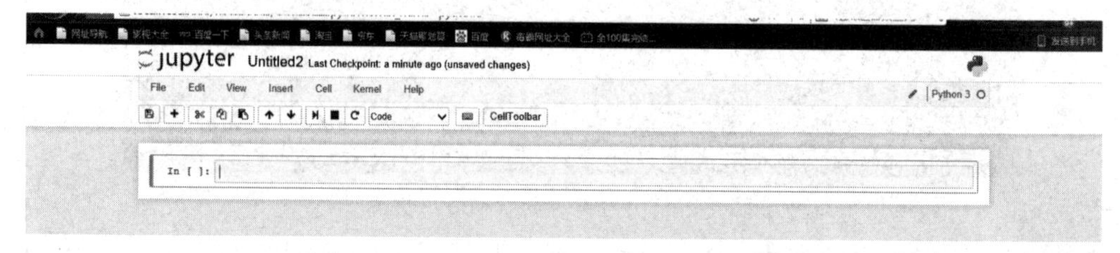

图 1-2-16 Jupyter Notebook 交互编程界面

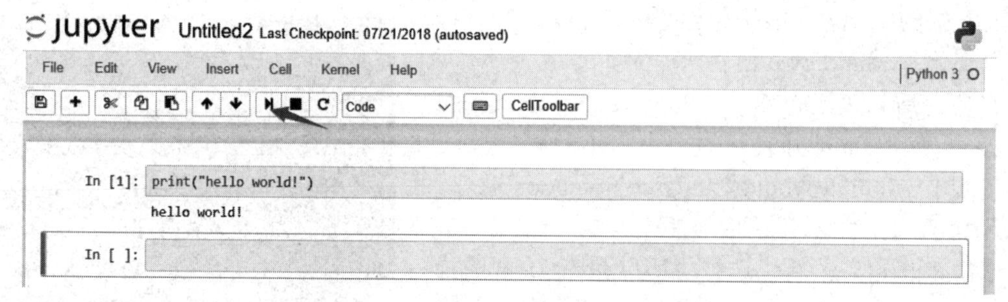

图 1-2-17 Jupyter Notebook 运行代码界面

在窗口中，1 处为程序窗口，可以编写完整的程序然后单击上方工具栏的“运行”按钮执行程序，程序运行结果会显示在右下角窗口的 Python 或 IPython 窗口中；2 处为 Python console 交互窗口；3 为 IPython console 交互式窗口。2 和 3 窗口中的操作类似于 Jupyter Notebook。

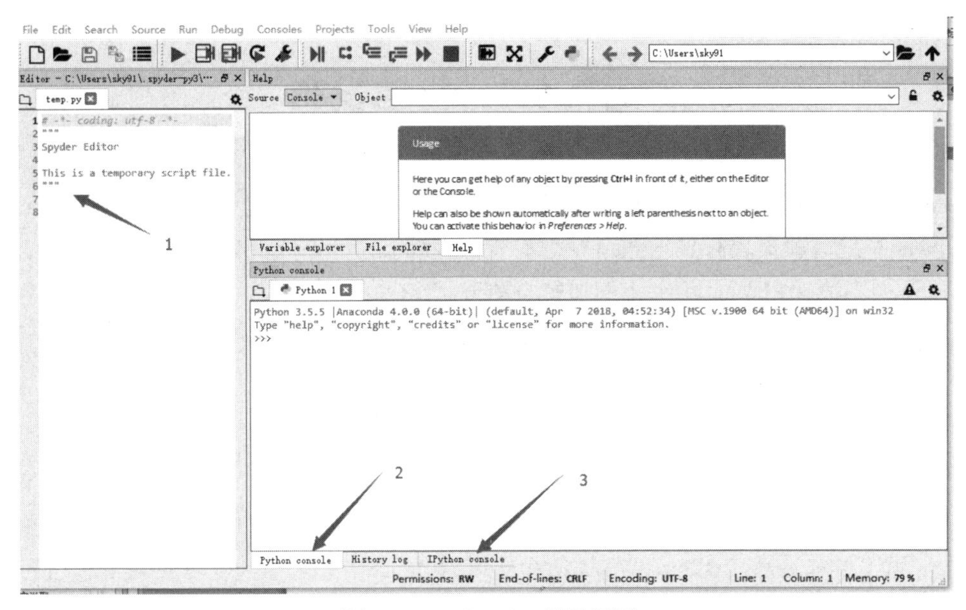

图 1-2-18　Spyder 显示界面

本教材所有的案例均可基于 Spyder 运行，如果是完整程序，则可在图 1-2-18 中数字 1 所示程序窗口处输入运行，而交互式程序则在图 1-2-18 中数字 3 处所示 IPython console 交互窗口中运行。数字 2 处所示 Python console 交互窗口只能在 Anaconda3.5 之前的版本下加载，Anaconda3.5 后续版本只能加载运行 IPython console 交互窗口。

下面介绍 Spyder 的配置。

依次选择“Tools”→“Perferences”在打开的 Spyder 配置界面中进行基本配置，如图 1-2-19 所示。

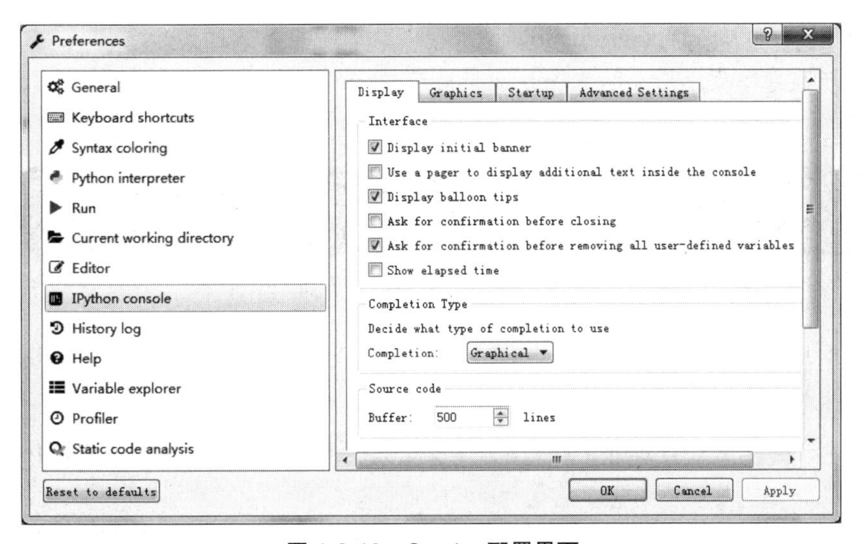

图 1-2-19　Spyder 配置界面

在配置界面可以进行 Spyder 的一些基本配置，如在 General 中可以调整字号和背景颜色，进行脚本编辑器的设置：在 Display 中可以设置背景、行号、高亮，在 Code Analysis 中可以设置代码提示等（注：图中未显示）。

1.3 打包发布

Python 脚本在装有 Python 解释器、开发环境的计算机上可以运行，如果在没有安装这些的 Windows 系统下就需要打包发布运行。本节将讲解 pip 包管理工具及 PyInstaller 第三方库，讲解如何将脚本转换为 Windows 下的可执行程序。

【学习目标】

小节目标 1. 了解 Python 第三方库的概念
2. 掌握 Python 第三方库的安装操作
3. 了解并掌握 PyInstaller 第三方库的安装操作
4. 掌握 Python 程序打包及发布操作

1.3.1 pip 包管理工具

pip 是一个现代的、通用的 Python 包管理工具，用于第三方库的获取和安装，提供了对 Python 包的查找、下载、安装、卸载的功能。Python 3.4 以上版本都自带 pip 工具。本节讲述 pip 工具的下载、安装及使用。

第三方库是相对于 Python 的标准库的说法。第三方库都会在 Python 官方的 pypi.python.org 网站注册，要安装一个第三方库，必须先知道该库的名称，可以在官网上搜索，然后使用 pip 下载安装。

pip 官网网址为 https://pypi.org/project/pip/。

可以通过在命令提示符下输入“pip –version”命令来判断是否已安装 pip 工具，如图 1-3-1 所示。

```
C:\Users\Administrator>pip --version
pip 19.1.1 from c:\users\administrator\appdata\local\programs\python\python37-32
\lib\site-packages\pip (python 3.7)
```

图 1-3-1 命令提示符界面

1. 安装 pip

如果还未安装，则可以使用以下方法来安装。

（1）安装 pip 之前，首先确认你的 Python 环境正常，然后通过官网下载 pip 安装包，如下载“pip-23.1.2.tar.gz”压缩包，如图 1-3-2 所示。

（2）将下载的包解压，如解压到 D 盘，通过 Win+R 快捷方式打开命令提示符窗口，并在命令提示符中进入到 pip 文件目录下，如图 1-3-3、图 1-3-4 所示。

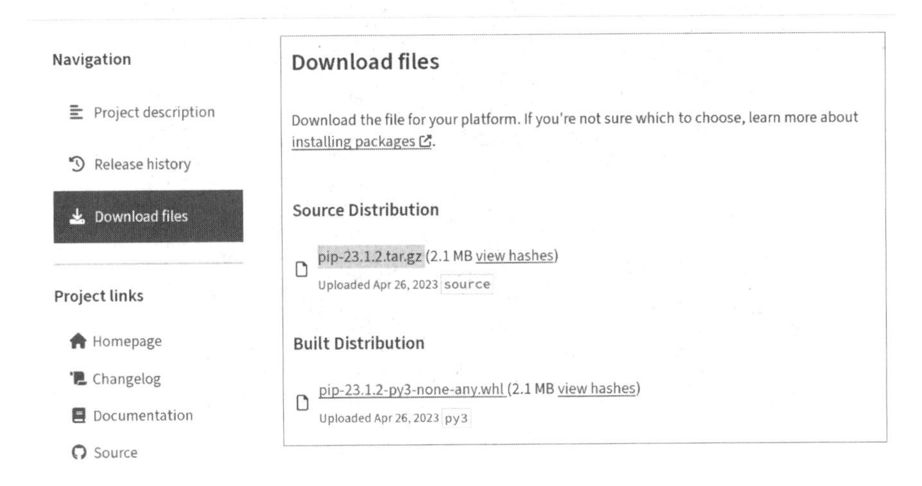

图 1-3-2　pip 官网主页下载页面

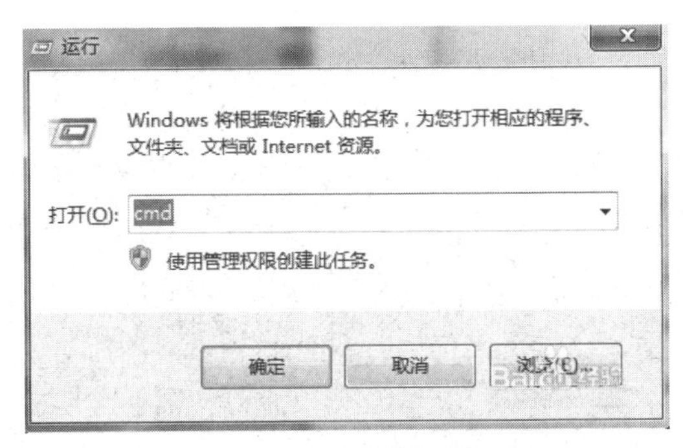

图 1-3-3　命令输入页面

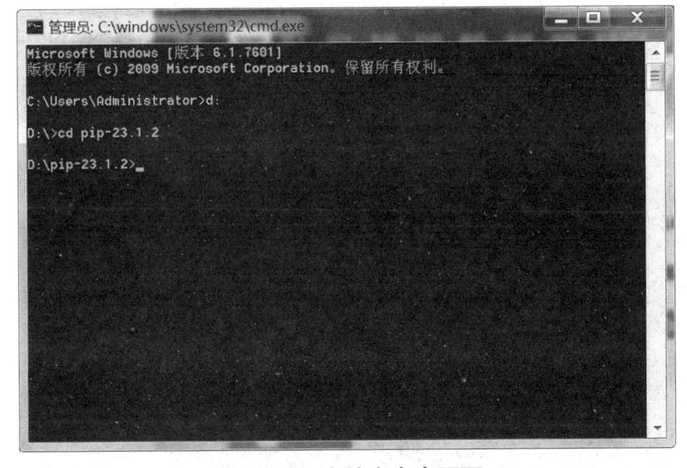

图 1-3-4　字符串命令页面

（3）在 pip 目录下，输入命令“python setup.py install”进行 pip 模块的安装；安装完成后会有“Finished processing dependencies for pip==23.1.2”字样，如图 1-3-5 所示。

```
管理员: C:\windows\system32\cmd.exe
copying src\pip.egg-info\dependency_links.txt -> build\bdist.win-amd64\egg\EGG-I
NFO
copying src\pip.egg-info\entry_points.txt -> build\bdist.win-amd64\egg\EGG-INFO
copying src\pip.egg-info\not-zip-safe -> build\bdist.win-amd64\egg\EGG-INFO
copying src\pip.egg-info\top_level.txt -> build\bdist.win-amd64\egg\EGG-INFO
creating dist
creating 'dist\pip-23.1.2-py3.8.egg' and adding 'build\bdist.win-amd64\egg' to i
t
removing 'build\bdist.win-amd64\egg' (and everything under it)
Processing pip-23.1.2-py3.8.egg
creating d:\programdata\anaconda3\lib\site-packages\pip-23.1.2-py3.8.egg
Extracting pip-23.1.2-py3.8.egg to d:\programdata\anaconda3\lib\site-packages
Adding pip 23.1.2 to easy-install.pth file
Installing pip-script.py script to D:\ProgramData\Anaconda3\Scripts
Installing pip.exe script to D:\ProgramData\Anaconda3\Scripts
Installing pip3-script.py script to D:\ProgramData\Anaconda3\Scripts
Installing pip3.exe script to D:\ProgramData\Anaconda3\Scripts
Installing pip3.8-script.py script to D:\ProgramData\Anaconda3\Scripts
Installing pip3.8.exe script to D:\ProgramData\Anaconda3\Scripts

Installed d:\programdata\anaconda3\lib\site-packages\pip-23.1.2-py3.8.egg
Processing dependencies for pip==23.1.2
Finished processing dependencies for pip==23.1.2

D:\pip-23.1.2>_
```

图 1-3-5　pip 提示安装成功

（4）待安装完成后，在命令提示符中输入“pip --help”，如果有相应的输出且没有报错，则表示 pip 成功安装，如图 1-3-6 所示。

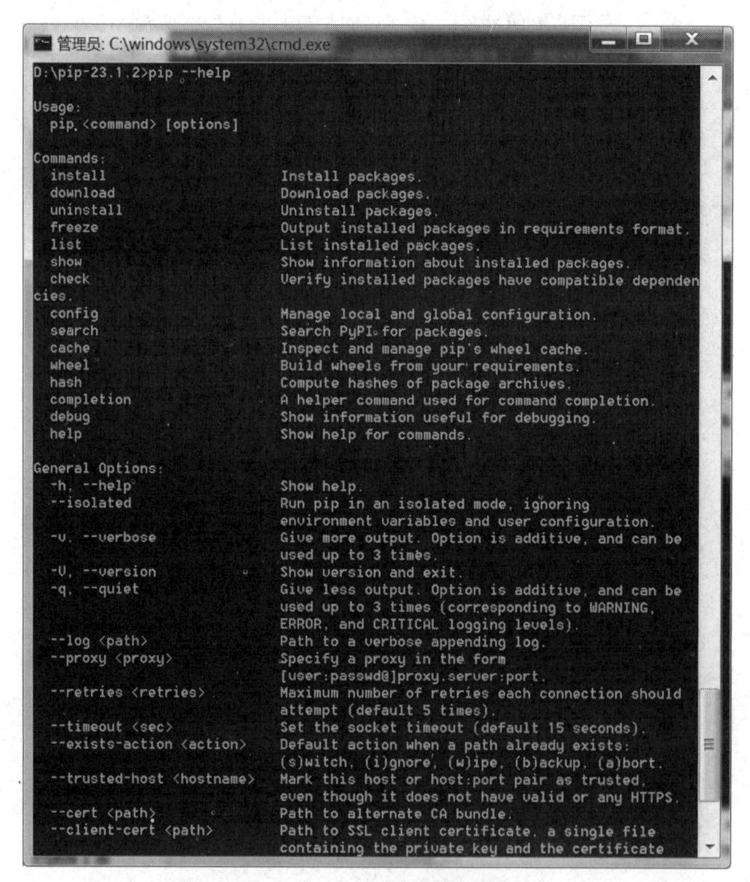

```
管理员: C:\windows\system32\cmd.exe
D:\pip-23.1.2>pip --help

Usage:
  pip <command> [options]

Commands:
  install                     Install packages.
  download                    Download packages.
  uninstall                   Uninstall packages.
  freeze                      Output installed packages in requirements format.
  list                        List installed packages.
  show                        Show information about installed packages.
  check                       Verify installed packages have compatible dependen
cies.
  config                      Manage local and global configuration.
  search                      Search PyPI for packages.
  cache                       Inspect and manage pip's wheel cache.
  wheel                       Build wheels from your requirements.
  hash                        Compute hashes of package archives.
  completion                  A helper command used for command completion.
  debug                       Show information useful for debugging.
  help                        Show help for commands.

General Options:
  -h, --help                  Show help.
  --isolated                  Run pip in an isolated mode, ignoring
                              environment variables and user configuration.
  -v, --verbose               Give more output. Option is additive, and can be
                              used up to 3 times.
  -V, --version               Show version and exit.
  -q, --quiet                 Give less output. Option is additive, and can be
                              used up to 3 times (corresponding to WARNING,
                              ERROR, and CRITICAL logging levels).
  --log <path>                Path to a verbose appending log.
  --proxy <proxy>             Specify a proxy in the form
                              [user:passwd@]proxy.server:port.
  --retries <retries>         Maximum number of retries each connection should
                              attempt (default 5 times).
  --timeout <sec>             Set the socket timeout (default 15 seconds).
  --exists-action <action>    Default action when a path already exists:
                              (s)witch, (i)gnore, (w)ipe, (b)ackup, (a)bort.
  --trusted-host <hostname>   Mark this host or host:port pair as trusted,
                              even though it does not have valid or any HTTPS.
  --cert <path>               Path to alternate CA bundle.
  --client-cert <path>        Path to SSL client certificate, a single file
                              containing the private key and the certificate
```

图 1-3-6　pip 帮助查看界面

以上所述操作是下载 pip 压缩包进行安装的操作，也可下载“pip−19.1.1-py2.py3-none-any.whl”直接安装。同样，pip 命令也支持扩展名为.whl 的文件直接安装 Python 扩展库。

（5）部分 Python 版本默认安装了 pip，但是由于不是最新版本故需要升级，pip 的升级命令为“python -m pip install --upgrade pip”。

2. pip 常用命令

pip 常用命令包括获取帮助、升级库与卸载库、显示安装库信息等，如表 1-3-1 所示。

表 1-3-1 pip 常用命令

序号	命令	含义
1	pip--version	显示版本和路径
2	pip--help	获取帮助
3	pip install-U pip	升级 pip
4	pip install 库名 # 最新版本 pip install 库名==版本号 # 指定版本 pip install 库名>=版本号 # 最小版本	安装库 安装指定的库，通过使用==、>=、<=、>、< 来指定一个版本号
5	pip install--upgrade 库名	升级库 升级指定的库和安装指定的库操作相同
6	pip uninstall 库名	卸载库
7	pip search SomePackage	搜索库
8	pip show	显示安装库信息
9	pip show-f SomePackage	查看指定库的详细信息
10	pip list	列出已安装的库
11	pip list-o	查看可升级的库

1.3.2 PyInstaller

Python 脚本在装有 Python 解释器、开发环境的计算机上可以直接运行，如果在没有这些的 Windows 系统下就需要打包发布运行。本节将讲解如何将脚本转换为 Windows 下的可执行程序（后缀名为 exe）。PyInstaller 属于第三方库。第三方库的获取和安装方法基本都相同。PyInstaller 操作过程如下所示。

1. 安装 PyInstaller

（1）首先计算机要连接互联网，打开命令提示符，输入“pip install pyinstaller”，并按回车键，如图 1-3-7 所示。

```
C:\Documents and Settings\Administrator>pip install pyinstaller
```

图 1-3-7 安装 PyInstaller

（2）确定后开始从网络下载 PyInstaller，如图 1-3-8 所示。

（3）如果安装完，则提示成功，如图 1-3-9 所示。

```
管理员: C:\Windows\system32\cmd.exe - pip install pyinstaller
Microsoft Windows [版本 6.1.7601]
版权所有 (c) 2009 Microsoft Corporation。保留所有权利。

C:\Users\Administrator>pip install pyinstaller
Collecting pyinstaller
  Downloading https://files.pythonhosted.org/packages/03/32/0e0de593f129bf1d1e77
eed562496d154ef4460fd5cecfd78612ef39a0cc/PyInstaller-3.4.tar.gz (3.5MB)
    7% |██                              | 245kB 22kB/s eta 0:02:23
```

图 1-3-8 安装 PyInstaller 进程

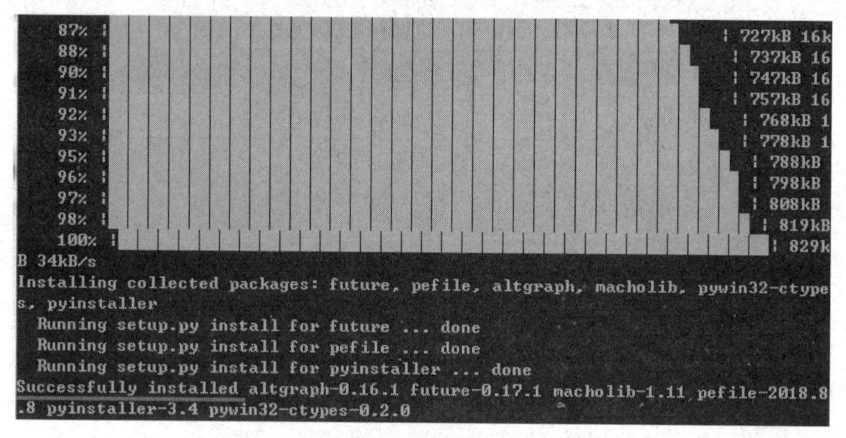

图 1-3-9 安装 PyInstaller 成功提示

注意：如果 pip 提示升级，如图 1-3-10 所示，则输入“python -m pip install --upgrade pip”或“pip install-U pip”进行 pip 升级。

```
You are using pip version 18.1, however version 19.0.3 is available.
You should consider upgrading via the 'python -m pip install --upgrade pip' comm
and.
```

图 1-3-10 pip 升级提示

（4）同样，pip 升级成功会加以提示，如图 1-3-11 所示。

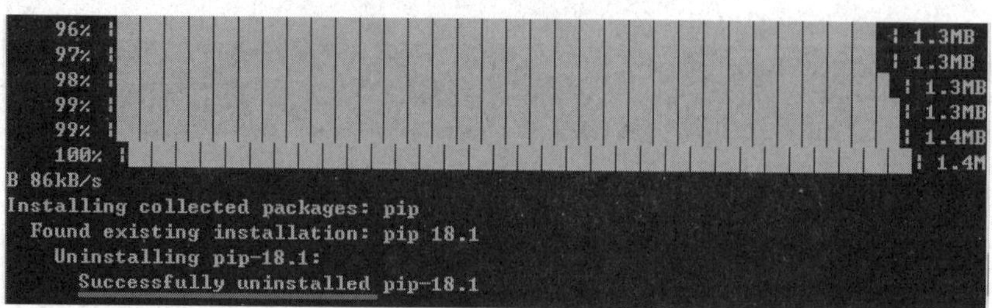

图 1-3-11 pip 升级成功提示

2. 脚本打包为 exe 程序

PyInstaller 第三方库安装成功后，就可用它来打包脚本了。在命令行提示符下，输入命令“pyinstaller-i 图标.ico-F 脚本名.py”，在 dist 文件夹中就生成了一个独立的 exe 可执行文件。

操作步骤如下：

（1）打包发布前的要求。如在 G:\python\例题\1 目录下，保存相应的 ico 文件和 Python 文件。注意文件名不要含中文，否则会提示“gbk codec can't decode ……”错误。在本例所示文件中，ico 文件为“py.ico”，Python 文件为“time1.py”，展示的是一个时钟程序。打包发布前的文件如图 1-3-12 所示。

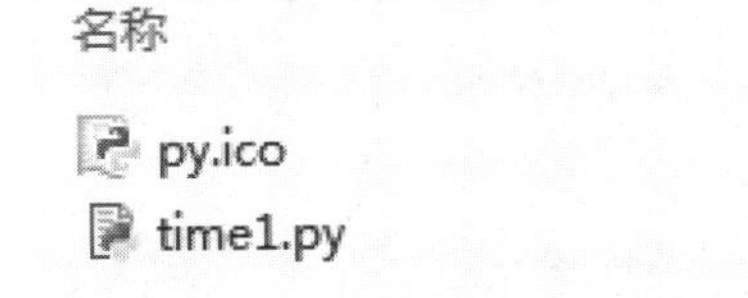

图 1-3-12　打包发布前的文件

（2）在 cmd 字符命令界面，切换到“G:\python\例题\1”目录，输入命令“pyinstaller –i py.ico –F time1.py”，按回车键执行打包发布操作，界面如图 1-3-13 和图 1-3-14 所示。

```
G:\python\例题\1>pyinstaller -i py.ico -F time1.py
425 INFO: PyInstaller: 3.4
425 INFO: Python: 3.7.2
427 INFO: Platform: Windows-7-6.1.7601-SP1
449 INFO: wrote G:\python\例题\1\time1.spec
474 INFO: UPX is not available.
556 INFO: Extending PYTHONPATH with paths
['G:\\python\\例题\\1', 'G:\\python\\例题\\1']
557 INFO: checking Analysis
598 INFO: Building Analysis because Analysis-00.toc is non existent
599 INFO: Initializing module dependency graph...
612 INFO: Initializing module graph hooks...
620 INFO: Analyzing base_library.zip ...
11199 INFO: running Analysis Analysis-00.toc
11218 INFO: Adding Microsoft.Windows.Common-Controls to dependent assemblies of
final executable
  required by c:\users\administrator\appdata\local\programs\python\python37-32\p
ython.exe
13655 INFO: Caching module hooks...
13672 INFO: Analyzing G:\python\例题\1\time1.py
14439 INFO: Loading module hooks...
14440 INFO: Loading module hook "hook-encodings.py"...
15141 INFO: Loading module hook "hook-pydoc.py"...
15145 INFO: Loading module hook "hook-xml.py"...
15829 INFO: Loading module hook "hook-_tkinter.py"...
```

图 1-3-13　PyInstaller 命令操作界面

```
37943 INFO: Building PKG (CArchive) PKG-00.pkg completed successfully.
38165 INFO: Bootloader c:\users\administrator\appdata\local\programs\python\pyth
on37-32\lib\site-packages\PyInstaller\bootloader\Windows-32bit\run.exe
38166 INFO: checking EXE
38169 INFO: Building EXE because EXE-00.toc is non existent
38169 INFO: Building EXE from EXE-00.toc
38198 INFO: SRCPATH [('py.ico', None)]
38199 INFO: Updating icons from ['py.ico'] to C:\Users\ADMINI~1\AppData\Local\Te
mp\tmpwojlqd4j
38205 INFO: Writing RT_GROUP_ICON 0 resource with 104 bytes
38206 INFO: Writing RT_ICON 1 resource with 744 bytes
38206 INFO: Writing RT_ICON 2 resource with 296 bytes
38207 INFO: Writing RT_ICON 3 resource with 2216 bytes
38207 INFO: Writing RT_ICON 4 resource with 1384 bytes
38207 INFO: Writing RT_ICON 5 resource with 9640 bytes
38208 INFO: Writing RT_ICON 6 resource with 4264 bytes
38208 INFO: Writing RT_ICON 7 resource with 1128 bytes
38296 INFO: Appending archive to EXE G:\python\例题\1\dist\time1.exe
39256 INFO: Building EXE from EXE-00.toc completed successfully.
```

图 1-3-14　提示操作成功界面

打包完成后的文件如图 1-3-15 所示。

独立的 exe 可执行文件“time1.exe”生成在 dist 文件夹下，如图 1-3-16 所示。

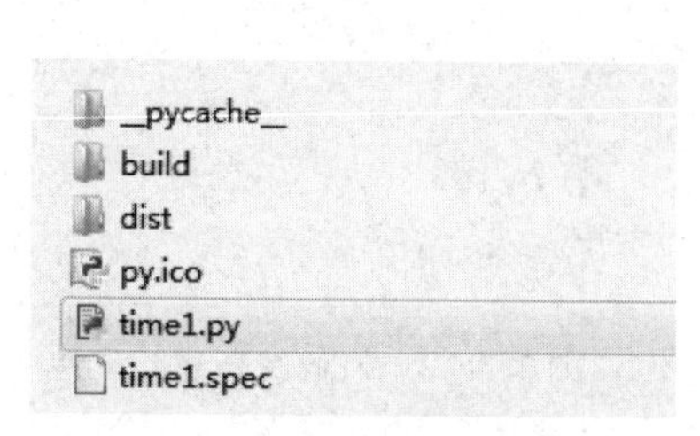

图 1-3-15　打包完成后的文件

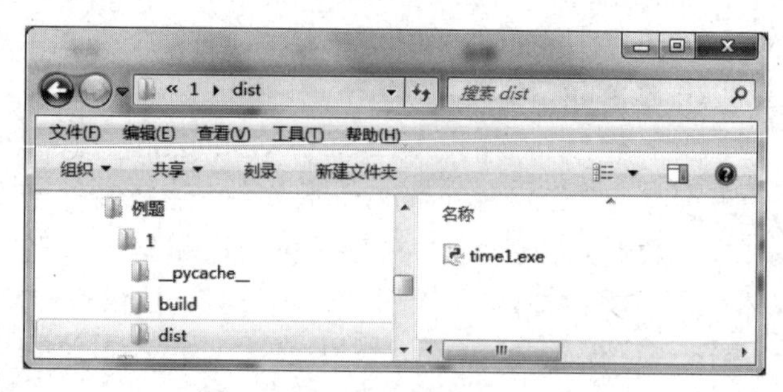

图 1-3-16　生成的可执行文件

注意：脚本打包须在命令提示符下输入命令。

1.4　实训 1：使用环境搭建

【任务描述】

- 在笔记本电脑上安装并配置 IDLE 开发环境。
- 安装 pip 包管理工具。
- 安装 PyInstaller。

【操作提示】

从官网下载对应系统及版本的 Python 软件。

安装 IDLE 版本，并能正常使用。

【本章习题】

一、判断题

1．Python 是一种跨平台、开源、免费的高级动态编程语言。(　　)

2．Python 3.x 完全兼容 Python 2.x。(　　)

3．在 Windows 平台上编写的 Python 程序无法在 UNIX 平台运行。(　　)

4．不可以在同一台计算机上安装多个 Python 版本。(　　)

5．pip 命令也支持扩展名为.whl 的文件直接安装 Python 扩展库。(　　)

二、填空题

1．Python 安装扩展库常用的是________工具。

2．在 IDLE 交互模式中浏览上一条语句的快捷键是________。

3．Python 程序文件扩展名主要有________和________两种，其中后者常用于 GUI 程序。

4．Python 源代码程序编译后的文件扩展名为________。

5．使用 pip 工具升级科学计算扩展库 NumPy 的完整命令是____________。

6．使用 pip 工具安装科学计算扩展库 NumPy 的完整命令是____________。

7．使用 pip 工具查看当前已安装的 Python 扩展库的完整命令是____________。

8．现有一 Python 文件为“Stu.py”，ico 文件为“Stu.ico”，两者均在同一目录下，现要将 Stu.py 打包发布在此目录下，所发布的文件图标采用 Stu.ico，需要使用的命令是____________。

第 1 章习题答案

第 2 章　编程基础

Python 语言与 Perl、C 和 Java 等语言有许多相似之处。但是，它们也存在一些差异。在本章中学习 Python 的基础语法，以快速学会 Python 编程。

教学导航

学习目标　1. 了解 Python 的固定语法
2. 掌握 Python 的用户输入与屏幕输出
3. 熟悉 Python 的变量和数据类型，并掌握 Python 类型转换
4. 了解 Python 变量和对象的关系
5. 掌握各种运算符的使用

教学重点　Python 屏幕输出、变量和数据类型、类型转换、运算符的使用

教学方式　案例教学法、分组讨论法、自主学习法、探究式训练法

课时建议　8 课时

内容导读

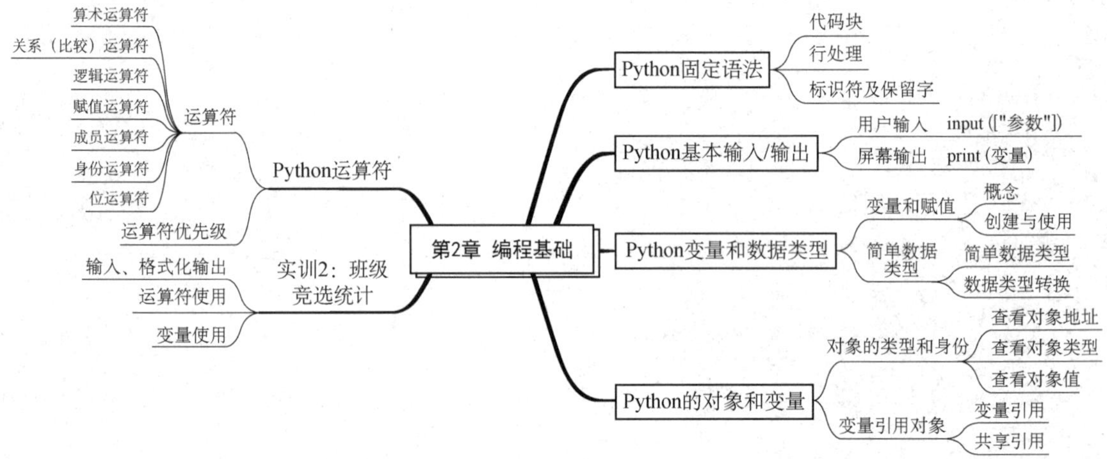

2.1 认识 Python 程序和中文编码

本节介绍 Python 程序的基本入门编程代码及中文编码。基本入门编码代码采用行业内通用的“Hello，World!”程序介绍。对于中文编码，在 Python 新的开发环境中，UTF-8 中文编码问题已经得到解决，如读者需要使用其他编码方式，需要参考本节内容进行修改。

【学习目标】

小节目标 1. 认识 Python 程序，了解 Python 基本入门编程代码
2. 了解 Python 中文编码方式

对于大多数程序语言，第一个入门编程实例便是输出“Hello，World！”，Python 3.0+版本已经把 print 作为一个内置函数，正确输出“Hello，World！”代码极其简单，只需要一行，即可直接输出，如下：

```
print("Hello, World!")
```

Python 输出“Hello，World!”这样的英文没有问题，但是如果输出中文字符“您好，世界”就有可能会碰到中文编码问题。

在 Python 开发环境中，文件中如未指定编码，在执行过程中会出现报错：

```
print("您好，世界")
```

以上程序执行输出结果为：

```
File "test.py", line 2
SyntaxError: Non-ASCII character '\xe4' in file test.py on line 2, but no encoding declared; see http://www.python.org/peps/pep-0263.html for details
```

以上出错信息显示代码中未指定编码，解决方法为只要在文件开头加入“#-*-coding: UTF-8-*-”或者“#coding=utf-8”就行了。

```
#coding=utf-8
print("您好，世界")
```

输出结果为：

```
您好，世界
```

如果大家在学习过程中，代码中包含中文，就需要在头部指定编码。在脚本开发环境中，通常不需要添加指定编码，环境已经内置指定。如果脚本需要打包发布，在某些情况下就需要指定编码。

2.2 Python 固定语法

Python 语言语法简单，易于学习和掌握。本节从 Python 程序的基本结构开始，讲解 Python

语言的基本知识，涉及标识符、保留字、注释、语句分隔、语句续行、大小写及代码块等内容。

【学习目标】

小节目标 1. 了解 Python 代码块
2. 熟悉 Python 行处理方式并能加以运用
3. 熟悉 Python 标识符定义
4. 了解 Python 保留字。

2.2.1 Python 代码块

在 Java、C、C++、C#等语言中，代码块用花括号表示。Python 程序基本上不再使用花括号，Python 代码块是通过缩进（空格）来表示的。Python 源代码最大的特点是用缩进表示程序代码的层次。本教材代码块的开发输入环境为 IDLE 编辑器（本教材交互式开发环境是 IDLE 交互式解释器）。

下面介绍代码块的构成。缩进相同的一组语句构成一个代码块，我们称代码块。

像 if、while、def 和 class 这样的复合语句，首行以关键字开始，以冒号（:）结束，该行之后的一行或多行代码构成代码块。

我们将首行及后面的代码块称为一个子句（clause）。

如：

```
if 表达式:
    执行语句
elif 表达式:
    执行语句
else:
    执行语句
```

在包含代码嵌套时，需要特别注意代码的缩进情况。同级代码块的缩进量需要保持相同，不同的缩进量会出现异常或错误结果。此问题在条件及循环中尤其要注意。

2.2.2 Python 行处理

通常，Python 中的一条语句占一行，没有类似 Java、C#等语言中的分号等语句结束符号。一行代码的长度不宜超过 80 个字符。如果实际代码超过 80 个字符，通常使用圆括号、方括号和花括号折叠长行，也可以使用反斜杠延续行。

1. 行和缩进

学习 Python 与其他语言最大的区别就是，Python 的代码块不使用大括号（{}）来控制类、函数及其他逻辑判断，而使用缩进来写代码块；Python 语句一般不用分号（;）表示结束，而是直接以换行表示一行结束。除了条件循环语句体，其他用换行表示行结束，继续下一个新行。当然，Python 也可以使用分号（;）来结束语句，这个常用于一行里写多条代码时，用分号（;）隔开不同的语句。如以下两种方式都可以。

（1）一条语句独占一行：

```
>>> a=1
>>> b=2
```

（2）多条语句写在一行：

```
>>> a=1;b=2
```

Python 最具特色的就是用缩进来写模块。缩进的空白数量是可变的，但是所有代码块语句必须包含相同的缩进空白数量，这个必须严格执行，如例 2-2-1 所示。

例 2-2-1 语句缩进实例。

```
if True:
   print("条件为真")
else:
   print("条件为假")
```

以上语句，在交互式窗口中，对齐表现不太明显，第一行前面有交互式提示符“>>>”。在代码块中，能看到很整齐的缩进格式。如格式缩进不一致，Python 将报语法错误，如例 2-2-2 所示。

例 2-2-2 未对齐缩进代码执行错误实例。

```
  if True:
        print("Answer")
        print("True")
else:
        print("Answer")
    print("False")
```

else 后的语句缩进处理有问题，运行时会提示“SyntaxError：unexpected indent”。

将“if”前移一位和“else”平齐，再将“print（"False"）”代码后移和“print（"Answer"）”平齐，问题即可得到解决。因此，在 Python 的代码块中必须使用相同数目的行首缩进空格数。

2. 多行语句

Python 语句中一般按回车键开启新行作为前一语句的结束符。可以使用斜杠（\）将一行的语句分为多行显示，如例 2-2-3 所示。

例 2-2-3 一行语句多行显示实例。

```
>>> a=1
>>> b=2
>>> c=3
>>> total=a+\
          b+\
          c
```

最后一条语句和“total=a+b+c”含义相同，只是使用斜杠（\）将一行的语句分为多行显示。语句中如果包含[]、{} 或()，则在将一行的语句分为多行显示时不需要使用多行连接符，如例 2-2-4 所示。

例 2-2-4　语句使用括号实例。

```
>>> days = ['Monday', 'Tuesday', 'Wednesday',
            'Thursday', 'Friday']
```

3. 空行设置

函数之间或类的方法之间用空行分隔，表示一段新的代码的开始。类和函数入口之间也用一空行分隔，以突出函数入口的开始。

空行与代码缩进不同，空行并不是 Python 语法的一部分。书写时不插入空行，Python 解释器运行也不会出错。但是空行的作用在于分隔两段不同功能或含义的代码，便于日后代码的维护或重构。

注意：空行也是程序代码的一部分。

4. Python 注释

注释用于为程序添加说明性的文字，可以起到备注的作用。在团队合作的时候，个人编写的代码经常会被多人调用，为了让别人能更容易理解代码的用途，使用注释是非常有效的。

Python 在运行程序时，会忽略被注释的内容。Python 的注释有多种，有单行注释、多行注释、批量注释，中文注释也是常用的。

Python 注释也有自己的规范。

Python 中单行注释采用 # 开头。井号（#）常被用做单行注释符号，在代码中使用#时，它右边的任何数据都会被忽略，当作是注释，如例 2-2-5 所示。

例 2-2-5　注释使用实例。

```
>>>name = "Madisetti" # This is again comment
```

批量、多行注释符号，在 Python 中有时需要注释很多行，这种情况下就需要批量、多行注释符号了。多行注释是用三引号（""")包含的，如例 2-2-6 所示。

例 2-2-6　多行注释实例。

```
"""
Spyder Editor

This is a temporary script file.
"""
```

2.2.3　Python 标识符及保留字

Python 语言的基本组成中使用各种标识符，如 if、for、while 等，也称为关键字。Python 和 Java、C#一样，对大小写敏感。关键字和各种自定义标识符（如自定义变量名、自定义函数名等）在使用时区分大小写。

1. Python 标识符

在 Python 中，标识符由字母、数字、下画线组成。

在 Python 中，所有标识符可以包括英文、数字和下画线（_），但不能以数字开头。

Python 中的标识符是区分大小写的。

以下画线开头的标识符是有特殊意义的。以单下画线开头的（如_fu）代表不能直接访问的类属性，须通过类提供的接口进行访问，不能用“from xxx import *”来导入。

以双下画线开头的（如__fu）代表类的私有成员；以双下画线开头和结尾的（如__fu__）代表 Python 中特殊方法专用的标志，如__init__（）代表类的构造函数。

2. Python 引号

Python 使用单引号（'）、双引号（"）、三引号（""""""）来表示字符串，引号的开始与结束必须是相同类型的。其中三引号可以由多行组成，编写多行文本的快捷方法常用于文档字符串，在文件的特定地点，被当作注释，如例 2-2-7 所示。

例 2-2-7 引号使用实例。

```
>>>word = 'word'
>>>sentence = "This is a sentence."
>>>paragraph = """This is a paragraph. It is
made up of multiple lines and sentences."""
```

3. Python 保留字符

Python 中的保留字可以使用以下命令进行查看：

```
>>> help("keywords")

Here is a list of the Python keywords.  Enter any keyword to get more help.

False               class               from                or
None                continue            global              pass
True                def                 if                  raise
and                 del                 import              return
as                  elif                in                  try
assert              else                is                  while
async               except              lambda              with
await               finally             nonlocal            yield
```

表 2-2-1 显示了在 Python 中的保留字。这些保留字不能用作常数或变数，或任何其他标识符名称。所有 Python 的关键字只包含小写字母。

表 2-2-1 Python 关键字表

序号	保留字	说　明
1	and	用于表达式运算、逻辑与操作
2	as	用于类型转换
3	assert	断言，用于判断变量或条件表达式的值是否为真
4	async	异步协程函数，async 用来声明一个函数是协程
5	await	使用 await 调用协程函数，await 必须在函数内部

续表

序号	保留字	说　明
6	break	中断循环语句的执行
7	class	用于定义类
8	continue	继续执行下一次循环
9	def	用于定义函数或方法
10	del	删除变量或序列的值
11	elif	条件语句，与 if、else 结合使用
12	else	条件语句，与 if、elif 结合使用，也可用于异常和循环语句
13	except	except 包含捕获异常后的操作代码块，与 try、finally 结合使用
14	False	布尔类型的值，表示假，与 True 对应
15	finally	用于异常语句，出现异常后，始终要执行 finally 包含的代码块，与 try、except 结合使用
16	for	for 循环语句
17	from	用于导入模块，与 import 结合使用
18	globe	定义全局变量
19	if	条件语句，与 else、elif 结合使用
20	import	用于导入模块，与 from 结合使用
21	in	判断变量是否在序列中
22	is	判断变量是否为某个类的实例
23	lambda	定义匿名变量
24	None	None 是一个特殊的常量，数据类型为 NoneType。None 不是 0，也不是空字符串。None 和任何其他数据类型做比较则永远返回 False
25	nonlocal	该关键字用来在函数或其他作用域中使用外层（非全局）变量
26	not	用于表达式运算、逻辑非操作
27	or	用于表达式运算、逻辑或操作
28	pass	空的类、方法、函数的占位符
29	raise	异常抛出操作
30	return	用于从函数返回计算结果
31	True	布尔类型的值，表示真，与 False 对应
32	try	try 包含可能会出现异常的语句，与 except、finally 结合使用
33	while	while 的循环语句
34	with	简化 Python 的语句
35	yield	用于从函数依次返回值，主要用于生成器函数

2.3 Python 基本输入/输出

对所有的程序而言，输入和输出是用户与程序进行交互的主要途径，通过输入程序能够获取程序运行所需的原始数据，通过输出程序能够将数据的处理结果输出，让用户了解运行结果。在 Python 语言中数据的输入/输出是通过调用函数实现的，主要有 input()、print()函数。本节介绍 input()、print()的基本用法。

【学习目标】

小节目标
1. 掌握 input()输入函数的基本用法
2. 掌握 print()输出函数的基本用法
3. 掌握 print()函数的 sep 与 end 参数用法
4. 掌握 print()函数的变量输出

2.3.1 用户输入

Python 程序如果需要输入，就必须调用 input()函数。input()函数的一般格式如下：

```
input([prompt])
```

其中的参数[prompt]是可选的，既可以使用，也可以不使用。参数是用来提供用户输入的提示信息的字符串，当用户输入程序所需要的数据时，就会以字符串的形式返回。

例如：通过键盘输入自己的姓名与学号，将输入的姓名存放在 Name 中，将输入的学号存放在 Num 中，以后可以使用 Name 和 Num 来引用姓名和学号（以 1 号张三为例）。

首先执行以下代码，以提示用户输入姓名，如例 2-3-1 所示。

例 2-3-1 提示用户输入实例。

```
>>> Name = input('请输入您的姓名：')
```

标准屏幕上会输出相关提示，在提示处输入字符“张三”：

```
请输入您的姓名：张三
```

输入变量名 Name，进行查看：

```
>>> Name
```

以上实例输出结果如下：

```
'张三'
```

继续执行以下代码，提示用户输入学号：

```
>>>Num=input('请输入您的学号：')
```

标准屏幕上会输出相关提示，在提示处输入数字“1”：

```
请输入您的学号：1
```

输入变量名 Num，进行查看：

```
>>> Num
```

以上实例输出结果如下：

```
'1'
```

input()函数可接收用户在键盘上输入的数据，可以使用类型函数 type()查看返回的对象类型。

类型函数 type()格式如下：

```
Type(对象名)
```

在例 2-3-1 上继续进行操作，查看变量类型属性操作如例 2-3-2、例 2-3-3 所示。

例 2-3-2 查看变量 Name 的类型属性实例。

```
>>> type(Name)
```

以上实例输出结果如下：

```
<class 'str'>
```

例 2-3-3 查看变量 Num 的类型属性实例。

```
>>> type(Num)
```

以上实例输出结果如下：

```
<class 'str'>
```

可以发现，不管用户输入的是数字还是字母符号，input()函数均返回字符串形式。

input([prompt])函数会假设输入的是一个有效的 Python 表达式，并返回运算结果。代码中 input()是函数调用的格式，这个函数是 Python 内置函数，直接调用就可以。函数中参数[prompt]，如“请输入您的姓名：”是可选参数，其作用是当程序运行时，会进行相关提示，这样用户能知道将要输入的是什么数据，否则用户看不到提示，可能会认为程序正在运行，而在一边等待运行结果，对不熟悉的用户可能会造成不知所措的感觉。这也是编程时需要考虑的用户友好性。

注意，input( )函数输入时，Python 将输入的值都当作字符进行处理，如果要使用其他类型，则需要进行类型转换。类型转换和其他语言类似，在后续章节中再进行讲述。

2.3.2 屏幕输出

Python 程序如果需要输出，就必须调用其内置的输出函数 print()。

print()函数的基本形式如下：

```
print(value)
```

print()函数在 Python 3.x 中是唯一的数据输出形式。print()函数输出目标是显示器。例如：之前所提到的 print（"Hello，World"），“Hello，World”是字符串，须用引号引起来。如果是数字或变量，不需要用引号，直接输出。

例 2-3-4 直接输出自己的姓名与学号（以 1 号张三为例）。

```
>>> print("我叫张三，我的学号是 1。")
```

以上实例输出结果如下：

```
我叫张三，我的学号是 1。
```

屏幕输出最简单的输出方法是用 print 语句。上例是直接输出一个字符串。Python 还可以输出用多个逗号隔开的表达式，可以将以多个逗号隔开的表达式转换成一个字符串表达式，并将结果标准输出。

例 2-3-5 使用两个字符串分别输出姓名和学号。

```
>>> print("我叫张三,","我的学号是 1。")
```

以上实例输出结果如下，在逗号后添加一个空格：

```
我叫张三, 我的学号是 1。
```

Python 使用由多个逗号隔开的表达式时，默认的分隔符是空格，可以修改默认的分隔符。如要做到和一开始输出的格式完全相同，采用以多个逗号隔开的表达式时，第一个字符串后不加逗号，使用“sep=','”改变默认分隔符为逗号。

例 2-3-6 使用 sep 参数输出姓名和学号。

```
>>> print("我叫张三","我的学号是 1",sep=',')
```

以上实例输出结果如下，在两个字符串中使用逗号进行分隔：

```
我叫张三,我的学号是 1。
```

print()函数默认除了以空格分割，结尾同样存在默认值，结尾的默认值是换行符“\n”，默认值是 end='\n'。继续使用上例，在学号后不添加句号，通过修改结尾默认值，直接定义为句号（。）。

例 2-3-7 使用 sep 与 end 参数输出姓名和学号。

```
>>> print("我叫张三","我的学号是 1",sep=',',end='。')
```

以上实例输出结果如下，结尾使用句号：

```
我叫张三,我的学号是 1。
```

从以上几例中可以看出，print()有多个参数，多参数的基本形式如下：

```
print(value,……,sep=' ',end='\n')
```

其中，value 是用户要输出的信息，后面的省略号表示可以有多个要输出的信息。sep=' '是多个输出信息的分隔符，默认值是一个空格，cnd 是 print()函数中在所有要输出的信息之后添加的符号，默认值为换行符。

在之前的例子中，Python 输出的是字符串，需要用引号引起来。如果输出的是数字，则不能使用引号，数字可以直接输出。

很多时候，print()函数需要输出变量。变量和数字一样，变量的引用不能加引号，添加引号就成了字符串，变量是直接引用的，如例 2-3-8 所示。

例 2-3-8 通过键盘输入自己的姓名，再进行输出（以 1 号张三为例）。

```
>>> Name = input('请输入您的姓名：')
请输入您的姓名：张三
>>> print("我叫",Name)
我叫 张三。
```

注意：在该例中，输出时，Name 为键盘输入的数据，即 Name=张三，此时 Name 为变量，不能用引号引起来。

2.4 Python 变量和数据类型

数据类型决定了程序该如何存储和处理数据。和 Java、C#一样，Python 有着丰富的数据类型，可以轻松完成各种数据处理。就某些方面来说，它甚至比 Java、C#功能更为强大。本节主要介绍 Python 基本的数据类型和变量。

【学习目标】

小节目标
1. 掌握 Python 变量的定义和赋值
2. 了解变量的回收机制
3. 掌握 Python 变量值交换的方式
4. 掌握 Python 数据类型
5. 掌握转义字符的使用
6. 掌握 Python 的类型转换

2.4.1 变量和赋值

1. 变量的定义和赋值

C、C++和 Java 等都属于静态数据类型语言，即要求变量在使用之前必须声明其数据类型（即变量定义）。例如：下面的语句声明变量 a，其数据类型为 int：

```
int a
```

Python 语言属于动态数据类型语言。其数据类型处理方式有所不同。Python 中的变量不需要声明，变量的赋值操作就是变量声明和定义的过程。Python 中变量定义如下：

```
a=1
```

Python 中使用变量时，必须理解以下几点：

- 变量在第一次赋值时创建，再次出现时表示使用。
- 变量没有数据类型的概念。数据类型属于对象，类型决定了对象在内存中的存储方式。
- 变量引用了对象。当在表达式中使用变量时，变量立即被其引用的对象替代，所以变量在使用前必须赋值。

每个变量在内存中创建后，都包括变量的标志、名称和数据这些信息。变量命名的要求和其他语言基本相同，应该遵循以下规则：

- 变量名不能采用数字开头，不要包含空格等特殊字符，可以使用字母、下画线开头命名，后面可以接任意数量的下画线、数字、字母或字符。
- 变量名区分大小写，A 和 a 是不同的变量。

- 变量名禁止使用 Python 关键字（也称保留字）。关键字在 Python 中有特殊意义，使用关键字作为变量名会导致语法错误。关键字可参见 2.2.3 小节中表 2-2-1 内容。

每个变量在使用前都必须赋值，变量赋值以后该变量才会被创建。等号（=）用来给变量赋值。等号（=）运算符左边是一个变量名，等号（=）运算符右边是存储在变量中的值。

例 2-4-1 赋值操作实例。

```
>>>a = 1 # 赋值整型变量
```

执行过程如下：执行语句行“a=1”时 Python 解释器会用赋值语句右边的表达式的值 1 创建一个整数对象，对象的身份就是内存中存储值 1 的内存地址，也可以理解成指向这个地址的指针，而变量 a 则是引用这个地址的名字。可见，在 Python 语言中对语句“a=1”表述与其他语言不同，其他语言的说法是，创建了一个变量 a，将赋值运算符右边表达式的值赋给变量 a。

Python 允许同时为多个变量赋值，如例 2-4-2 所示。

例 2-4-2 同时为多个变量赋值实例。

```
a = b = c = 1
```

以上实例创建了一个整型对象，值为 1，三个变量被分配到相同的内存空间。

Python 也可以为多个对象指定多个变量，如例 2-4-3 所示。

例 2-4-3 为多个对象指定多个变量实例。

```
a, b, c = 1, 2, "john"
```

以上实例将两个整型对象 1 和 2 分别分配给变量 a 和 b，字符串对象“john”分配给变量 c。

2. 变量的垃圾回收

Python 使用了自动垃圾回收机制。当对象变量没有任何引用时，其占用的内存空间会自动被回收。

在内部，Python 为每一个对象创建一个计数器，计数器记录对象变量的引用次数。当计数器为 0 时，对象被删除，其内存空间自动被收回。

注意，Python 自动完成对象的垃圾回收，在编程时不需要考虑回收问题。

3. 变量值交换

在 Python 应用赋值语句中，经典的情况是直接交换两个变量的值。交换两个变量的值有如例 2-4-4 所示三种写法。

例 2-4-4 交换变量值三种代码实例。

第一种写法：

```
>>> x=3
>>> y=4
>>>t = x
>>>x = y
>>>y = t
```

第二种写法：

```
>>> x=3
>>> y=4
```

```
>>> x=x+y
>>> y=x-y
>>> x=x-y
```

Python 中还存在第三种写法，即直接交换：

```
>>> x=3
>>> y=4
>>>x, y = y, x
```

读者可自行测试以上写法，请注意这三种写法的区别与各自特点。

2.4.2　简单数据类型

1. Python 数据类型概述

Python 语言中数据类型有很多，主要有简单数据类型和结构数据类型。简单数据类型就是日常生活中经常使用的数据。本节介绍这些简单的数据类型。

在 Python 中，变量就是变量，它没有类型，我们所说的“类型”是变量所指的内存中对象的类型。在内存中存储的数据可以有多种类型。Python 有 6 个标准数据类型：

- Number（数字）。
- String（字符串）。
- List（列表）。
- Tuple（元组）。
- Set（集合）。
- Dictionary（字典）。

Python 有一些标准类型用于定义操作，全部的类型分类如表 2-4-1 所示。

表 2-4-1　Python 类型表

类型分类	类型名称	描　述
None	Type（None）	Null 对象 None
数字	Int	整数
	Float	浮点数
	Complex	复数
	Bool	布尔值（True/False）
序列	Str	字符串
	Bytes	字节串
	Bytearray	字节数组
	List	列表
	Tuple	元组
映射	Dict	字典
集合	Set	可变集合
	Frozenset	不可变集合

本节只讨论数字与序列中的字符串类型，列表、元组、字典及集合在后续章节的数据结构中进行讲解。

类型可以使用 type()进行查看，如例 2-4-5 所示。

例 2-4-5 查看类型实例。

```
a=5
type(a)
```

输出如下结果：

```
Int
```

2. Python 字符串类型

在前文所述第一个程序“Hello，World”中，使用的数据类型就是字符串。

字符串或串（String）是由数字、字母、下画线组成的一串字符，通常用单引号、双引号或三引号引起来。字符串是程序语言中常用的数据类型，它是序列类型（包括字符串、列表、元组、字节串等）之一，也是最常用的、最简单的序列。

用单引号、双引号或三引号引起来的字符序列称为字符串，字符串中的字符可以包含数字、字母、中文字符、特殊符号及一些控制符（如换行符、制表符等）。如'中国'、'Python 语言程序设计'、"Python"、"1234567"、"ABCD"、"Hello"和"10"。字符串是不可变对象。

空串可表示为：''或""，注意，只有一对单引号或一对双引号。

单引号和双引号字符串本质上是相同的。如果字符串内含有单引号，则整个字符串需要使用双引号（或字符串内的单引号使用转义字符）。同样，如果字符串内含有双引号，则整个字符串需要使用单引号（或字符串内的双引号使用转义字符）。

三引号的字符串可以由多行组成，单引号和双引号字符串则不可以。当需要使用大段多行的字符串行时，可以使用三引号的字符串。

字符串一般记为：

$$s="a_1a_2 \cdots a_n"(n>=0)$$

它是编程语言中表示文本的数据类型。

字符串的运算主要有：成员检查（in 和 not in）、连接（用“+”实现）、重复（用“*”实现）。

3. Python 转义字符

在需要使用特殊字符时，Python 用反斜杠（\）转义字符。转义字符用于计算机中的不可见字符。不可见字符是指不能显示图形，仅表示某一控制功能的代码，如 ASCII 码中的换行、制表符、铃声等。

不可见字符只能用转义字符表示，当然，可见字符也可以用转义字符表示。转义字符以“\”开头，后跟字符或数字，如表 2-4-2 所示。

表 2-4-2 Python 的转义字符表

转义字符	描述
\（在行尾时）	续行符
\\	反斜杠符号
\'	单引号

续表

转义字符	描述
\"	双引号
\a	铃声
\b	退格（Backspace）
\e	转义
\000	空
\n	换行
\v	纵向制表符
\t	横向制表符
\r	回车
\f	换页
\oyy	八进制数，yy 代表字符，例如:\o12 代表换行
\xyy	十六进制数，yy 代表字符，例如:\x0a 代表换行
\other	其他字符以普通格式输出

4. Python 数字类型

Python 数字类型用于存储数值。数字是 Python 语言中最常用的对象。数字对象都是不可变对象。Python 3 支持 Int、Float、Bool、Complex（复数）。它们都是不可改变的数字类型，这意味着改变数字类型会分配一个新的对象。如果改变数字类型的值，则将重新分配内存空间。

（1）整型。在 Python 语言中，整数有下列表示方法。

- 十进制整数：如 1、100、12345 等。
- 十六进制整数：以 0X 开头，X 可以大写或小写，如 0X10、0x5F、0xABCD 等。
- 八进制整数：以 0O 开头，O 可以大写或小写，如 0o12、0o55、0O77 等。
- 二进制整数：以 0B 开头，B 可以大写或小写，如 0B111、0b101、0b1111 等。

进制之间的转换，可以使用相关函数完成。bin()函数可将十进制数转为二进制数；oct()函数可将十进制数转为八进制数；hex()函数可将十进制数转为十六进制数，如例 2-4-6 所示。

例 2-4-6 进制转换代码实例。

```
>>> bin(5)
'0b101'
>>> oct(5)
'0o5'
>>> hex(5)
'0x5'
```

整数类型的数据对象不受数据位数的限制，只受可用内存大小的限制。也就是说它和系统的最大整型数据是一致的。如果是 32 位计算机系统，则可以表示的数的范围是-2^{31}～$2^{31}-1$；

如果是64位计算机系统，则可以表示的数的范围是$-2^{63}\sim2^{63}-1$。

浮点数可以表示为1.0、1.、0.12、.123、12.345、1.8E12、1.8e-5等。

像大多数语言一样，数字类型的赋值和计算都是很直观的。赋值后可以使用内置的type()函数来查询变量所指的对象类型，如例2-4-7所示。

例2-4-7 整型赋值实例。

```
>>> a=0b101
>>> type(a)
<class 'int'>
>>> a
5
```

上述代码中，第1行代码的变量a的值是一个二进制的整数，属于Int类型。第2～3行验证了这个结果；第4～5行直接输出a的值，输出结果是十进制数5。

一些数字类型的实例如表2-4-3所示。

表2-4-3 数字类型例表

Int	Long	Float	Complex
10	51924361L	0.0	3.14j
100	−0x19323L	15.20	45.j
−786	0122L	−21.9	9.322e-36j
080	0xDEFABCECBDAECBFBAEl	32.3+e18	.876j
−0490	535633629843L	−90.	−.6545+0J
−0x260	−052318172735L	−32.54e100	3e+26J
0x69	−4721885298529L	70.2-E12	4.53e−7j

长整型也可以使用小写“l”，但是建议使用大写“L”，避免与数字“1”混淆。Python使用“L”来显示长整型。现在整型和长整型已无缝接合，长整型后缀L可有可无。事实上，在Python 3中，只使用一种整数类型Int，表示为长整型。

（2）浮点型。浮点型（Float）用于表示实数。Python 中的浮点类型类似 Java 语言中的Double类型，是双精度浮点型，可以直接用十进制或科学计数法表示。十进制数形式，由数字和小数点组成，且必须有小数点，如0.123、12.85、26.98等；科学计数法形式，如2.1E5、3.7e−2等，其中e或E之前必须有数字，且e或E后面的数字必须为整数。

Python浮点型遵循IEEE754双精度标准，每个浮点数占8字节，能表示的数的范围是$-1.8^{308}\sim1.8^{308}$，如例2-4-8所示。

例2-4-8 浮点型实例。

```
>>> 1.2e5
120000.0
>>> −1.8e308   #超出可以表示的范围
-inf
>>> −1.8e307
−1.8e+307
>>> 1.8e308   #超出可以表示的范围
```

```
inf
>>> 1.8e307
1.8e+307
```

（3）布尔类型。Python 中，将布尔类型看作一种特殊的整型。Bool 类型包括 True、False 两个值，分别映射到整数 1 和 0，因此，可以把 Bool 类型理解为整数类型。

每一个 Python 对象天生都具有布尔值（True 或 False），因此每一个对象都可用于布尔测试，在条件或循环判断中使用。

以下对象的布尔值都是 False：

- None；
- False（布尔类型）；
- 所有的值为零的数，如 0（整型）、0.0（浮点型）、0L（长整型）、0.0+0.0j（复数）；
- （空字符串）""；
- （空列表）[]；
- （空元组）()；
- （空字典）{}。

用户自定义的类实例对象，如果定义了 nonzero()或 len()方法，那方法会返回 0 或 False，除此之外，其他对象的布尔值都为 True。

以上有些对象知识，在后续章节中会介绍，这里只需了解布尔值的表示。

（4）复数类型。复数类型用于表示数学中的复数，复数由实数部分和虚数部分构成，表示为 real+imagj 或 real+imagJ，一般用 a + bj 或者 complex(a,b)表示，复数的实部 a 和虚部 b 都是浮点型，如 3+4j、3.1+4.1j 等就是复数。复数的操作如例 2-4-9 所示。

例 2-4-9 复数实例。

```
>>> a = 3 + 4j
>>> b = 3.1 + 4.1j
>>> a + b
(6.1+8.1j)
>>> b.real
3.1
>>> a.imag
4.0
>>> isinstance(a,complex)
True
```

2.4.3 类型转换

1. 什么情况下需要类型转换

在例 2-4-10 中，根据 2.3 节中的输入操作，首先通过键盘输入姓名和学号，再使用占位符进行格式化输出，输出姓名与学号（以 1 号张三为例）。

例 2-4-10 输入姓名、学号并输出。

```
>>> Name=input("请输入您的姓名:")
请输入您的姓名:张三
```

```
>>> Num=input("请输入您的学号:")
请输入您的学号:1
>>> print("我叫%s，我的学号是%d"%(Name,Num))
```

按回车键执行后，程序报错，输出错误提示如下：

```
Traceback (most recent call last):
  File "<pyshell#8>", line 1, in <module>
    print("我叫%s，我的学号是%d"%(Name,Num))
TypeError: %d format: a number is required, not str
```

代码输出错误：提示%d 格式错误，请求的是数字，而不是字符串。也就是说，使用%d，要求给的是数字，但实际给的是 string 字符串。

这个错误就是因为类型不对应而引发的。不同类型之间，需要进行转换。在转换过程中，需要使用相关的函数。

解决这个错误的关键就是类型转换。修改代码，在输出的数组（Name，Num）中，将%d 所对应的变量 Num 的类型进行转换，即转换为整型，使用整型转换函数 int()后再输出，代码如下：

```
>>>print("我叫%s，我的学号是%d"%(Name,int(Num)))
```

输出结果如下：

```
我叫张三，我的学号是 1
```

int()函数可以将 input()输入的字符数值转变成数字类型。相应地，还有一个函数 eval()也同样可以实现。例如：

```
>>> print("我叫%s，我的学号是%d"%(Name,eval(Num)))
```

输出结果相同。注意 eval()与 int()函数性质不相同，是两个不同的函数。

eval()函数用来计算在字符串中的有效 Python 表达式，并返回一个对象，返回对象的类型是数字型。

eval()是一个内置函数，可以实现字符串向数字的转换，还可以进行复杂的数字表达运算。函数的一般格式为：

```
eval(字符串[,字典 [,映射]])
```

其中，字符串必须是一个 Python 数字表达式，字典和映射是字符串中用到的表示字典、映射的变量或对象。

2. 显示转换

数据类型的显示转换，也称为数据类型的强制类型转换，是通过 Python 的内建函数来实现的。

在转换数据类型时，将数据类型作为函数名即可。表 2-4-4 中的几个内置函数可以执行数据类型之间的转换。这些函数返回一个新的对象，表示转换的值。

表 2-4-4 类型转换函数表

函数	描述
int(x [,base])	将 x 转换为一个整数
long(x [,base])	将 x 转换为一个长整数

续表

函数	描述
float(x)	将 x 转换到一个浮点数
complex(real [,imag])	创建一个复数
str(x)	将对象 x 转换为字符串
repr(x)	将对象 x 转换为表达式字符串
eval(str)	用来计算在字符串中的有效 Python 表达式，并返回一个对象
tuple(s)	将序列 s 转换为一个元组
list(s)	将序列 s 转换为一个列表
set(s)	转换为可变集合
dict(d)	创建一个字典。d 必须是一个序列（key，value）元组
frozenset(s)	转换为不可变集合
chr(x)	将一个整数转换为一个字符
unichr(x)	将一个整数转换为 Unicode 字符
ord(x)	将一个字符转换为它的整数值
hex(x)	将一个整数转换为一个十六进制字符串
oct(x)	将一个整数转换为一个八进制字符串

在表 2-4-4 中，有些类型，如列表、元组、字典、集合将在后面章节中进行详细介绍，在此只需要了解转换命令。

2.5 Python 的对象和变量

变量的值存储在内存中，这就意味着在创建变量时会在内存中开辟一个空间。基于变量的数据类型，解释器会分配指定内存，并决定什么数据可以被存储在内存中。因此，变量可以指定不同的数据类型，这些变量可以存储整数、小数或字符。

程序中存储的所有数据都是对象。每一个对象都有身份、类型和一个值。

【学习目标】

小节目标 1. 了解对象的类型与身份

2. 了解变量引用对象的含义及过程

3. 了解共享引用

2.5.1 对象的类型与身份

对象的类型用于描述对象的内部表示及它支持的方法与操作。创建一个特定的对象，就认为这个对象是该类型的实例。一旦一个对象实例被创建，它的身份与类型是不可改变的。

如果对象的值是可改变的，则称对象为可变对象（Mutable），当然还有不可变对象（Immutable）。如果对象包含对其他对象的引用，则将其称为容器或集合。

许多对象都有相应的数据属性与方法。属性是与对象相关的值，而方法是可以施加在该对象上的执行某些操作的函数。

对象的类型与身份可以通过内置函数来确定。

对象的类型，指的是数据类型，可以使用内置函数 type()查看。对象的身份实际是存储单元，存储单元可以用函数 id()取值，如例 2-5-1 所示。

例 2-5-1 查看存储单元实例。

```
>>> a=1
>>> b=a
>>> id(a)
1372182768
>>> id(b)
1372182768
```

注意，id( )表示对象在当前计算机的存储单元地址，每台计算机地址不同，例中的结果 1372182768 仅表明运行该代码时的存储单元地址。

2.5.2 变量引用对象

在 Python 语言中，变量与对象的关系体现在引用上，所谓变量引用对象就是建立变量到对象的连接。

变量是由赋值语句创建的，而且是在第一次给这个变量名赋值时创建的。创建对象的同时也建立了变量对对象的连接（引用），如图 2-5-1 所示。可见，只要一条赋值语句就可实现这三件事。

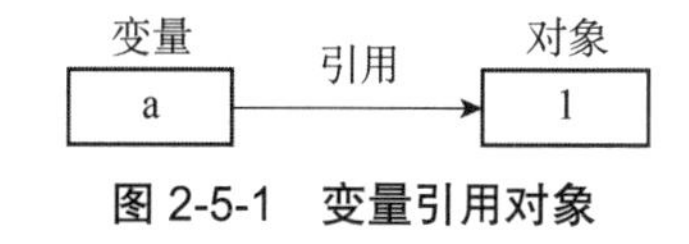

图 2-5-1 变量引用对象

“a = 1”就这么一条语句，创建了整数对象 1，创建了变量 a，建立了变量 a 对整数对象 1 的引用。

变量的命名同样遵守标识符的命名规则。

变量有自己的存储空间，变量引用对象是该变量存储了对象的内存地址，而不是对象的值。但变量在进行运算和输出时，自动使用它所引用的对象的值。

一个变量一旦引用了一个对象，变量就是对象。从微观上讲，变量的类型与它引用的对象的类型相同，故它的类型可以不断地变化；从宏观上讲，变量的类型变化不定，可以认为变量没有类型，如例 2-5-2 所示。

例 2-5-2 对象类型改变实例。

```
>>> a = 1
>>> type(a)              # 输出 a 的当前类型
<class 'int'>
>>> a = "hello"
>>> type(a)
<class 'str'>
```

这是 Python 语言的动态类型机制，它与其他程序设计语言有所不同。

2.5.3 共享引用

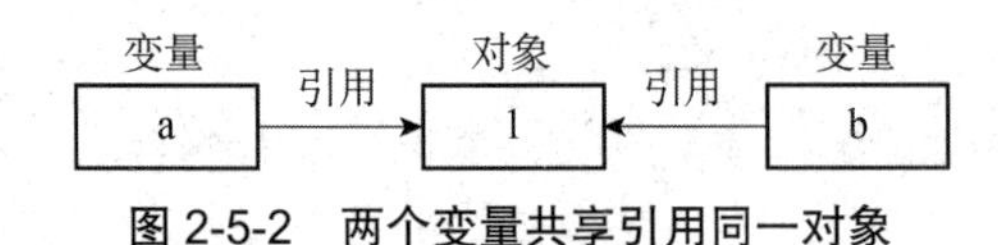

图 2-5-2 两个变量共享引用同一对象

共享引用是指多个变量都引用同一对象，如图 2-5-2 所示。

在 Python 3 的 6 个标准数据类型中，

- 不可变对象（3 个）有：Number（数字）、String（字符串）、Tuple（元组）。
- 可变对象（3 个）有：List（列表）、Dictionary（字典）、Set（集合）。

对不可变对象来说，改变原变量引用，不会改变引用变量的值，如例 2-5-3 所示。

例 2-5-3 不可变对象值改变实例。

```
>>> a = 1
>>> b = a
>>> a = "Hello"
>>> a
'Hello'
>>> b
1
```

上面的代码，虽然改变了变量 a 的引用，但变量 b 仍然引用整数对象 1。

但对于可变对象（如列表、字典这样的容器类对象），改变共享引用的一方变量，对另一方变量的引用也是有影响的。通过例 2-5-4 可以看出影响结果。

例 2-5-4 可变对象值改变实例。

```
>>> a = [1, 2, 3]
>>> b = a
>>> b.append(4)
>>> b
[1, 2, 3, 4]
>>> a
[1, 2, 3, 4]
```

对以上这一段代码，你是不是感到很疑惑？代码中先将 a 赋值给 b，然后修改 b 的值，为 b 的值添加一个数，怎么 a 也会跟着改变？

这其中的关键是要理解可变对象与不可变对象。

简单数据类型是不可变对象。在之前所用的数字类型中，不存在此类共变问题。重新执行相关代码，查看相关变量存储单元，如例 2-5-5 所示。

例 2-5-5 查看不可变对象存储单元操作实例。

```
>>> a=1
>>> b=a
>>> id(a)
1372182704
>>> a="hello"
>>> id(a)
```

```
32866208
>>> id(b)
1372182704
```

可以发现，变量 a 被重新赋值后，存储单元地址发生了改变，原来的地址因为变量 b 还在引用，所以继续保留。此时变量 a 和变量 b 已无关系。

对于可变对象，执行相关代码，查看相关变量存储单元，如例 2-5-6 所示。

例 2-5-6 查看可变对象存储单元操作实例。

```
>>> a = [1, 2, 3]
>>> b=a
>>> id(a)
32943960
>>> id(b)
32943960
>>> b.append(4)
>>> id(b)
32943960
>>> id(a)
32943960
```

可以发现，对可变对象来说，执行相关的添加数据操作，数据值发生了改变，但存储单元并未改变。而 Python 中，赋值的本质含义是引用，是引用相关存储单元的数据。多个变量可以引用同一个存储单元的数据。代码中，变量 a 和变量 b 引用相同的存储单元，所以无论通过变量 a 还是变量 b 对存储单元中的数据进行了修改，那么另一个变量只是对存储单元的引用，因此值只能是修改后的值。

对于可变对象，还有类似引用的操作，如利用切片、函数或方法实现浅复制，以及利用深复制函数实现深复制，这些内容将在后续章节中介绍。

2.6 Python 运算符

数学上，运算是一种行为，通过已知量的可能的组合，获得我的量。表示运算的符号称为运算符，参与运算的数据称为操作数。举个简单的例子 4 +5 = 9。例子中，4 和 5 被称为操作数，+号为运算符。本节主要说明 Python 的运算符。

Python 语言支持以下类型的运算符：算术运算符、比较（关系）运算符、赋值运算符、逻辑运算符、位运算符、成员运算符、身份运算符。

【学习目标】

小节目标

1. 了解并掌握算术运算符的运用
2. 了解并掌握比较运算符的运用
3. 了解并掌握赋值运算符的运用
4. 了解并掌握位运算符的运用
5. 了解并掌握逻辑运算符的运用

6. 了解并掌握成员运算符的运用
7. 了解并掌握身份运算符的运用
8. 熟悉运算符优先级

2.6.1 算术运算符

算术运算符主要用于计算，常用的加、减、乘、除（+、–、*、/）都属于算术运算符。

所有的数字对象可以使用如表 2-6-1 所示的算术运算符，用运算符、圆括号将对象、变量、函数等连接起来的式子称为数学表达式。在表中，假定 a、b 为对象。

表 2-6-1　算术运算符表

运算	意义描述	运算	意义描述
a + b	加法	a ** b	乘方（a^b）
a – b	减法	a % b	取余数（a mod b）
a * b	乘法	+ a	一元加法
a / b	除法	– a	一元减法
a // b	截取除法		

说明：

- 截取除法（//）的结果是整数，并且整数和浮点数均可应用。
- 除法（/）：在 Python 2.X 中，如果操作数是整数，则除法结果取整数，但在 Python 3.X 中，结果是浮点数。
- 对浮点数来说，取余运算的结果是“a // b”的浮点数余数，即“a –（a//b）*b”。
- 对于复数，取余和截取除法是无效的。

在算术表达式中，运算符的优先级（分 4 级）是：一元运算符、乘方、乘除法（包括截取除法和取余）、加减法。注意幂运算符**，如果左侧有正负号，那么幂运算符优先，如果右侧有正负号，那么一元运算符优先。

算术运算符的操作比较简单。定义变量 a 为 5，变量 b 为 3，如表 2-6-2 所示。

表 2-6-2　算术运算符实例表

运算符	描述	实例
+	加，两个对象相加	a + b 输出结果 8
–	减，得到负数或是一个数减去另一个数	a – b 输出结果 2
*	乘，两个数相乘或是返回一个被重复若干次的字符串	a * b 输出结果 15
x/y	除，x 除以 y	a /b 输出结果 1.6666666666666667
%	取模，返回除法的余数	a % b 输出结果 2
//	取整除，返回商的整数部分	a//b 输出结果 1
x**y	幂，返回 x 的 y 次幂	a**b 为 5 的 3 次方，输出结果 125

下面通过实例演示算术运算符的操作，如例 2-6-1 所示。

例 2-6-1 算术运算符操作实例。

```
>>> a=5
>>> b=3
>>> c=0
>>> c=a+b #进行加法运算
>>> c
8
>>> c=a-b #进行减法运算
>>> print(c)
2
>>> c=a*b #进行乘法运算
>>> print(c)
15
>>> c=a/b #进行除法运算
>>> print(c)
1.6666666666666667
>>> c=a%b #进行取余运算
>>> print(c)
2
>>> c=a//b #进行取整运算
>>> print(c)
1
>>> c=a**b #进行幂的运算
>>> print(c)
125
```

2.6.2 比较运算符

关系运算使用表 2-6-3 所示的运算符，运算结果是 True 或 False。关系运算 in 表示一个对象是否在一个集合中（这里说的集合是一个广义概念，包括列表、元组、字符串等），当然其运算结果也是 True 或 False。

表 2-6-3 比较运算符表

运算	意义描述	运算	意义描述
a < b	小于	a >= b	大于等于
a <= b	小于等于	a == b	等于
a > b	大于	a != b	不等于
x in <集合>	x 是否在集合中？		

注意：

● 对于比较运算符，可以有更复杂的写法，如："a<b<c"，这相当于"a<b and b<c"，又如："a<b>c"，相当于"a<b and b>c"，"a==b>c" 相当于"a==b and b>c"。

- 不允许对复数进行比较。
- 只有当操作数是同一类型时，比较才有效。对于内置的数字对象，当两个操作数类型不一致时，Python 将进行类型的强制转换，例如，当操作数之一为浮点数时，则将另一个操作数也转换为浮点。

比较运算符实例表如表 2-6-4 所示（表中 a < b < c）。

表 2-6-4　比较运算符实例表

运算符	描述	实例
==	等于，比较对象是否相等	（a == b）返回 False
!=	不等于，比较两个对象是否不相等	（a != b）返回 True
<>	不等于，比较两个对象是否不相等	（a <> b）返回 True。这个运算符类似 !=
x > y	大于，返回 x 是否大于 y	（a > b）返回 False
x < y	小于，返回 x 是否小于 y。所有比较运算符返回 1 表示真，返回 0 表示假。 这分别与特殊的变量 True 和 False 等价。注意这些变量名的大小写	（a < b）返回 True
x >= y	大于等于，返回 x 是否大于等于 y	（a >= b）返回 False
x <= y	小于等于，返回 x 是否小于等于 y	（a <= b）返回 True

关系运算符的优先级不分级，6 个运算符（<、<=、>、>=、==和!=）属于同一级。在这一点上，Python 语言与其他语言不同（其他语言一般定义<、<=、>和>=为同一级，==和!=为同一级）。

6 个关于数字的关系运算符比运算符 in 的优先级高。

下面通过实例演示比较运算符的操作，如例 2-6-2 所示。

例 2-6-2　比较运算符操作实例。

```
>>> 2+3j>1+2j
Traceback (most recent call last):
  File "<pyshell#26>", line 1, in <module>
    2+3j>1+2j
TypeError: '>' not supported between instances of 'complex' and 'complex'
>>> 2+3j>1
Traceback (most recent call last):
  File "<pyshell#27>", line 1, in <module>
    2+3j>1
TypeError: '>' not supported between instances of 'complex' and 'int'
>>> 2.5>2
True
>>> 2.5>2.55
False
>>> 2.5>True
True
>>> 2.5>5
False
```

特别注意：当操作数是浮点数时，因为浮点数存在有效位（15位）的问题，实施比较运算时，可能会出现谬论！下面的示例实际上是论证“一个数加上一个很小的数大于这个数本身”，结果由于加上的“一个很小的数”小于浮点数的表示精度，等于没有加上这个很小的数，所以出现错误结论，如例2-6-3所示。

例2-6-3 浮点数超精度比较实例。

```
>>> 1.0+1.0e-16>1.0          # 这个结论是错误的。
False
```

如果精度在有效位范围以内，则结果就是正确的。

```
>>> 1.0+1.0e-15>1.0          # 这个结论是正确的。
True
```

2.6.3 赋值运算符

赋值运算符如表2-6-5所示。

表2-6-5 赋值运算符表

运算符	描述	实例
=	简单的赋值运算符	c = a + b 将 a + b 的运算结果赋值为 c
+=	加法赋值运算符	c += a 等效于 c = c + a
−=	减法赋值运算符	c−= a 等效于 c = c−a
*=	乘法赋值运算符	c *= a 等效于 c = c * a
/=	除法赋值运算符	c /= a 等效于 c = c / a
%=	取模赋值运算符	c %= a 等效于 c = c % a
**=	幂赋值运算符	c **= a 等效于 c = c ** a
//=	取整除赋值运算符	c //= a 等效于 c = c // a

Python 赋值运算符的操作比较简单，和其他语言一样，使用“=”号，如例2-6-4所示。

例2-6-4 赋值运算符的操作实例。

```
>>> a=21
>>> b=10
>>> c=0
>>> c+=a  #执行加法赋值运算
>>> c
21
>>> c*=b  #执行乘法赋值运算
>>> c
210
>>> c/=a  #执行除法赋值运算
>>> c
10.0
>>> c-=b  #执行减法赋值运算
>>> c
```

```
0.0
>>> c=2
>>> c%=a   #执行取模赋值运算
>>> c
2
>>> c**=a   #执行乘方赋值运算
>>> c
2097152
>>> c//=a   #执行取整赋值运算
>>> c
99864
```

2.6.4 位运算符

移位和按位逻辑运算符仅能用于整数。它们的优先级（分 5 级）是：按位求反、左右移位、按位与、按位异或、按位或。按位运算符是把数字看作二进制来进行计算的，如表 2-6-6 所示。

表 2-6-6　移位和按位逻辑运算符

运算	意义描述	运算	意义描述
a << b	左移	a | b	按位或
a >> b	右移	a ^ b	按位异或
a & b	按位与	～ a	按位求反

Python 中的移位和按位逻辑运算假定整数以二进制补码形式表示，且符号位可以向左无限扩展。按位运算法则，如表 2-6-7 所示（表中变量 a 为 60，b 为 13）。

表 2-6-7　位运算符表

运算符	描述	实例
&	按位与运算符	（a & b）输出结果 12，二进制解释：0000 1100
|	按位或运算符	（a | b）输出结果 61，二进制解释：0011 1101
^	按位异或运算符	（a ^ b）输出结果 49，二进制解释：0011 0001
～	按位取反运算符	（～a）输出结果−61，二进制解释：1100 0011，在一个有符号二进制数的补码形式
<<	左移动运算符	a << 2 输出结果 240，二进制解释：1111 0000
>>	右移动运算符	a >> 2 输出结果 15，二进制解释：0000 1111

位运算符的操作，需要将变量转换成二进制，以二进制方式进行位运算，如例 2-6-5 所示。

例 2-6-5　位运算符操作实例。

```
>>> a = 60            # 60 = 0011 1100
>>> b = 13            # 13 = 0000 1101
>>> c = 0
>>> c = a & b         # 12 = 0000 1100
>>> c
```

```
12
>>> c = a | b           # 61 = 0011 1101
>>> c
61
>>> c = a ^ b           # 49 = 0011 0001
>>> c
49
>>> c =  ~a             # - 61 = 1100 0011
>>> c
- 61
>>> c = a << 2;         # 240 = 1111 0000
>>> c
240
>>> c = a >> 2;         # 15 = 0000 1111
>>> c
15
```

2.6.5 逻辑运算符

Python 语言支持逻辑运算符，逻辑运算符只有 3 个，它们的优先级（分 3 级）是：not、and、or。用逻辑运算符描述的表达式称为逻辑表达式或布尔表达式。

not a：如果 a 为 False，则返回 1，否则返回 0。

a and b：如果 a 为 False，则返回 a，否则返回 b。

a or b：如果 a 为 False，则返回 b，否则返回 a。

逻辑运算符如表 2-6-8 所示。

表 2-6-8 逻辑运算符表

运算符	描述
x and y	布尔“与”，如果 x 为 False，则 x and y 返回 False，否则返回 y 的计算值
x or y	布尔“或”，如果 x 是 True，则返回 True，否则返回 y 的计算值
x not y	布尔“非”，如果 x 为 True，则返回 False。如果 x 为 False，则返回 True

逻辑运算符中 and、or 需要和常用的 and、or 进行区分，不要单纯从“与”“或”上进行理解，需要结合 Python 中数字的真假值进行计算。Python 中数字 0 和 null 表示 False，非 0 数字和非空（null）表示真。注意逻辑表达式的输出值，如例 2-6-6 所示。

例 2-6-6 and 逻辑运算符的操作实例。

```
>>>a = 10
>>>b = 20
>>> print(a and b)#此时 a 不为 0，返回 b 值
20
>>> a=0
>>> print(a and b) #此时 a 为 0，返回 0 值
0
```

2.6.6 成员运算符

除了以上一些运算符，Python 还支持成员运算符。成员运算符只能用在包含成员的对象中，包括字符串、列表或元组，不包括数字，如表 2-6-9 所示。

表 2-6-9 成员运算符表

运算符	描述	实例
in	如果在指定的序列中找到值则返回 True，否则返回 False	(x in y)，如果 x 在 y 序列中则返回 True
not in	如果在指定的序列中没有找到值则返回 True，否则返回 False	(x not in y)，如果 x 不在 y 序列中则返回 True

成员运算符，可以用于判断对象是否在数据范围之内，如例 2-6-7 所示。

例 2-6-7 成员运算符操作实例。

```
>>> a=1
>>> a in [1234]
False
>>> a in [1,2,3,4]
True
>>> a in 1234 #不能用于数字型
Traceback (most recent call last):
  File "<pyshell#45>", line 1, in <module>
    a in 1234
TypeError: argument of type 'int' is not iterable

>>> "1" in "1234" #把数字引起来当作字符处理，可以进行成员运算。
True
```

not in 和 in 运算符操作相同，不过这两个运算符的运算结果是相反的。使用 in 运算，如果在指定的序列中找到值则返回 True，否则返回 False。使用 not in 运算，如果在指定的序列中没有找到值则返回 True，否则返回 False。

2.6.7 身份运算符

身份运算符用 is、is not 表示，用于比较两个对象的存储单元。is not 是特殊的比较运算符，比较的是对象的存储单元，实际进行的是存储单元的比较。

存储单元地址可以使用函数 id()进行查看，存储单元取值也可以采用函数 id()查看。

身份运算符的描述，如表 2-6-10 所示。

表 2-6-10 身份运算符表

运算符	描述	实例
is	is 用于判断两个标识符是不是引用自同一个对象	x is y，如果 id(x)等于 id(y)，则返回结果 1
is not	is not 用于判断两个标识符是不是引用自不同对象	x is not y，如果 id(x)不等于 id(y)，则返回结果 1

身份运算符用于比较两个对象的存储单元，如例 2-6-8 所示。

例 2-6-8　身份运算符操作实例。

```
>>> a=20
>>> b=20
>>> id(a)
1379588576
>>> id(b)
1379588576
>>> a is b
True
>>> a is not b
False
>>> id(a)==id(b)   #和 a is b 等价
True
```

2.6.8　运算符优先级

如果在一个表达式中有多个不同的运算符，哪个运算符先执行运算，哪个运算符后执行运算？这得有一个规则。在 Python 语言中，所有的运算按规定的优先级操作。

运算符的计算规则有两种：从左开始和从右开始，Python 的运算符绝大多数是从左开始的，只有两个特例，乘方（**）和条件表达式运算从右开始。

标准类型操作符又称标准类型运算符。标准类型操作符是针对所有 Python 对象的，也就是说，所有 Python 对象都可以运用标准类型操作符来操作，它们是：关系运算符（<、<=、>=、= =、!=）、身份比较操作符（is、is not）和逻辑运算符（not、and、or）。

表 2-6-11 列出了从最高到最低优先级的所有运算符。

表 2-6-11　运算符优先级排序表

运算符	描述
**	指数（最高优先级）
~ +-	按位翻转，一元加号和减号（最后两个的方法名为 +@ 和-@）
* / % //	乘、除、取模和取整除
+ -	加、减
>> <<	右移、左移运算符
&	位“and”
^ |	位运算符
<= < > >= == !=	比较运算符（包括等于运算符）
= %= /= //=-= += *= **=	赋值运算符
is is not	身份运算符
in not in	成员运算符
not or and	逻辑运算符

表 2-6-11 中涉及的运算符为标准类型操作符。运算符还包括“[]”“{}”“()”“.”等，所有运算符优先级排序、操作数形式及意义描述如表 2-6-12 所示。

表 2-6-12　运算符优先级描述表

优先级	运算符及操作数形式	意义描述
0	[...]、(...)、{...}	创建列表、元组和字典
1	s[i]、s[i：j]	索引、切片
2	s.attr	属性
3	f(...)	函数调用
4	+a、−a、～a	一元运算符
5	a**b	乘方（从右至左运算）
6	a*b，a/b，a//b，a%b	乘法、除法、截取除法、取余数
7	a+b、a−b	加法、减法
8	a<<b、a>>b	左移、右移
9	a&b	按位与
10	a^b	按位异或
11	a|b	按位或
12	a<b、a<=b、a>b、a>=b、a==b、a!=b	小于、小于等于、大于、大于等于、等于、不等于
13	a is b、a is not b	身份检查
14	a in s、a not in s	序列成员检查
15	not a	逻辑非
16	a and b	逻辑与
17	a or b	逻辑或
18	a if b else c	条件表达式运算符

运算的时候，需要根据运算符的优先级进行运算。首先运算优先级高的，优先级相同时，才从左到右进行运算。运算符优先级的操作示例如例 2-6-9 所示。

例 2-6-9　Python 运算符优先级的操作实例。

```
>>> a=20
>>> b=10
>>> c=15
>>> d=5
>>> e=0
>>> e=(a+b)*c/d        #( 30 * 15 ) / 5
>>> e
90.0
>>> e =((a+b)*c)/d       # (30 * 15 ) / 5
>>> e
```

```
90.0
>>> e = (a + b) * (c / d);       # (30) * (15/5)
>>> e
90.0
>>> e = a + (b * c) / d;          #   20 + (150/5)
>>> e
50.0
```

2.7 实训2：班级竞选统计

【任务描述】

某班级要举行竞选班长活动，候选人小李和小王参加竞选，竞选考核项目有5个，分别是班级成员投票、班级工作贡献、成绩排名、老师打分、演讲得分。5个项目的具体评分情况如下：

1．班级成员投票，每一票加2分；

2．班级工作贡献，每一项加4分；

3．成绩排名，名次在前的加分，每前一名加2分；

4．老师打分，最高分20分；

5．演讲得分，为演讲实际得分，由考核组成员打分。

候选人得分如表2-6-13所示。

表2-6-13　候选人得分

姓名	班级投票	班级工作贡献（项）	成绩排名	老师打分	演讲得分
小李	28	3	4	17	90
小王	22	7	2	20	88

使用所学知识，公平公正地选出班长。

要求首先手动通过键盘录入每一项分数，然后再打印输出整个计算公式与各人得分，最后按格式输出胜选候选人信息。输出格式如下：

```
"***的班级投票数***，班级工作贡献***项，成绩排名第***，老师打分***分，演讲得分***d分。***的总分是***分！"
```

【操作提示】

将小李与小王的每一项得分通过键盘输入，使用变量存储。

使用运算符来计算两人的得分。

使用比较运算符比较两人的得分。

使用格式化运算符输出命令，按格式进行输出。

【参考代码】

```
#以下代码可在交互式窗口中一行行输入，最终结果和本程序文件相同。
print("----------请输入小李的统计数字-----------------")
L_vote=int(input("小李的班级投票数："))
L_work=int(input("小李的班级工作贡献(项)："))
L_grade=int(input("小李的成绩排名："))
L_teaScore=int(input("小李的老师打分是："))
L_speeScore=int(input("小李的演讲得分是："))
print("----------请输入小王的统计数字-----------------")
W_vote=int(input("小王的班级投票数："))
W_work=int(input("小王的班级工作贡献(项)："))
W_grade=int(input("小王的成绩排名："))
W_teaScore=int(input("小王的老师打分是："))
W_speeScore=int(input("小王的演讲得分是："))
print("--------------------------------------------")
L_score=L_vote*2+L_work*4+L_teaScore+L_speeScore
W_score=W_vote*2+W_work*4+(L_grade-W_grade)*2+W_teaScore+W_speeScore
print("小李的班级投票数%d,班级工作贡献%d 项,成绩排名第%d,老师打分%d 分，演讲得分%d 分。小李的总分是%d 分！"\
        %(L_vote,L_work,L_grade,L_teaScore,L_speeScore,L_score))
print("小王的班级投票数%d,班级工作贡献%d 项,成绩排名第%d,老师打分%d 分，演讲得分%d 分。小王的总分是%d 分！"\
        %(W_vote,W_work,W_grade,W_teaScore,W_speeScore,W_score))
print("按照评分规则，分数高的当选为本班班长！恭喜！")
```

【本章习题】

一、判断题

1．已知 x = 3，那么赋值语句 x = 'abcedfg' 是无法被正常执行的。(　　)

2．Python 变量使用前必须先声明，并且一旦声明就不能在当前作用域内改变其类型。(　　)

3．Python 采用的是基于值的自动内存管理方式。(　　)

4．Python 不允许使用关键字作为变量名，允许使用内置函数名作为变量名，但这会改变函数名的含义。(　　)

5．在 Python 中可以使用 if 作为变量名。(　　)

6．在 Python 3.x 中可以使用中文作为变量名。(　　)

7．Python 变量名必须以字母或下画线开头，并且区分字母大小写。(　　)

8．加法运算符可以用来连接字符串并生成新字符串。(　　)

9．3+4j 不是合法的 Python 表达式。(　　)

10．0o12f 是合法的八进制数字。(　　)

11．不管输入什么，Python 3.x 中 input()函数的返回值总是字符串。(　　)

12．在 Python 中 0xad 是合法的十六进制数字表示形式。(　　)

13．Python 使用缩进来体现代码之间的逻辑关系。(　　)

14．Python 代码的注释只有一种方式，那就是使用#符号。(　　)

15．放在一对三引号之间的任何内容将被认为是注释。(　　)

16．为了让代码更加紧凑，编写 Python 程序时应尽量避免加入空格和空行。(　　)

17．Python 变量名区分大小写，所以 student 和 Student 不是同一个变量。(　　)

18．在 Python 3.x 中，使用内置函数 input()接收用户输入时，不论用户输入的是什么格式的数据，一律按字符串进行返回。(　　)

二、填空题

1．布尔类型的值包括________和________。

2．Python 的浮点数占________字节。

3．0b00001100>>2 的结果是________。

4．若 a=20，那么 bin(a)的值为________。

5．已知“a=60;b=13;c=13”，则 a>b and b<c 输出的结果是________，a>b or b<c 输出的结果是________，a and b 输出的结果是________，a or b 输出的结果是________。

6．3.14E5 表示的是________。

7．查看变量类型的 Python 内置函数是________。

8．查看变量内存地址的 Python 内置函数是________。

9．已知 3 为实部 4 为虚部，Python 复数的表达形式为________或________。

10．Python 运算符中用来计算整商的是________。

11．执行语句“x = 3==3, 5”结束后，变量 x 的值为________。

12．已知 x = 3，并且 id(x)的返回值为 496103280，那么执行语句 x += 6 之后，表达式 id(x)== 496103280 的值为________。

13．已知 x = 3，那么执行语句 x *= 6 之后，x 的值为________。

14．已知 x=3 和 y=5，执行语句“x, y = y, x”后 x 的值是________。

15．表达式 0 or 5 的值为________。

16．表达式 3 and 5 的值为________。

三、程序练习

1．用户通过键盘输入两个直角边的长度 a 和 b，需要计算斜边 c 的长度，请用代码实现此功能。

2．编写一个程序，判定用户输入的两个数 a 和 b，如果用户输入的第一个数大，则两数互换，如果相等或第一个数小，则原样输出。

第 2 章习题参考答案

第 3 章　控制流程

程序执行的顺序有从上到下（基本结构是顺序结构）、从里到外（先执行括号内的数据）、从右往左执行三种。本章的目标是掌握流程控制的语句和基本用法。

教学导航

学习目标　1. 了解程序的基本结构
2. 掌握 if 条件语句的使用
3. 掌握 while 循环和 for 循环的使用
4. 掌握 break、continue、pass、else 语句的使用

教学重点　掌握 if 条件语句、while 循环和 for 循环的用法

教学方式　案例教学法、分组讨论法、自主学习法、探究式训练法

课时建议　6 课时

内容导读

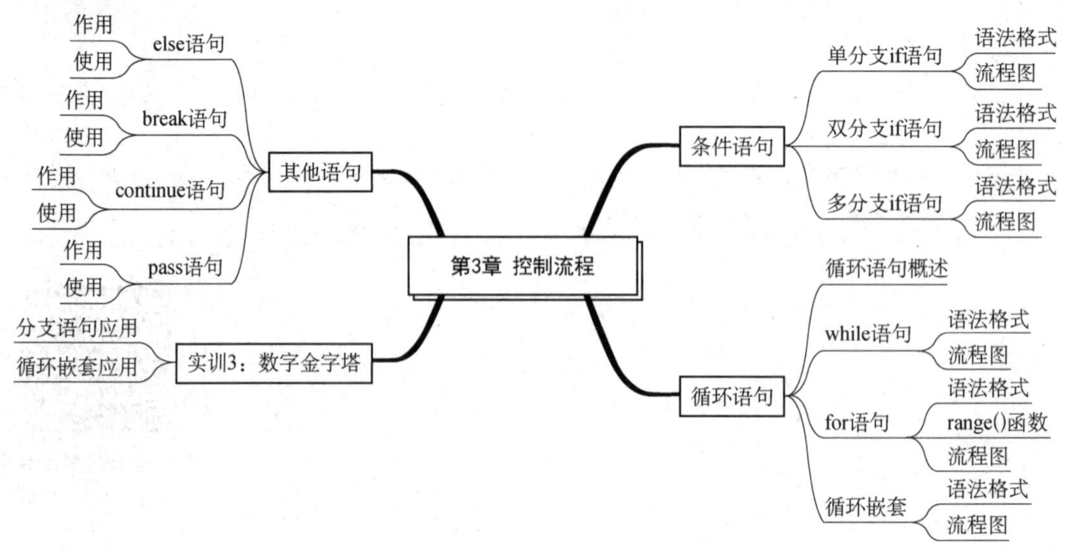

3.1 条件语句

在 Python 语言程序中，一共有三种程序结构：顺序结构、分支结构、循环结构。其中分支结构是程序运行到某个节点后，会根据一次判断的结果来决定之后向哪一个分支方向执行。本节的目标是掌握分支结构的用法。

【学习目标】

小节目标 1. 了解程序的基本结构
2. 掌握简单条件语句的使用
3. 掌握复杂条件语句的使用
4. 掌握条件语句不同写法的运用

3.1.1 if 条件语句

在顺序结构中，程序只能机械地从头运行到尾。程序结构除了这种简单的顺序结构，还有其他结构，如会拐弯的分支结构。

所谓分支结构，就是按照给定条件有选择地执行程序中的语句。

Python 条件语句是通过一条或多条 if 语句的执行结果（True 或者 False）来决定执行的代码块的。

可以通过图 3-1-1 来简单了解条件语句的执行过程。

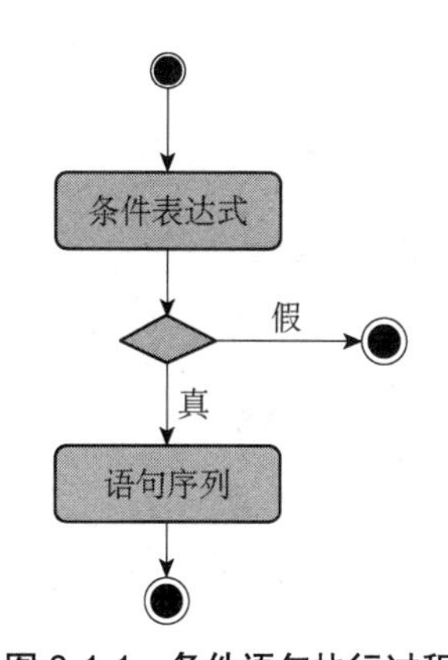

图 3-1-1 条件语句执行过程

在条件表达式中，Python 语言指定任何非 0 和非空（null）值为 True，0 或者 null 为 False。

在 Python 编程中 if 语句用于控制程序的执行。在 Python 语言中，实现程序分支结构的语句有：if 语句（单分支）、if…else 语句（双分支）和 if…elif 语句（多分支）。

if 语句的最基本的语法格式为：

```
if <条件表达式>:
    <语句序列>
```

其中：

（1）条件表达式可以是任意的数值、字符、关系或逻辑表达式，或用其他数据类型表示的表达式。它表示条件时，以 True（数值为 1）表示真，False（数值为 0）表示假。

注意：条件表达式的结果一定是真或假，条件表达式后有“:”，表示执行的语句要向右边缩进。

（2）<语句序列>称为 if 语句的内嵌语句序列或子句序列，内嵌语句序列严格地以缩进方式表达，编辑器也会提示程序员开始书写内嵌语句的位置，如果不再缩进，则表示内嵌语句在上一行就写完了。

执行顺序是：首先计算条件表达式的值，若表达式的值为 True，则执行内嵌的语句序列，否则不做任何操作。

if…else 语句的语法格式：

```
if <条件表达式>:
    <语句序列 1>
else:
    <语句序列 2>
```

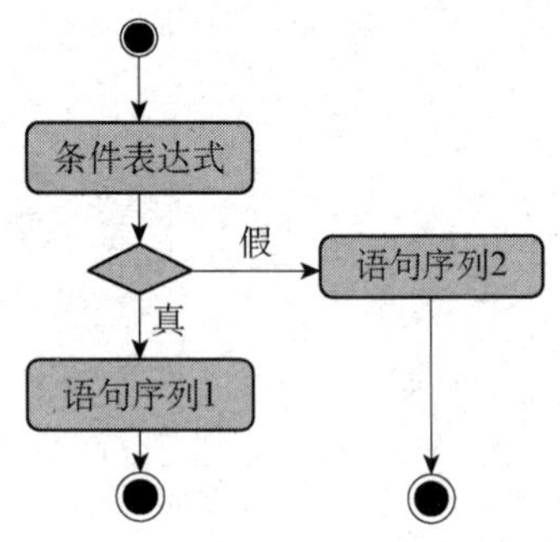

图 3-1-2　if…else 语句执行过程

执行顺序是：首先计算条件表达式的值，若条件表达式的值为 True，则执行语句序列 1，否则执行语句序列 2。if…else 语句的流程图如图 3-1-2 所示。

从本章开始，交互式代码（代码前保留“>>>”符号）依然采用 IDLE 交互式解释器运行。代码块（代码前不存在“>>>”符号）使用 IDLE 编辑器进行操作，后续章节中，代码块操作方式相同，具体操作如下：

在 IDLE 中执行菜单命令“File”→“New Files”，打开 IDLE 编辑器，新建文件，输入代码保存后按 F5 键（或者执行菜单命令“Run”→“Run Module”）进行调试执行。

例 3-1-1　判断用户是否成年。

```
Age =int(input('请输入您的年龄：'))
if   Age >=18:                # 判断输入的年龄
    print("您已成年")        # 如果超过 18，输出“您已成年”信息
else:
    print("您还差%d 年成年"%(18-Age))   # 如果没超过 18，则输出您还差几年成年
```

按 F5 键执行，输入 20，输出结果如下：

```
您已成年
```

if 语句的判断条件可以用>（大于）、<（小于）、==（等于）、!=（不等于）、>=（大于等于）、<=（小于等于）来表示其关系。

例 3-1-2　根据三个给定的数，判断条件是正确的还是错误的。

```
a=60;b=13;c=13
if a>b and b<c:   # 判断表达式是否正确
    print("正确")      # 条件成立时输出为正确
else:
    print("错误")      # 条件不成立时输出为错误
```

以上实例输出结果如下：

```
错误
```

当条件表达式有多个值，实际处理的问题有多种条件时，就要用到多分支结构，如图 3-1-3 所示。

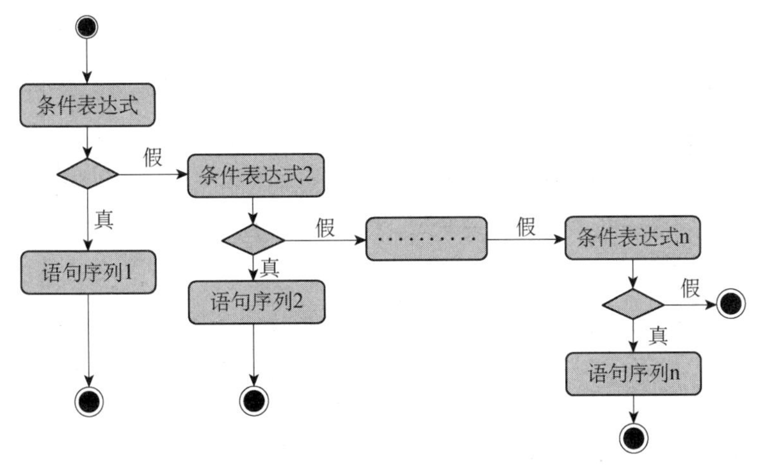

图 3-1-3　多分支结构

多分支结构即 if…elif…else 语句，语法格式如下：

```
if <条件表达式 1>:
      <语句序列 1>
elif <条件表达式 2>:
      <语句序列 2>
      ...
elif <条件表达式 n>:
      <语句序列 n>
else:
      <语句序列 n+1>
```

执行顺序是：首先计算条件表达式 1 的值，若其值为 True，则执行语句序列 1；否则，继续计算条件表达式 2 的值，若其值为 True，则执行语句序列 2；依此类推，若所有条件表达式的值都为 False，则执行语句序列 n+1。

提示：

（1）不管有几个分支，程序执行了一个分支以后，其余分支不再执行。

（2）当多分支中有多个条件表达式同时满足条件，只执行第一条与之匹配的语句。

例 3-1-3 通过键盘输入用户权限的级别数据，如果为 3，则输出“老板”，如果为 2，则输出“客户”，如果为 1，则输出“员工”，如果为其他的数字，则输出“权限输入错误”。

例 3-1-3　判定用户输入操作实例。

```
num=eval(input("请输入用户权限数据："))
if num==3:
      print("老板")
elif num==2:
      print("客户")
elif num==1:
      print("员工")
else:
      print("权限输入错误")      # 条件均不成立时输出
```

执行后，根据用户输入结果显示相关信息，如果用户输入 7，则输出结果如下：

```
权限输入错误                    # 输出结果
```

由于 Python 并不支持 switch 语句，所以多个条件判断，只能用 elif 来实现，当判断需要多个条件须同时判断时，可以使用 or（或），表示两个条件有一个成立时判断条件成功；使用 and（与）时，表示只有在两个条件同时成立的情况下，判断条件才成功。

例 3-1-4 判断数值区间。

```
num = 9
if num >= 5 and num <= 10:      # 判断值是否在 5～10 之间
    print('值是否在 5～10 之间')
# 判断值是否在 0～5 或者 10～15 之间
elif (num >= 0 and num <= 5) or (num >= 10 and num <= 15):
    print('值在 0～5 或者 10～15 之间')
else:
    print('值不在以上区间')
```

以上实例输出结果如下：

```
值是否在 5～10 之间
值在 5～10 之间
```

当 if 有多个条件表达式时可使用括号来区分判断的先后顺序，括号中的判断优先执行，此外 and 和 or 的优先级低于>（大于）、<（小于）等判断符号，即大于和小于在没有括号的情况下会比与、或要优先判断。

3.1.2 实践运用

【描述】

通过键盘输入 a，b 两个数，检查两个数的大小并输出，如果 a 大于 b，则输出“a 大于 b”；如果相等，则输出“a 等于 b”；如果 a 小于 b，则输出“a 大于 b”。用以下三种方式分别实现：

- if 多分支语句。
- if 嵌套语句。
- 多个 if 语句。

【分析】

在按案例描述中，输入的代码是相同的，判定条件是相同的，那三种方式其实是对 if 条件语句的不同运用。if 多分支语句是用复杂条件语句实现的；if 嵌套语句，从每一个 if 结构来看，本质由简单条件语句 if…else…组成，语句序列中再包含简单条件语句。多个 if 语句，就是把所有情况都使用 if 表达出来。

【参考代码】

```
a=int(input("请输入 a: "))
b=int(input("请输入 b: "))
#1.if 多分支语句
if a>b:
    print("a 大于 b")
elif a==b:
    print("a 等于 b")
else:
    print("a 小于 b")
#2.if 嵌套语句
if a>b:
    print("a 大于 b")
else:
    if a==b:
        print("a 等于 b")
    else:
        print("a 小于 b")
#3.多个 if 语句
if a>b:
    a,b=b,a
    print("a 大于 b")
if a==b:
    print("a 等于 b")
if a<b:
    print("a 小于 b")
```

请运行调试程序，查看输出结果。

3.2 循环语句

Python 中的循环结构有一个循环体，循环体是一段代码。对于循环结构来说，关键在于根据判断的结果来决定循环体执行多少次。本节的目标是掌握循环结构的用法。

【学习目标】

小节目标
1. 了解程序的基本结构
2. 掌握 while 循环语句的使用
3. 掌握 for 循环语句的使用
4. 掌握循环嵌套的运用

3.2.1 循环语句概述

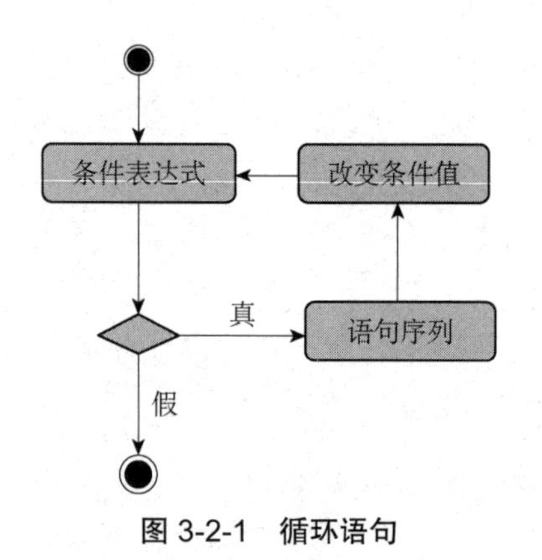

图 3-2-1 循环语句

程序在一般情况下是按顺序执行的，但编程语言提供了各种控制结构，允许更复杂的执行路径。

当给定条件成立时，某一操作需要反复执行，直到条件不成立时为止，此时就需要使用循环结构。使用循环语句时，给定的条件称为循环条件，反复执行的程序称为循环体。循环语句允许我们执行一条语句或语句组多次。在大多数编程语言中的循环语句的一般形式如图 3-2-1 所示。

Python 提供了 for 循环和 while 循环（Python 中没有 do…while 循环），如表 3-2-1 所示。

表 3-2-1 循环类型表

循环类型	描述
while 循环	当给定的条件表达式为 True 时执行循环体，否则退出循环体
for 循环	重复执行语句
嵌套循环	1．while 循环体中嵌套 while 循环或 for 循环 2．for 循环体中嵌套 while 循环或 for 循环

3.2.2 while 循环语句

Python 编程中 while 循环语句用于循环执行程序，即在某条件下，循环执行某段程序，以处理需要重复处理的相同任务。其基本形式为：

```
while 判断条件:
    执行语句……
```

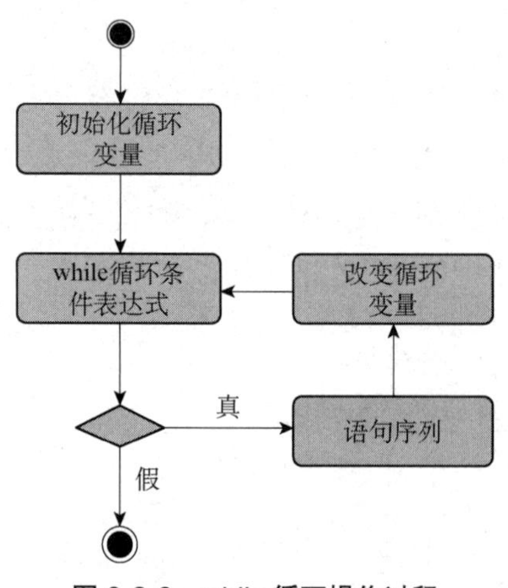

图 3-2-2 while 循环操作过程

执行语句可以是单个语句或语句块。判断条件可以是任何表达式，任何非零或非空（null）的值均为 True。

当判断条件为假（False）时，循环结束。

while 循环操作过程如图 3-2-2 所示。

使用 while 循环时，根据变化的情况定义变量，有几个可定义几个。条件中的变量需要有初始值，初始值一般在循环前要定义，如例 3-2-1 所示。

例 3-2-1 计算 1～100 的数字和。

```
i=1
sum=0
while i<101:
    sum+=i
    i+=1
print("1-100 的数字和:",sum)
```

以上实例输出结果如下：

```
1-100 的数字和:5050
```

while 循环语句可以和条件语句结合起来使用，在某一条件下执行循环时，可以在条件下进行循环，while 循环语句写在 if 条件的语句序列中，也可在循环体内嵌入 if 条件，只有在条件满足时，循环才进行操作，如例 3-2-2 所示。

例 3-2-2 计算 1～100 的偶数和。

```
i=1
sum=0
while i<101:
    if i%2==0:
        sum+=i
    i+=1
print("1-100 的偶数和:",sum)
```

以上实例输出结果如下：

```
1-100 的偶数和:2550
```

在处理 while 循环时，如果条件判断语句永远为 True，则循环将会无限地执行下去，如例 3-2-3 所示。在计算 1～100 的数字和时，加数变量没有定义改变，即缺少 i+=1 语句时，会进入无限循环（即死循环）状态。

例 3-2-3 死循环操作实例。

```
i=1
sum=0
while i<101:
    sum+=i
    print("每循环一次，相加的和:",sum)
print("1-100 的数字和:",sum)
```

以上实例输出结果如下：

```
Enter a number   :20
```

注意：以上的无限循环可按 Ctrl+C 组合键来中断循环。

提示：

在 while 循环中，循环变量需要在循环体外加以初始化，变量的变化需要进行控制，循环条件也需要进行定义。while 循环的变量变化可以是任意的。

3.2.3 for 循环语句

循环语句除了 while 循环，还有 for 循环语句。Python 中，for 循环语句在有些场合使用比较简单。基本内容是：for 循环变量 in 序列，序列可以是字符串、列表、元组等，也可以是一个表示范围或序列的函数，还可以是一个序列数据。for 循环可以遍历任何序列的项目。

for 循环的语法格式如下：

```
for 循环变量 in 序列:
    循环体
```

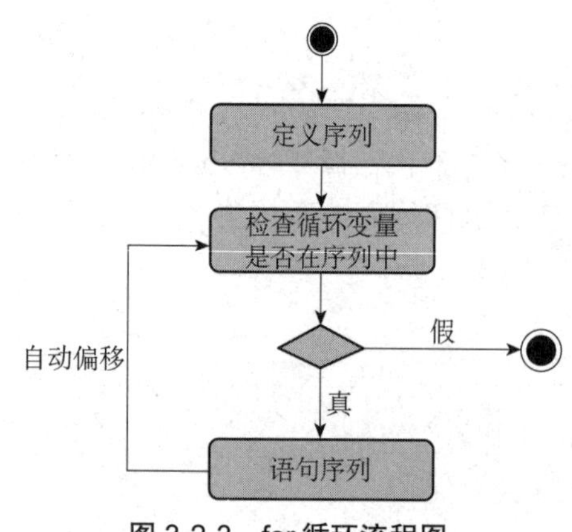

图 3-2-3　for 循环流程图

for 循环流程图如图 3-2-3 所示。

在 for 循环中，序列数据经常用函数 range()表示。

range()函数有三个参数，书写格式如下所示：

```
range(初始值，结束值，步进值)
```

range()函数可以只包括初始值，不包括结束值。初始值默认为 0，步进值默认也为 1。如只有一个参数那就做结束值处理，初始值和步进值都用默认值。如果有两个参数，那就做初始值和结束值处理，步进值默认为 1。

如 1～100 数字，表示为一个序列，可以用函数 range()表示，表示为 range(1, 101)。如果表示 1～100 中的偶数，则可以表示为 range(2, 101, 2)。因此，对 3.2.2 小节 while 循环语句中的例 3-2-1 和例 3-2-2 代码改写如下。

例 3-2-4　计算 1～100 的数字和。

```
sum=0
for i in range(1,101):
    sum+=i
print("1-100 的数字和:",sum)
```

以上实例输出结果如下：

```
1-100 的数字和:5050
```

例 3-2-5　计算 1～100 的偶数和。

```
sum=0
for i in range(2,101,2):
    sum+=i
print("1-100 的偶数和:",sum)
```

以上实例输出结果如下：

```
1-100 的偶数和:2550
```

提示：

1. 在 for 循环中，循环变量不需要初始化，可将变量作为范围中的成员看待，初始值就是范围的第一个元素，结束值是最后一个元素，变量的变化是按有规律的等差数列进行的。

2. for 循环体内不需要改变循环变量，循环变量值不会超过循环体的值范围，循环变量自动在范围内偏移进行循环变化，从而控制循环次数和变量。

3.2.4　循环嵌套

在复杂的程序中，一个循环往往解决不了问题，一个循环还需要再包含其他循环，形成循环嵌套。Python 语言允许在一个循环体里面嵌入另一个循环。

Python for 循环嵌套语法为：

```
for 循环变量 i in 序列:
    for 循环变量 j in 序列:
```

```
        循环体
    循环体
```

Python while 循环嵌套语法为：

```
while 表达式:
    while 表达式:
        循环体
    循环体
```

在循环体内可以嵌入其他的循环体，如在 while 循环中可以嵌入 for 循环，反之，在 for 循环中也可以嵌入 while 循环。

循环嵌套有很多规则，常见的有多行多列输出。外层循环的是行输出，嵌套的内层循环的是列输出，如例 3-2-6 所示。

例 3-2-6 使用循环输出如下图形：

*

**

***

从上述图形可以看出，第一行显示一个*号，第二行显示两个*号，第三行显示三个*号。此处有两个循环，第一个是行的循环，用外层循环来控制行，第二个是*号循环（列的循环），用内层循环来控制列，显示符号的个数。

使用 while 循环嵌套，代码如下：

```
i=1
while i<4:
    j=0
    while j<i:
        print("*",end="")
        j+=1
    print("\n")
    i+=1
```

使用 for 循环嵌套，代码如下：

```
for i in range(1,4):
    for j in range(1,i+1):
        print("*",end="")
    print("\n")
```

3.2.5 实践运用

【描述】

输出九九乘法表，请分别试着用 while 循环语句和 for 循环语句实现输出九九乘法表，了解内层循环控制的终点（在终点是变化的情况下）。

【分析】

九九乘法表是两个数乘积的表，一个是行，从 1 到 9，一个是列，也从 1 到 9，这样两数乘积的值即为九九乘法表的值。因此程序结构应该是一个嵌套循环，首先是外层循环，控制行的输出，接着是内层循环，控制列的输出。但在输出列的值的时候，不能出现重复的值，所以列的值不能超过行的值。

【参考代码】

```
#while 循环语句
i=1
while i<=9:
    j=1
    while j<=i:
        print(j,"*",i,"=",i*j,end='\t')
        j+=1
    print("\n")
    i+=1

#for 循环语句
for i in range(1,10):
    for j in range(1,i+1):
        print(j,"*",i,"=",i*j,end='\t')
    print("\n")
```

请运行调试程序，查看输出结果。

3.3 其他语句

循环语句中还有另外几个重要的命令 continue、break、pass，其中，continue、break 用来跳过循环，continue 用于跳过该次循环，break 则用于退出循环，此外“判断条件”还可以是个常值，表示循环必定成立。pass 用来表示空语句，保持程序的完整性。

循环控制语句可以更改语句执行的顺序，如表 3-3-1 所示。

表 3-3-1 控制语句表

控制语句	描述
break 语句	在语句块执行过程中终止循环，并且跳出整个循环
continue 语句	在语句块执行过程中终止当前循环，跳出该次循环，执行下一次循环
pass 语句	pass 语句是空语句，用于保持程序结构的完整性
else 语句	else 语句是指循环执行结束后执行的语句

【学习目标】

小节目标 1. 了解程序的基本结构

2. 掌握利用 break 语句退出整个循环的方法

3. 掌握 continue 语句退出当前循环，继续下一循环的方法
4. 掌握 pass 空语句的运用
5. 掌握 else 语句的运用

3.3.1 break 语句

break 语句用来终止整个循环（当前循环），即循环条件没有为 False 或者序列还没被完全递归完，也会停止执行循环语句。

break 语句用在 while 和 for 循环中。

如果使用嵌套循环，则 break 语句将停止执行当前的循环，并开始执行下一行代码。

Python 语言 break 语句语法为：

```
break
```

流程图如图 3-3-1 所示。

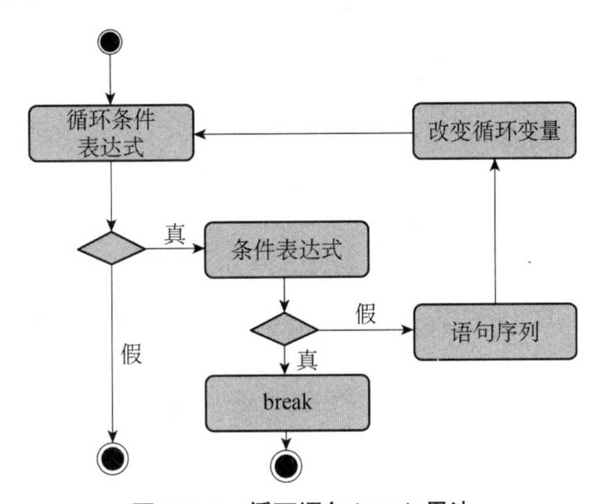

图 3-3-1 循环语句 break 用法

例 3-3-1 break 退出循环。

```
for i in 'Python':
    if i == 'h':
        break
    print('当前字母是:',i)
```

以上实例输出结果如下：

```
当前字母是: P
当前字母是: y
当前字母是: t
```

在循环中，如果 i 变量值是 h，则执行 break 语句，退出整个循环，程序只显示前三次循环。

break 语句作用比较特殊，只能用在循环中表示退出循环，除此之外不能单独使用。在循环嵌套时，如果使用 break 来退出循环，则要注意退出循环的级别。break 语句用在嵌套循环中时，只对最近的一层循环起作用。

例 3-3-2 使用嵌套循环输出 2～100 之间的素数。

```
i = 2
while(i < 100):
    j = 2
    while(j <= (i/j)):
        if not(i%j):
            break
        j = j + 1
    if (j > i/j) : print( i, " 是素数")
    i = i + 1
print("输出结束!")
```

以上实例输出结果如下：

```
2 是素数
3 是素数
5 是素数
7 是素数
11 是素数
13 是素数
17 是素数
19 是素数
23 是素数
29 是素数
31 是素数
37 是素数
41 是素数
43 是素数
47 是素数
53 是素数
59 是素数
61 是素数
67 是素数
71 是素数
73 是素数
79 是素数
83 是素数
89 是素数
97 是素数
输出结束!
```

程序的输出不算最后的“输出结束！”，实际循环次数只有 25 次。

3.3.2 continue 语句

continue 语句用来跳出本次循环，而 break 语句用于跳出整个循环。

continue语句用来告诉Python跳过当前循环的剩余语句，然后继续进行下一轮循环。

Python语言continue语句语法格式如下：

```
continue
```

流程图如图3-3-2所示。

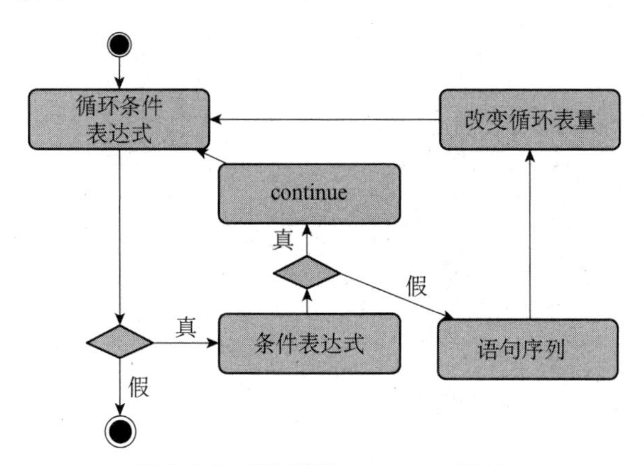

图3-3-2　循环语句continue用法

例3-3-3　continue退出本次循环。

```
for i in 'Python':
    if i == 'h':
        continue
    print('当前字母是:', i)
```

以上实例输出结果如下：

```
当前字母是: P
当前字母是: y
当前字母是: t
当前字母是: o
当前字母是: n
```

在循环中，如果i变量值是h，则此次循环不执行，所以程序运行结果中不显示“当前字母是：h”。

提示：

（1）continue语句只能用在循环中，除此之外不能单独使用。

（2）continue语句用在嵌套循环中时，只对最近的一层循环起作用。

3.3.3　pass语句

Python的pass语句是空语句，是为了保持程序结构的完整性。pass语句不做任何事情，一般作占位语句。

Python语言pass语句语法格式如下：

```
pass
```

例 3-3-4 pass 占位语句。

```
for i in 'Python':
    if i == 'h':
        pass
        print('如果是 h，先执行 pass 空语句')
    print('当前字母是:',i)
print("程序结束!")
```

以上实例输出结果如下：

```
当前字母是: P
当前字母是: y
当前字母是: t
如果是 h，先执行 pass 空语句
当前字母是: h
当前字母是: o
当前字母是: n
程序结束!
```

3.3.4 else 语句

在条件语句中，if 条件语句的范围之外有 else 语句，表示满足 if 条件之外的所有其他情况。在 Python 中，while 循环和 for 循环也同样可以使用 else 语句。

1. while 循环使用 else 语句

在 Python 中，while … else 表示这样的意思，while 中的语句和普通的语句没有区别，else 中的语句会在循环正常执行完（即 while 语句不是通过 break 跳出而中断的）的情况下执行。

例 3-3-5 while 循环中的 else 语句实例。

```
num = 0
while num < 5:
    print(num, "小于 5")
    num+=1
else:
    print("循环变量是为",num,"时结束循环。")
```

以上实例输出结果如下：

```
0 小于 5
1 小于 5
2 小于 5
3 小于 5
4 小于 5
循环变量是为 5 时结束循环。
```

2. for 循环使用 else 语句

在 Python 中，for … else 表示这样的意思，for 中的语句和普通的语句没有区别，else 中的语句会在循环正常执行完（即 for 语句不是通过 break 跳出而中断的）的情况下执行。

例 3-3-6 for 循环中 else 语句。

```
for num in range(5):
    print(num,"小于 5")
else:
    print("循环变量是为",num,"时结束循环。")
```

以上实例输出结果如下：

```
0 小于 5
1 小于 5
2 小于 5
3 小于 5
4 小于 5
循环变量是为 4 时结束循环。
```

从例 3-3-5 和例 3-3-6 的运行结果中可以发现，for 循环中循环变量的值不会超过循环体的值范围，但在 while 循环中，循环变量最终的值大于循环体中循环变量的值。

循环中的 else 语句会受到其他语句的影响。如果循环中使用了 break 语句，那会退出整个循环，else 语句也不再执行。如果在嵌套循环中使用 break 语句，则只会影响当前循环中的 else 语句。

例 3-3-7 分析 10～19 中的数字是否是质数，如果是，则显示该数是质数；如果不是，则给出一种分解算式。

```
for i in range(10,20):
    for j in range(2,i):
        if i%j == 0:
            m=i/j
            print('%d 等于 %d * %d' % (i,j,m))
            break
    else:
        print(i, '是质数')
```

上述实例输出结果如下：

```
10 等于 2 * 5
11 是质数
12 等于 2 * 6
13 是质数
14 等于 2 * 7
15 等于 3 * 5
16 等于 2 * 8
17 是质数
18 等于 2 * 9
19 是质数
```

3.4 实训 3：数字金字塔

【任务描述】

```
请输入金字塔层数：6
              1
             212
            32123
           4321234
          543212345
         65432123456
金字塔输出结束！
```

图 3-4-1 数字金字塔

数字金字塔，输出样式如图 3-4-1 所示。

要求金字塔层数由用户输入。如果用户输入的是数字，则进行计算，输出相应层级的金字塔。如果用户输入的不是数字，如输入字母 g，则进行如下错误提示。

```
请输入金字塔层数：g
请输入合理的数字！
```

提示后让用户继续输入，一直到输入的是数字，然后输出数字金字塔后程序才能结束。

【操作提示】

1．要检查用户输入，一直到满足要求才能退出，使用 while True 循环，在此循环内，满足条件位置，使用 break 退出循环。

2．接收用户的输入，使用 isdigit()函数检查输入的是否是数字（在学习完第 9 章异常处理后，读者可以使用 try…except…语句改写此代码）。

3．输入符合要求后，使用 for 循环，按要求进行输出。

4．在 for 循环中，注意应添加空格以对齐数据，输出时，分左右两部分数据进行输出。

【参考代码】

```
while True:
    input_num=input("请输入金字塔层数：")
    if input_num.isdigit():
        for x in range(1,eval(input_num)+1):
            print(' '*(15-x),end='') #输出空格，以便对齐
            n=x
            while n>=1:        #输出左半部分数据
                print(n,sep='',end='')
                n-=1
            n+=2
            while n<=x:         #输出右半部分数据
                print(n,sep='',end='')
                n+=1
            print()    #换行
    else:
        print("金字塔输出结束！")
        break
```

```
else:
    print("请输入合理的数字！")
```

【本章习题】

一、判断题

1．在 Python 语言中，循环语句 while 的判断条件为“1”时该条件是永真条件。(　　)

2．if…else 语句的嵌套完全可以代替 if…elif 语句。(　　)

3．break 语句用在循环语句中，可以跳出二重循环结构。(　　)

4．通过 break 语句跳出循环结构后，循环控制变量的值一定大于其设定的终点值。(　　)

5．在循环语句中，如果没有子句 else，也能同样完成程序的功能。(　　)

6．在条件表达式中不允许使用赋值运算符“=”，否则会提示语法错误。(　　)

7．pass 语句的出现是为了保持程序结构的完整性。(　　)

8．Python 中没有 switch…case 语句。(　　)

9．每一个 if 条件表达式后都要使用冒号。(　　)

10．while 循环不可以和 for 循环嵌套使用。(　　)

11．如果仅仅用于控制循环次数，那么使用 for i in range(20)和 for i in range(20, 40)的作用是等价的。(　　)

12．在循环中 continue 语句的作用是跳出当前循环。(　　)

13．在编写多层循环时，为了提高运行效率，应尽量减少内循环中不必要的计算。(　　)

14．带有 else 子句的循环如果因为执行了 break 语句而退出的话，则会执行 else 子句中的代码。(　　)

15．对于带有 else 子句的循环语句，如果因为循环条件表达式不成立而自然结束循环，则执行 else 子句中的代码。(　　)

二、填空题

1．在循环体中，可以使用________语句跳出循环体。

2．________语句是 if 语句和 else 语句的组合。

3．在循环体中，可以使用________语句跳过本次循环后面的代码，直接进入下一次循环。

4．Python 中的________表示空语句。

5．调试运行时，遇到死循环可以使用________退出循环。

6．Python 3.x 语句 for i in range(3):print(i，end='，')的输出结果为________。

7．对于带有 else 子句的 for 循环和 while 循环，当循环因循环条件不成立而自然结束时________（会？不会？）执行 else 中的代码。

8．在循环语句中，________语句的作用是提前结束本层循环。

9．在循环语句中，________语句的作用是提前进入下一次循环。

10．表达式 5 if 5>6 else(6 if 3>2 else 5)的值为________。

三、程序练习

1．输入两个数 x 和 y，如果 x 或 y 小于等于 0，则提示请输入正整数，求这两个数的最大公约数和最小公倍数。

注意：可以采用欧几里得辗转相除算法来求最大公约数。最小公倍数的计算方法是两数的乘积除以两数最大公约数的结果。

2．输入一个数，判断其是否为质数。

【注意】质数是除了 1 和它本身以外任何数都不能整除它的数。求质数时，可以用这个数依次除以比它的平方根小的数，如果不能除尽，那就是质数，否则就不是质数。

3．输入一个年份 year，判断其是否为闰年。

第 3 章习题参考答案

第 4 章　Python 数据类型

Python 有 6 个主要的标准数据类型：

- Number（数字）；
- String（字符串）；
- List（列表）；
- Tuple（元组）；
- Set（集合）；
- Dictionary（字典）。

列表（List）和元组（Tuple）属于序列这一大类。序列包括字符串、字节串、列表和元组等。本章的目标是熟知 Python 数据类型，尤其是熟知列表和字典的运用方法。

教学导航

学习目标
1. 了解序列的含义，掌握序列的操作
2. 了解字符串的概念，掌握字符串的操作，熟悉字符串的函数
3. 了解列表的概念，掌握列表的操作，熟悉列表的函数
4. 了解元组的概念，掌握元组的操作，熟悉元组的函数
5. 了解字典的概念，掌握字典的操作，熟悉字典的函数
6. 了解集合的概念，掌握集合的操作，熟悉集合的函数
7. 了解深复制与浅复制的概念及操作
8. 了解推导式的概念，掌握推导式的用法

教学重点　序列、字符串、列表、字典

教学方式　案例教学法、分组讨论法、自主学习法、探究式训练法

课时建议　12 课时

内容导读

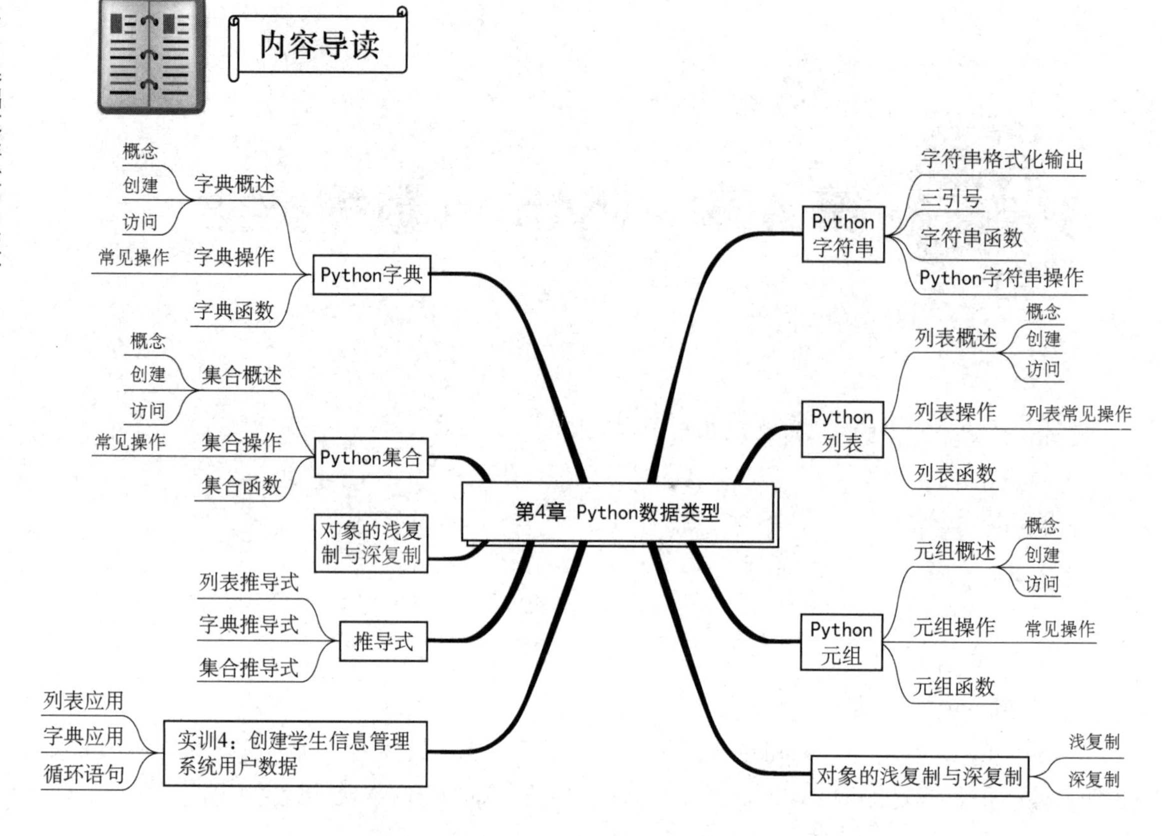

4.1 Python 序列操作

Python 序列包括字符串、列表和元组等。序列通用的操作包括索引、组合（序列相加）、重复（乘法）、分片、检查成员、遍历等。本节的目标是掌握序列的基本操作。

【学习目标】

小节目标 1. 了解序列的含义

2. 掌握序列的编号

3. 掌握序列的操作

序列是 Python 中最基本的数据结构。序列中的每个元素都分配一个数字——它的位置，或索引，第一个索引是 0，第二个索引是 1，依此类推。

序列都可以进行的操作包括索引、切片、加、乘、检查成员。此外，Python 已经内置了确定序列的长度及确定最大和最小的元素的方法。序列操作包括以下几个。

- 对象值比较：可使用 6 个与数字比较同样的运算，即>、<、>=、<=、==、!=。
- 对象身份比较：is、is not。例如，a is b 等价于 id(a) == id(b)。id()是用于返回对象身份的函数。

- 布尔运算符：not、and、or。
- 成员关系操作：in、not in。
- 连接操作符（+）与重复操作符（*）。
- 切片操作符（[]、[:]、[::]）。
- 序列相关内置函数。

比较运算、身份比较和布尔运算在第2章中已经学习过。本节主要了解序列的成员关系、连接操作符与重复操作符、序列的切片操作及序列相关内置函数。

1. 序列的成员关系

成员关系操作用于判断一个元素是否属于一个序列。in、not in操作返回True或False，如例4-1-1所示。

例4-1-1 成员关系操作实例。

```
list1 = ['JAVA', 'Hello', 'Python', 'VS']
print('VS' in list1)
```

以上实例输出结果如下：

```
True
```

2. 连接操作符（+）与重复操作符（*）

连接操作符（+）：<序列1> + <序列2>，要注意的是，连接操作符两边的对象必须是同一类型的，如例4-1-2所示。

例4-1-2 连接操作符实例。

```
list1 = ['JAVA', 'Hello', 'Python', 'VS']
list2 =[1, 2, 3]
print(list1+list2)
```

以上实例输出结果如下：

```
['JAVA', 'Hello', 'Python', 'VS', 1, 2, 3]
```

重复操作符（*）：<序列> * <表示重复次数的整数对象>，重复操作符主要用于字符串类型。列表和元组与字符串同属序列类型，它们可以使用这个操作符，如例4-1-3所示。

例4-1-3 重复操作符实例。

```
Str = 'A'
print(Str * 20)
list1=['JAVA', 'Hello', 'Python', 'VS']
print(list1*2)
```

以上实例输出结果如下：

```
'AAAAAAAAAAAAAAAAAAAA'
['JAVA', 'Hello', 'Python', 'VS', 'JAVA', 'Hello', 'Python', 'VS']
```

3. 序列的切片操作

切片操作符有[]、[:]、[::]。对于序列类型对象，因为它是一个包含具有一定顺序的对象，所以可以用下标的方式访问它的每一个成员对象或一组成员对象。这种访问方式就是切片。使用切片，需要清楚序列中元素的编号。以字符串为例，字符串在内存中存储，每个字符都对应一个编号，常见的编号以 0 开始，依次加 1。以 x="Python"为例，其编号方式如表 4-1-1 所示。

表 4-1-1　常见的字符串的编号方式

字符串 x	P	y	t	h	o	n
编号值	0	1	2	3	4	5

此编号值可用作取值的下标。如需取出字符 o，它对应的下标位置是 4，可以使用 x[4] 取到 o。

字符串是按每个字符的位置进行编号的，其他如列表、元组等，是按分割符号进行分隔编号的，一般默认用逗号进行分隔。如列表['JAVA','Hello','Python','VS']，其编号方式如表 4-1-2 所示。

表 4-1-2　常见的字符串的编号方式

元素	'JAVA'	'Hello'	'Python'	'VS'
编号值	0	1	2	3

Python 的序列有 2 种取值顺序：

- 从左到右索引默认是从 0 开始的，最大范围是字符串长度减去 1。
- 从右到左索引默认是从−1 开始的，最大范围是字符串开头。

下面简单介绍下序列单元素的切片操作、序列中一组元素的切片操作和序列的扩展切片操作。

（1）序列单元素的切片操作。直接使用“<序列>[下标]”进行取值操作，举例如下。

例 4-1-4　单元素切片操作实例。

```
list1= ['JAVA', 'Hello', 'Python', 'VS']
print(list1 [3])
print(list1 [-1])
```

以上实例输出结果如下：

```
'VS'
'VS'
```

（2）序列中一组元素的切片操作，直接用“<序列>[[<开始下标>]：[<终止下标>]]”进行取值操作。这种访问方式会返回从<开始下标>到<终止下标>前一个位置的一片元素，这一片元素不包括<终止下标>对应位置上的那个元素。<开始下标>或<终止下标>是可选的，不指定或用 None 值，分别表示起点或终点，如例 4-1-5 所示。

例 4-1-5　一组元素切片操作实例。

```
list1= ['JAVA', 'Hello', 'Python', 'VS']
print( list1 [:])
print(list1 [1:3])
print(list1 [-3:-1])
```

以上实例输出结果如下：

```
['JAVA', 'Hello', 'Python', 'VS']
['Hello', 'Python']
```

```
['Hello', 'Python']
```

（3）序列的扩展切片操作。

序列的扩展切片操作格式为：

```
<序列>[[<开始下标>]：[<终止下标>]：<步长>]
```

其中，若不指出<步长>，则默认值为 1。扩展切片操作如例 4-1-6 所示。

例 4-1-6　扩展切片操作实例。

```
list1= ['JAVA', 'Hello', 'Python', 'VS']
print( list1 [::-1])                    # 翻转操作
print(list1 [::2])                      # 隔一取一
```

以上实例输出结果如下：

```
['VS', 'Python', 'Hello', 'JAVA']
['JAVA', 'Python']
```

4. 序列相关内置函数

序列相关内置函数有类型转换函数和可操作函数。

- 类型转换函数。与序列相关的类型转换函数实际上是实现了序列内不同类型对象的转换，主要有三个函数：list()、str()、tuple()。其中 list()和 tuple()的参数为可迭代对象就行。
- 可操作函数，即 Python 系统为序列提供的函数。Python 系统为序列类型提供的内置函数包括：enumerate()、len()、max()、min()、reversed()、sorted()、sum()、zip()。

以上函数的具体操作，分别在对应的章节中进行讲解。

4.2　Python 字符串

字符串是一种表示文本的数据类型，字符串中的字符可以是字母、数字、各种符号、ASCII字符及各种 Unicode 字符。Python 不支持单字符类型，只支持字符串使用。本节的目标是掌握字符串的各种使用。

【学习目标】

小节目标　1. 了解字符串的格式化输出
　　　　　2. 了解引号的用法
　　　　　3. 掌握字符串的操作
　　　　　4. 掌握字符串的函数

4.2.1　Python 字符串操作

Python 中，字符串的操作，类似于其他语言的数组操作。

1. 创建字符串

字符串是 Python 中最常用的数据类型。我们可以使用引号来创建字符串。
创建字符串很简单，只要为变量分配一个值即可。例如：

```
Str= 'Hello World!'
```

2. 访问字符串中的值

字符串在内存中存储，每个字符都对应一个编号，常见的编号以 0 开始，依次加 1。
Python 的字符串列表有两种取值顺序：

- 从左到右索引默认是从 0 开始的，最大范围是字符串长度减去 1。
- 从右到左索引默认是从 -1 开始的，最大范围是字符串开头。

如果要取得一段子串的话，用变量[头下标：尾下标]截取相应的字符串，其中下标是从 0 开始算起的，可以是正数或负数，下标可以为空，表示取到头或尾。
比如：

```
Str= 'I love Python'
```

Str[2:6]的结果是 love。
当使用以冒号分隔的字符串时，Python 返回一个新的对象，结果包含了头下标和尾下标中间（含头下标）的连续的内容。
str[2:6]的结果包含左边界 str[2]的值 l，而取到的最大范围不包括右边界，即不包括 str[6]的值。
输出字符串操作如例 4-2-1 所示。
例 4-2-1 输出字符串操作实例。

```
#coding=utf-8
Str = 'Hello World!'
print(Str)              # 输出完整字符串
print(Str[0])           # 输出字符串中的第一个字符
print(Str[2:5])         # 输出字符串中第三个至第五个之间的字符串
print(Str[2:])          # 输出从第三个字符开始的字符串
print(Str * 2)          # 输出字符串两次
print(Str + "TEST")     # 输出连接的字符串
```

以上实例输出结果如下：

```
Hello World!
H
llo
llo World!
Hello World!Hello World!
Hello World!TEST
```

截取字符串进行输出或访问，可以使用方括号进行操作，如例 4-2-2 所示。
例 4-2-2 字符串截取输出操作实例。

```
Str = 'Hello World!'
print("Str[0]: ", Str[0])
print("Str[6:11]: ", Str[6:11])
```

以上实例执行结果如下：

```
Str[0]:  H
Str[6:11]:  World
```

3. 字符串更新

对已存在的字符串进行修改，并赋值给另一个变量，操作如例 4-2-3 所示。

例 4-2-3 字符串更新操作实例。

```
Str = 'Hello World!'
print("更新字符串：", Str[:6] + 'Python')
```

以上实例执行结果如下：

```
更新字符串：  Hello Python
```

4. 字符串运算

表 4-2-1 所示字符串运算表中实例变量 a 值为字符串"Hello"，b 变量值为"Python"。

表 4-2-1 字符串运算表

操作符	描述	实例
+	字符串连接	a + b 输出结果：HelloPython
*	重复输出字符串	a*2 输出结果：HelloHello
[]	通过索引获取字符串中的字符	a[1] 输出结果 e
[:]	截取字符串中的一部分	a[1:4] 输出结果 ell
in	成员运算符，如果字符串中包含给定的字符则返回 True	H in a 输出结果 1
not in	成员运算符，如果字符串中不包含给定的字符则返回 True	M not in a 输出结果 1
r/R	原始字符串，所有的字符串都是直接按照字面的意思来使用的，没有转义特殊或不能打印的字符。原始字符串除在字符串的第一个引号前加上字母“r”（可以大小写），与普通字符串有着几乎完全相同的语法	print r'\n' prints \n 和 print R'\n'prints \n
%	格式字符串	

对于字符串，还存在一些定义其上的操作，如索引、切片。

字符串中的每个字符在其序列中是有位置的，有两种表示位置的方法，从左端开始用非负的整数 0、1、2 等表示，从右端开始则用负整数−1、−2、−3 等表示。字符串的两种编号值表示如图 4-2-1 所示。

0	1	2							−3	−2	−1
p	y	t	h	o	n	,	H	e	l	l	o

图 4-2-1 字符在字符串中的两种编号位置

字符在字符串中有了位置，就可以执行索引和切片两种操作。索引 s[index]是取出字符串中的一个字符，切片 s[[start]:[end]]表示取出一片字符。切片操作如例 4-2-4 所示。

例 4-2-4 字符串切片操作实例。

```
s = "Python 语言程序设计"
```

```
print(len(s))      # 汉字以字计算，计算字符串长度
print(s[7])        #字符串从左边开始取，左边第一位为 0，第二位为 1，依次类推
print(s[-2])       #字符串从右边开始取，右边第一位为−1，第二位为−2，依次类推
print(s[8:])       # 取出位置 8 开始以后的字符
print(s[8:11])     # 取出位置 8 开始到 10 的字符，但不包括位置 11
print(s[:] )       # 取出全部字符
```

以上实例输出结果如下：

```
12
'言'
'设'
'程序设计'
'程序设'
'Python 语言程序设计'
```

5. 字符串其他操作

字符串除了以上操作，常用的还有替换、去除空格等操作。操作如例 4-2-5 所示。

例 4-2-5 字符串其他操作实例。

```
Str = "Python 语言程序设计"
s1=Str.replace("语言程序设计","数据分析")   #字符串的替换
print(s1)
Str="    Python 语言程序设计       "
print(Str.strip())    #去除字符串两边的空格
```

以上实例输出结果如下：

```
Python 数据分析
Python 语言程序设计
```

6. 单个字符的字符串问题

Python 不支持单字符类型，单字符在 Python 中也是作为一个字符串使用的，单字符的取值方式和字符串相同，只有一个下标值[0]。

对于单个字符的字符串，可以通过 ord()函数求得字符的编码，而通过 chr()函数求得编码对应的字符，如例 4-2-6 所示。

例 4-2-6 字符串编码获取操作实例。

```
Str= 'A'
print("使用下标值访问单字符：",Str[0])
print("使用 ord 函数求字符编码：",ord(Str))
print("使用 chr 函数求编码对应字符：",chr(65))
```

以上实例输出结果如下：

```
使用下标值访问单字符：A
使用 ord 函数求字符编码：65
使用 chr 函数求编码对应字符：A
```

7. Unicode字符串

Python中定义一个Unicode字符串和定义一个普通字符串一样简单，如例4-2-7所示。

例4-2-7 Unicode字符串操作实例。

```
s=u'Hello World !'
print(s)
```

以上实例输出结果如下：

```
'Hello World !'
```

引号前小写的“u”表示这里创建的是一个Unicode字符串。如果加入一个特殊字符，则可以使用Python的Unicode-Escape编码，如例4-2-8所示。

例4-2-8 Unicode字符串操作实例。

```
s=u'Hello\u0020World !'
print(s)
```

以上实例输出结果如下：

```
'Hello World !'
```

被替换的 \u0020标志表示在给定位置插入编码值为0x0020的Unicode字符（空格符）。

4.2.2 字符串格式化输出

1. 占位符格式化输出

print()函数可以采用格式化输出形式：

```
print('格式串'%(对象1，对象2，...))
```

其中，格式串是用于指定后面输出对象的格式的，格式串中可以包含随格式输出的字符，当然主要是对每个输出对象定义的输出格式。对于不同类型的对象可采用不同的格式。

Python支持格式化字符串的输出，最基本的用法是将一个值插入到一个有字符串格式符（%s）的字符串中。

字符串的格式化操作符（%）用在print()函数中，而print()函数是输出数据的函数，类似一个输出语句。在Python中，字符串格式化使用与C语言中printf函数一样的语法，如例4-2-9所示。

例4-2-9 字符串的格式化输出操作实例1。

```
print("我叫%s，体重 %d 公斤!" % ('小明', 51))
```

以上实例输出结果如下：

```
我叫小明，体重51公斤!
```

Python字符串格式化符号，如表4-2-2所示。

表4-2-2 字符串格式化符号表

符号	描述
%c	格式化字符及其ASCII码

续表

符号	描述
%s	格式化字符串
%d	格式化整数数据
%u	格式化无符号整型数据
%o	格式化无符号八进制数
%x	格式化无符号十六进制数
%X	格式化无符号十六进制数（大写）
%f	格式化浮点数字，可指定小数点后的精度
%e	用科学计数法格式化浮点数
%E	作用同%e，用科学计数法格式化浮点数
%g	%f 和%e 的简写
%G	%f 和 %E 的简写
%p	用十六进制数格式化变量的地址
%10s，%10d，%10f	指定占位宽度（都是指定 10 位宽度）
%-10s，%-10d，%-10f，%−10.3f	指定左对齐
%10.3f	指定小数位数

格式化操作符辅助指令，如表 4-2-3 所示。

表 4-2-3　格式化操作符辅助指令表

符号	功能
*	定义宽度或者小数点精度
-	用于左对齐
+	在正数前面显示加号（+）
<sp>	在正数前面显示空格
#	在八进制数前面显示零（'0'），在十六进制数前面显示'0x'或者'0X'（取决于用的是'x'还是'X'）
0	显示的数字前面填充'0'而不是默认的空格
%	'%%'输出一个单一的'%'
（var）	映射变量（字典参数）
m.n.	m 表示显示的最小总宽度，n 表示小数点后的位数（如果可用的话）

字符串格式化输出采用占位符时，需要在什么位置插入相关数据，则在相关位置插入%号，如果是字符占位，则输入%s；如果是数字占位，则输入%d，如例 4-2-10 所示。

例 4-2-10　字符串的格式化输出操作实例 2。

```
x="欢迎您，%s，当前第%d 次访问! "
y=x%("小明",1)
#y=("欢迎您，%s，当前第%d 次访问! "%("小明",1))，以上两行可以合并为这一行。
print(y)
```

以上实例输出结果如下：

```
欢迎您，小明，当前第1次访问！
```

注意，在以上例子中，%d 为数字占位，但其实意义不大，因为整个是作字符串处理的，所以会自动将%d 占位的数字转换为字符。

2. format 格式化输出

使用 format 格式化输出时，之前同样需要占位，不过此时不采用%占位符，而是采用{}占位，需要在什么位置插入相关数据，则在相关位置插入{}号，如例 4-2-11 所示。

例 4-2-11　字符串的格式化输出操作实例 3。

```
x="欢迎您，{}，当前第{}次访问!"
y=x.format("小明",1)
#y=("欢迎您，{}，当前第{}次访问!").format("小明",1)，以上两行可以合并为这一行
print(y)
```

以上实例输出结果如下：

```
'欢迎您，小明，当前第1次访问!'
```

4.2.3　三引号

在第 1 章中提到的三引号是用来注释代码块的，但三引号还能用于字符串操作。用连续的三个单引号或连续的三个双引号作为引号，将字符串引起来。这样的字符串可以是超长的，中间任何地方都可以换行，这样可以将复杂的字符串进行复制。

Python 三引号允许一个字符串跨多行，字符串中可以包含换行符、制表符及其他特殊字符。

三引号的语法是一对连续的单引号或者双引号（通常都是成对的），如例 4-2-12 所示。

例 4-2-12　字符串三引号用法实例。

```
hi = '''hi
there'''
print(hi)   # str()
```

以上实例输出结果如下：

```
hi
there
```

三引号让程序员从引号和特殊字符串的泥潭中解脱出来，自始至终保持一小块字符串的格式，此格式是所谓的 WYSIWYG（所见即所得）格式。

一个典型的用例是，当需要一块 HTML 或者 SQL 程序块时，这时用字符串组合，特殊字符串转义将会变得非常烦琐，使用三引号，就很简单，如例 4-2-13 所示。

例 4-2-13　HTML 字符串三引号用法实例。

```
strHtml = '''
<HTML><HEAD><TITLE>
Friends CGI Demo</TITLE></HEAD>
<BODY><H3>ERROR</H3>
```

```
<B>%s</B><P>
<FORM><INPUT TYPE=button VALUE=Back
ONCLICK="window.history.back()"></FORM>
</BODY></HTML>
'''
print(strHtml)
```

以上实例运行结果如下：

```
<HTML><HEAD><TITLE>
Friends CGI Demo</TITLE></HEAD>
<BODY><H3>ERROR</H3>
<B>%s</B><P>
<FORM><INPUT TYPE=button VALUE=Back
ONCLICK="window.history.back()"></FORM>
</BODY></HTML>
```

4.2.4 字符串函数

字符串函数是从 Python1.6 到 2.0 慢慢加进来的。

这些函数实现了 string 模块的大部分函数，如表 4-2-4 列出了目前字符串内建支持的函数，所有的函数都包含了对 Unicode 的支持，有一些甚至是专门用于 Unicode 的。

表 4-2-4 字符串内建函数表

方法	描述
string.capitalize()	将字符串的第一个字符大写
string.center(width)	返回一个居中显示的，并使用空格填充至长度 width 的新字符串
string.count(str,beg=0, end=len(string))	返回 str 在 string 里面出现的次数，如果 beg 或者 end 指定了范围则返回指定范围内 str 出现的次数
string.decode(encoding='UTF-8' ,errors='strict')	以 encoding 指定的编码格式解码 string，如果出错则默认报一个 ValueError 的异常，除非 errors 指定的是'ignore' 或者'replace'
string.encode(encoding='UTF-8' ,errors='strict')	同上
string.endswith(obj,beg=0,end=len(string))	检查字符串是否以 obj 结束，如果 beg 或者 end 指定了范围则检查指定范围内字符串是否以 obj 结束，如果是，则返回 True，否则返回 False
string.expandtabs(tabsize=8)	把字符串 string 中的 tab 符号转为空格，默认的空格数 tabsize 是 8
string.find(str,beg=0,end=len(string))	检测 str 是否包含在 string 中，如果 beg 和 end 指定了范围，则检查 str 是否包含在指定范围内，如果是则返回开始的索引值，否则返回−1
string.index(str,beg=0,end=len(string))	跟 find()方法一样，只不过如果 str 不在 string 中会报一个异常
string.isalnum()	如果 string 中至少有一个字符并且所有字符都是字母或数字则返回 True，否则返回 False
string.isalpha()	如果 string 中至少有一个字符并且所有字符都是字母则返回 True，否则返回 False
string.isdecimal()	如果 string 中只包含十进制数字则返回 True，否则返回 False

续表

方法	描述
string.isdigit()	如果 string 中只包含数字则返回 True，否则返回 False
string.islower()	如果 string 中包含至少一个区分大小写的字符，并且所有这些（区分大小写的）字符都是小写的，则返回 True，否则返回 False
string.isnumeric()	如果 string 中只包含数字字符，则返回 True，否则返回 False
string.isspace()	如果 string 中只包含空格，则返回 True，否则返回 False
string.istitle()	如果 string 是标题化的（见 title()）则返回 True，否则返回 False
string.isupper()	如果 string 中包含至少一个区分大小写的字符，并且所有这些（区分大小写的）字符都是大写的，则返回 True，否则返回 False
string.join(seq)	以 string 作为分隔符，将 seq 中所有的元素合并为一个新的字符串
string.ljust(width)	返回一个左对齐的原字符串，并使用空格填充至长度 width 的新字符串
string.lower()	转换 string 中所有大写字符为小写字符
string.lstrip()	截掉 string 左边的空格
string.maketrans(intab,outtab])	maketrans()用于创建字符映射的转换表，第一个参数是字符串，表示需要转换的字符，第二个参数也是字符串，表示转换的目标
max(str)	返回字符串 str 中最大的字母
min(str)	返回字符串 str 中最小的字母
string.partition(str)	有点像 find()和 split()的结合体，从 str 出现的第一个位置起，把字符串 string 分成 一个 3 元素 的元 组（string_pre_str，str，string_post_str），如果 string 中不包含 str 则 string_pre_str == string
string.replace(str1,str2,num=string.count(str1))	把 string 中的 str1 替换成 str2，如果指定 num，则替换不超过 num 次
string.rfind(str,beg=0,end=len(string))	类似于 find()函数，不过它是从右边开始查找的
string.rindex(str,beg=0,end=len(string))	类似于 index()，不过它是从右边开始的
string.rjust(width)	返回一个右对齐的原字符串，并使用空格填充至长度为 width 的新字符串
string.rpartition(str)	类似于 partition()函数，不过它是从右边开始查找的
string.rstrip()	删除 string 字符串末尾的空格
string.split(str="",num=string.count(str))	以 str 为分隔符切片 string，如果 num 有指定值，则仅分隔 num 个子字符串
string.splitlines(num=string.count('\n'))	按照行分隔，返回一个包含各行作为元素的列表，如果指定 num，则仅切片 num 个行
string.startswith(obj,beg=0,end=len(string))	检查字符串是否以 obj 开头，是则返回 True，否则返回 False。如果 beg 和 end 指定值，则在指定范围内检查
string.strip([obj])	在 string 上执行 lstrip()和 rstrip()函数
string.swapcase()	翻转 string 中的大小写

续表

方法	描述
string.title()	返回“标题化”的 string，就是说所有单词都是以大写开始的，其余字母均为小写（见 istitle()）
string.translate(str,del="")	根据 str 给出的表（包含 256 个字符）转换 string 的字符，将要过滤掉的字符放到 del 参数中
string.upper()	转换 string 中的小写字符为大写字符
string.zfill(width)	返回长度为 width 的字符串，原字符串 string 右对齐，前面填充 0
string.isdecimal()	isdecimal()方法检查字符串是否只包含十进制字符。这种方法只存在于 Unicode 对象

1. find()

find 函数用于检测字符串是否包含子字符串 sub 等特定字符，如果指定 start（开始）和 end（结束）范围，则在指定范围内检查。如果包含，则返回开始的索引值，否则返回−1。

语法格式如下：

```
str.find(sub[,start[,end]])
```

格式中的括号表示可选参数，sub 表示指定的检索字符串；start 表示开始索引，默认为 0；end 表示结束索引，默认为整个字符串长度。

例 4-2-14 find 函数使用。

```
str = 'hello world'
# 'w'在字符串中
print( str.find('w') )
# 'wh'不在字符串中
print( str.find('wh') )
```

以上实例输出结果如下：

```
6
-1
```

2. index()

index 函数用于检测字符串中是否包含指定子字符串 sub 等特定字符，如果指定 start（开始）和 end（结束）范围，则在指定范围内检查。如果包含，则返回开始的索引值；否则，提示错误。

语法格式如下：

```
str. index(sub[,start[,end]])
```

index 函数中参数的含义与 find 函数相同。

例 4-2-15 index 函数使用。

```
str = 'hello world'
# 'w'在字符串中
print( str.index('w') )
# 'wh'不在字符串中，程序报错 ValueError，终止运行
print( str.index('wh'))
```

以上实例输出结果如下：

```
6
Traceback (most recent call last):
  File "C:/Users/Administrator/AppData/Local/Programs/Python/Python37-32/例 4-2-15.py", line 5, in <module>
    print( str.index('wh') )
ValueError: substring not found
```

3. count()

count()函数用于统计字符串中某个字符出现的次数。可选参数为字符串查找的开始与结束位置。该函数返回在 string 中指定索引范围内[start，end）出现的次数。

语法格式如下：

```
str.count(sub[,start[,end]])
```

count 函数中参数的含义与 find 函数相同。count 函数使用如例 4-2-16 所示。

例 4-2-16 count 函数使用。

```
str = 'hello world'
# 统计 str 中全部字母 l 的个数
print( str.count('l') )
# 统计 str 中从第 5+1 个字母到最后一个字母中，字母 l 的个数
print( str.count('l', 5, len(str)) )
```

以上实例输出结果如下：

```
3
1
```

4. replace()

replace()函数用于将字符串中的原字符（old）替换成新字符（new），如果指定 count，则替换次数不超过 count 次。该函数返回替换后的新字符串。

语法格式如下：

```
str.replace(old,new,count)
```

old 表示原字符，要被替换的字符。new 表示新字符，要替换的字符。count 表示替换的次数。

例 4-2-17 replace 函数使用。

```
str = 'hello world hello world'
str1 = 'world'
str2 = 'china'
# 将所有的 str1 替换为 str2
print( str.replace(str1, str2) )
# 只将前 1 个 str1 替换为 str2
print( str.replace(str1, str2, 1) )
```

以上实例输出结果如下：

```
hello china hello china
hello china hello world
```

5. split()

split 函数通过指定分隔符对字符串进行切片，如果参数 maxSplit 有指定值，则仅分割 maxSplit 个子字符串。

语法格式如下：

```
str.split（'分界符'，maxSplit）
```

maxSplit 表示分割次数，默认值为−1，表示根据分界符分割所有能分割的。

该函数返回值是分隔后的字符串列表。

例 4-2-18 split 函数使用。

```
str = 'I am a student!'
# 以空格分割字符串，分界符默认为空格
print(str.split(' ', 3))
# 以字母 o 作为分界符，指定最大分割为 2,将返回最大分割+1 个元素的列表
print(str.split('a', 2))
```

以上实例输出结果如下：

```
['I', 'am', 'a', 'student!']
['I ', 'm ', ' student!']
```

6. capitalize()

capitalize()函数将字符串的首字母大写，其余字母全部小写。该函数返回一个首字母大写的字符串。该函数无参数。

语法格式如下：

```
str.capitalize()
```

例 4-2-19 capitalize 函数使用。

```
str = 'I aM zHang san'
# 字符串的首字母大写，其余字母全部小写
print(str.capitalize())
```

以上实例输出结果如下：

```
I am zhang san
```

7. title()

title()函数将字符串中的所有单词的首字母大写，其余字母全部小写。该函数无参数。

值得注意的是，这里单词的区分是以任何标点符号区分的，即标点符号的前后都是一个独立的单词，字符串最后一个标点除外。

语法格式如下：

```
str.title()
```

例 4-2-20 title()函数使用。

```
# 正常字符串的转换
str1 = "I am    zhang san!"
print(str1.title())
# 字符中包含标点符号
str2 = "I'm    zhang-sAn!"
```

```
print(str2.title())
```

以上实例输出结果如下：

```
I Am   Zhang San!
I'M   Zhang-San!
```

8. startswith()

startswith()函数用于检查字符串是否以字符串 str1 开头，若是，返回 True；否则，返回 False。语法格式如下：

```
str.startswith(str1)
```

例 4-2-21 startswith()函数使用。

```
str = "Hello zhang san"
print(str.startswith("Hello"))
```

以上实例输出结果如下：

```
True
```

9. lower()

lower()函数将字符串中的所有字母转换为小写。该函数无参数。
语法格式如下：

```
str.lower()
```

例 4-2-22 lower()函数使用。

```
str = "Hello Zhang San"
print(str.lower())
```

以上实例输出结果如下：

```
hello zhang san
```

10. upper()

upper()函数将字符串中的所有字母转换为大写。该函数无参数。
语法格式如下：

```
str.upper()
```

例 4-2-23 upper()函数使用。

```
str = "Hello Zhang San "
print(str.upper())
```

以上实例输出结果如下：

```
HELLO ZHANG SAN
```

11. endswith()

endswith()函数用于检查字符串是否以字符串 str1 结尾，若是，返回 True；否则，返回 False。
语法格式如下：

```
str.endswith(str1)
```

例 4-2-24　endswith()函数使用。

```
str = "Hello Zhang San"
print(str.endswith("San"))
```

以上实例输出结果如下：

```
True
```

12. ljust()

ljust()函数将字符串左对齐，并使用空格填充至指定长度 len。

语法格式如下：

```
str.ljust(len)
```

例 4-2-25　ljust()函数使用。

```
str = "Hello Zhang San"
print("str 的原长度为%d" % (len(str)))
print("str 处理后的长度为%d" % (len(str.ljust(20))))
```

以上实例输出结果如下：

```
str 的原长度为 15
str 处理后的长度为 20
```

13. rjust()

rjust()函数将字符串右对齐，并使用空格填充至指定长度 len。

语法格式如下：

```
str.rjust(len)
```

例 4-2-26　rjust()函数使用。

```
str = "Hello Zhang San"
print(str.rjust(20))
print("str 的原长度为%d" % (len(str)))
print("str 处理后的长度为%d" % (len(str.ljust(20))))
```

以上实例输出结果如下：

```
     Hello Zhang San
str 的原长度为 15
str 处理后的长度为 20
```

14. center()

center()函数将字符串居中，并使用空格填充至指定长度 len。

语法格式如下：

```
str.center(len)
```

例 4-2-27　center()函数使用。

```
str = "Hello Zhang San"
print(str.center(20))
print("str 的原长度为%d" % (len(str)))
```

```
print("str 处理后的长度为%d" % (len(str.center(20))))
```

以上实例输出结果如下：

```
   Hello Zhang San
str 的原长度为 15
str 处理后的长度为 20
```

15. lstrip()

lstrip()函数用于去掉字符串左边的空白字符。
语法格式如下：

```
str.lstrip()
```

例 4-2-28 lstrip()函数使用。

```
str = "     Hello Zhang San     "
print(str.lstrip())
```

以上实例输出结果如下：

```
Hello Zhang San
```

16. rstrip()

rstrip()函数用于去掉字符串右边的空白字符。
语法格式如下：

```
str.rstrip()
```

例 4-2-29 rstrip()函数使用。

```
str = "     Hello Zhang San     "
print(str.rstrip())
```

以上实例输出结果如下：

```
     Hello Zhang San
```

17. strip()

strip()函数用于去掉字符串左右两边的空白字符。
语法格式如下：

```
str.strip()
```

例 4-2-30 strip()函数使用。

```
str = "     Hello Zhang San     "
print(str.strip())
```

以上实例输出结果如下：

```
Hello Zhang San
```

18. partition()

partition()函数根据 str 中的第一个 str1，将字符串 str 分割为 str1 之前、str1 和 str1 之后三

个部分；若 str1 不存在，则将 str 作为第一部分，后面两个元素为空；函数返回值为元组（概念后面介绍）。

语法格式如下：

```
str.partition(str1)
```

例 4-2-31　partition()函数使用。

```
str = "Are you believe in yourself?"
# "yourself"在字符串中
print(str.partition("yourself"))
# "you"在字符串中有两个
print(str.partition("you"))
# "zhang"不在字符串中
print(str.partition("zhang"))
```

以上实例输出结果如下：

```
('Are you believe in ', 'yourself', '?')
('Are ', 'you', ' believe in yourself?')
('Are you believe in yourself?', '', '')
```

18. join()

join()函数将 iterable 中每两个相邻元素中间插入字符串 str，返回形成新的字符串。
语法格式如下：

```
str.join(iterable)
```

例 4-2-32　join()函数使用。

```
str = "Zhang San"
print(str.join("ABC"))
list1 = ['YOU', 'THEY', 'WE']
print(str.join(list1))
```

以上实例输出结果如下：

```
AZhang SanBZhang SanC
YOUZhang SanTHEYZhang SanWE
```

19. isspace()

如果字符串 str 中只包含空格，isspace()函数返回 True；否则，返回 False。该函数无参数。
语法格式如下：

```
str.isspace()
```

例 4-2-33　isspace()函数使用。

```
str = "Zhang San"
print(str.isspace())
```

以上实例输出结果如下：

```
False
```

20. isdigit()

如果字符串str中只包含数字，isdigit()函数返回True；否则，返回False。该函数无参数。语法格式如下：

```
str.isdigit()
```

例4-2-34 isdigit()函数使用。

```
str = "12345"
print(str.isdigit())
```

以上实例输出结果如下：

```
True
```

21. isalpha()

如果字符串str中只包含字母，isalpha()函数返回True；否则，返回False。该函数无参数。语法格式如下：

```
str.isalpha()
```

例4-2-35 isalpha()函数使用。

```
## isalpha()函数
str = "HardWorking"
print(str.isalpha())
```

以上实例输出结果如下：

```
True
```

4.3 Python列表

列表是Python中基本的数据结构，是最常用的数据类型。本节的目标是掌握这种列表数据的使用。

【学习目标】

小节目标 1. 了解列表的概念
2. 了解列表的可变性
3. 掌握列表的操作
4. 掌握列表的函数

4.3.1 列表概述

Python有6个序列的内置类型，最常见的是列表和元组。相对于其他程序语言，Python语言增加了新的数据对象（列表和元组）。

List（列表）是 Python 列表中序列类的数据类型。

列表用[ ]标识，是 Python 通用的复合数据类型，它以序列形式保存任意数目的 Python 对象，列表的数据项不需要具有相同的类型。保存的 Python 对象被称为列表的元素，一个列表中的元素可以是不同类型的 Python 对象。元素可以是标准类型数据对象，还可以是用户自己定义的对象。

在数据处理中，列表是使用最频繁的数据类型。列表可以完成大多数集合类的数据结构实现。它支持字符、数字、字符串甚至可以包含列表（即嵌套）。

列表是一个可变对象，可以称其为一个容器。其他语言的数组的容量是不能变更的。列表是常用的 Python 数据类型，它可以作为一个方括号内的逗号分隔值出现。

创建一个列表，只要把以逗号分隔的不同的数据项使用方括号括起来即可。与字符串的索引一样，列表索引从 0 开始。列表可以进行截取、组合等。

4.3.2 列表操作

1. 创建列表

用方括号（[]）将一组 Python 对象括起来，Python 对象之间用逗号分隔。当然可以定义一个只有方括号的空表，还可以用函数创建列表。创建列表如例 4-3-1 所示。

例 4-3-1 创建列表实例。

```
list1 = ['JAVA', 'Hello', 'Python', 'VS', 1, 2, 3]
print(list1)
list2 = list('Python')
print(list2)
list3 = []
print(list3)
```

以上实例输出结果如下：

```
['JAVA', 'Hello', 'Python', 'VS', 1, 2, 3]
['P', 'y', 't', 'h', 'o', 'n']
[]
```

列表对象可变，新列表引用原列表后，新列表与原列表本质是同一个列表，可以使用 is 判断或直接用 id()查看地址单元。操作代码参考例 4-3-2 所示。

例 4-3-2 列表赋值新列表，两个列表的地址查看与比较。

```
list1 = ['JAVA', 'Hello', 'Python', 'VS', 1, 2, 3]
list2 =list1
print(list2 is list1)
print(id(list1))
print(id(list2))
list1.append('列表可变')
print('list1 列表：',list1)
print('list2 列表：',list2)
```

以上实例输出结果如下：

```
True
30075760
30075760
list1 列表：['JAVA', 'Hello', 'Python', 'VS', 1, 2, 3, '列表可变']
list2 列表：['JAVA', 'Hello', 'Python', 'VS', 1, 2, 3, '列表可变']
```

2. Python 列表操作符

列表操作符包括长度取值、连接、重复、成员检查和迭代检查。列表对 + 和 * 的操作符与字符串相似。+ 号用于组合列表，* 号用于重复列表。想要检查具体元素是否在列表中，可使用 in；如果需要遍历全部列表对象，则使用 for 循环。相关操作符指述，如表 4-3-1 所示。

表 4-3-1 列表操作符

Python 表达式	结果	描述
len([1,2,3])	3	长度
[1,2,3] + [4,5,6]	[1,2,3,4,5,6]	组合
['Hi!'] * 4	['Hi!','Hi!','Hi!','Hi!']	重复
3 in [1,2,3]	True	元素是否存在于列表中
for x in [1,2,3]:print(x),	1 2 3	迭代

3. 访问列表中的值

使用下标索引来访问列表中的值，同样可以使用方括号的形式截取字符，如例 4-3-3 所示。

例 4-3-3 访问列表中的值操作实例。

```
list1 = ['physics', 'chemistry', 1997, 2000];
list2 = [1, 2, 3, 4, 5, 6, 7 ];
print("list1[0]: ", list1[0])
print("list2[1:5]: ", list2[1:5])
```

以上实例输出结果如下：

```
list1[0]:   physics
list2[1:5]:   [2, 3, 4, 5]
```

列表的访问输出如例 4-3-4 所示。

例 4-3-4 列表的访问输出操作实例。

```
list = [ 'Java', 786 , 2.23, 'john', 70.2 ]
tinylist = [123, 'john']
print(list)                 # 输出完整列表
print( list[0])             # 输出列表的第一个元素
print( list[1:3])           # 输出第二个至第三个的元素
print( list[2:])            # 输出从第三个开始至列表末尾的所有元素
print( tinylist * 2)        # 输出列表两次
print(list + tinylist)      # 打印组合的列表
```

以上实例输出结果如下：

```
['Java', 786, 2.23, 'john', 70.2]
Java
[786, 2.23]
[2.23, 'john', 70.2]
[123, 'john', 123, 'john']
['Java', 786, 2.23, 'john', 70.2, 123, 'john']
```

确定数据的位置，使用 index 方法可以确认元素在列表的位置，如例 4-3-5 所示。

例 4-3-5 确认元素位置实例。

```
list1 = ['physics', 'chemistry', 1997, 2000];
print(list1.index(1997))
```

以上实例输出结果如下：

```
2
```

4. 更新列表

（1）指出一个索引值是更新索引值指出的位置的元素，如果索引值出界则会引发异常，如例 4-3-6 所示。

例 4-3-6 更新列表操作实例。

```
list1 = ['JAVA', 'Hello', 'Python', 'VS', 1, 2, 3]
list1[0]='AA'
print(list1)
```

以上实例输出结果如下：

```
['AA', 'Hello', 'Python', 'VS', 1, 2, 3]
```

（2）指出一个索引范围，更新索引范围指出的所有元素，如例 4-3-7 和例 4-3-8 所示。

例 4-3-7 使用字符更新索引范围内元素实例。

```
list1 = ['JAVA', 'Hello', 'Python', 'VS', 1, 2, 3]
list1[0:4]='AAAA'          #如果是字符，则进行拆分，有几个字符就占几位
print(list1)
```

以上实例输出结果如下：

```
['A', 'A', 'A', 'A', 1, 2, 3]
```

例 4-3-8 使用数字更新索引范围内元素实例。

```
list1 = ['JAVA', 'Hello', 'Python', 'VS', 1, 2, 3]
list1[0:4]=[1234]   #如果是数字，一组数字就占一位
print(list1)
```

以上实例输出结果如下：

```
[1234, 1, 2, 3]
```

（3）更新索引范围指出的所有元素，可以看作列表的切片赋值。在例 4-3-7 中，字符在切片赋值中是拆分占位的。如果要求字符不拆分占位，则需要将字符转为列表后才能赋值。字符通过列表方式赋值如例 4-3-9 所示。

例 4-3-9 使用字符列表更新索引范围内元素实例。

```
list1=['JAVA', 'C', 'VS', 1, 2, 3]  #使用 Python 字符替换列表中的 1，2，3
list1[3:6]="Python"  #直接使用字符进行切片赋值
print("list1 使用字符进行切片赋值的值是: ",list1)
list1[3:]=["Python"]   #使用列表对切片进行赋值。切片时不定义右边界，意味着直接切到最后
print("list1 使用列表进行切片赋值的值是: ",list1)
```

以上实例输出结果如下：

```
list1 使用字符进行切片赋值的值是:  ['JAVA', 'C', 'VS', 'P', 'y', 't', 'h', 'o', 'n']
list1 使用列表进行切片赋值的值是:  ['JAVA', 'C', 'VS', 'Python']
```

（4）共享列表变化。列表对象可变，当列表建立了共享关系后，其中一个列表变化，另一个列表会跟随变化，如例 4-3-10 所示。

例 4-3-10 共享列表操作实例。

```
list1 = ['JAVA', 'Hello', 'Python', 'VS', 1, 2, 3]
list2 = list1
list2.append('A')
print(list1)
list1.append('B')
print(list2)
```

以上实例输出结果如下：

```
['JAVA', 'Hello', 'Python', 'VS', 1, 2, 3, 'A']
['JAVA', 'Hello', 'Python', 'VS', 1, 2, 3, 'A', 'B']
```

（5）列表反向输出，即列表反转。列表反转采用[::-1]实现，即原列表的最后一项作为第一项输出，列表的第一项作为最后一项输出，如例 4-3-11 所示。

例 4-3-11 列表反转操作实例。

```
list1 = ['JAVA', 'Hello', 'Python', 'VS', 1, 2, 3]
print(list1[::-1])
```

以上实例输出结果如下：

```
[3, 2, 1, 'VS', 'Python', 'Hello', 'JAVA']
```

5. 删除列表元素

使用 del 语句来删除列表的元素，如例 4-3-12 所示。

例 4-3-12 删除列表元素操作实例。

```
list1 = ['JAVA', 'Hello', 'Python', 'VS']
print(list1)
del list1[2]        #删除"Python"元素
print(list1)
```

以上实例输出结果如下：

```
['JAVA', 'Hello', 'Python', 'VS']
['JAVA', 'Hello', 'VS']
```

要删除列表中的元素，使用 del 语句可以删除知道确切索引号的元素，或使用 remove()方法。还可以用 pop()方法删除指定位置上的元素，不指定位置时则删除最后一个元素。pop()方法有返回值，返回的是删除的元素，如例 4-3-13 所示。

例 4-3-13 删除列表元素操作实例。

```
list1 = ['JAVA', 'Hello', 'Python', 'VS', 1, 2, 3]
del list1[0]
list1.remove('VS')
print(list1)
list1 = ['JAVA', 'Hello', 'Python', 'VS', 1, 2, 3]
print(list1.pop(0))
```

以上实例输出结果如下：

```
['Hello', 'Python', 1, 2, 3]
'JAVA'
```

6. Python 列表截取

Python 的列表截取与字符串操作类似，如下所示：

```
list1 = ['JAVA', 'Hello', 'Python', 'VS']
```

操作如表 4-3-2 所示。

表 4-3-2 列表截取操作一览表

Python 表达式	结果	描述
list1 [2]	'Python'	读取列表中第三个元素
list1 [-2]	'Python'	读取列表中倒数第二个元素
list1 [1：]	['Hello'，'Python'，'VS']	从第二个元素开始截取列表

4.3.3 列表函数

1. 列表类型的内置函数

列表类型本身没有内置函数，但有一个 range()函数（它的参数格式前面章节已经介绍过）专门用于返回类似列表的迭代器，它只能用于返回数字类型的迭代器，如：

```
list(range(10))
[0, 1, 2, 3, 4, 5, 6, 7, 8, 9]
```

2. 可用于列表的函数

常用的列表函数包括列表比较，求长度、最大、最小及列表转换等，如表 4-3-3 所示。

表 4-3-3 列表函数一览表

序号	函数	功能描述
1	len(list)	列表元素个数
2	max(list)	返回列表元素最大值

续表

序号	函数	功能描述
3	min(list)	返回列表元素最小值
4	list(seq)	将元组转换为列表

列表的操作方法包括列表元素的增、删、改、查等方法，具体如表 4-3-4 所示。

表 4-3-4 列表方法一览表

序号	函数	功能描述
1	list.append(obj)	在列表末尾添加新的对象
2	list.count(obj)	统计某个元素在列表中出现的次数
3	list.extend(seq)	在列表末尾一次性追加另一个序列中的多个值（用新列表扩展原来的列表）
4	list.index(obj)	从列表中找出某个值第一个匹配项的索引位置
5	list.insert(index, obj)	将对象插入列表
6	list.pop(obj=list[-1])	移除列表中的一个元素（默认最后一个元素），并且返回该元素的值
7	list.remove(obj)	移除列表中某个值的第一个匹配项
8	list.reverse()	反向（反转）列表中元素
9	list.sort([func])	对原列表进行排序

Python 列表的操作方法如例 4-3-14 所示。

例 4-3-14 列表操作方法实例。

```
list1 = ['JAVA', 'Hello', 'Python', 'VS']
list2 = [1,2,3,4,5]
list1.append('XYZ')            #向 list1 增加'XYZ'对象
print(list1.count('Python'))   #返回'Python'出现次数
list1.extend(list2)            #将 list2 加到 list1 后面
print(list1)
list1.remove('XYZ')            #删除对象'XYZ'
print(list1.pop())             # 删除列表的最后位置上的对象并返回
print(list1)
```

以上实例输出结果如下：

```
1
['JAVA', 'Hello', 'Python', 'VS', 'XYZ', 1, 2, 3, 4, 5]
5
['JAVA', 'Hello', 'Python', 'VS', 1, 2, 3, 4]
```

3. 对列表有重要作用的函数

（1）len()函数用于返回列表中元素的个数，容器内每一个对象作为一项处理。

（2）max()和 min()函数用于只有字符串或数字的列表，非常有用，能找出列表中元素的最大值和最小值，如例 4-3-15 所示。

例 4-3-15　检查列表长度和最大、最小值操作实例。

```
list1 = ['JAVA', 'Hello', 'Python', 'VS']
print(len(list1))
print(max(list1))
print(min(list1))
```

以上实例输出结果如下：

```
4
VS
Hello
```

（3）sorted()和 reversed()函数分别将原列表排序、反序。注意 reversed()函数返回的是一个迭代器，如例 4-3-16 所示。

例 4-3-16　列表排序操作实例。

```
list1 = ['JAVA', 'Hello', 'Python', 'VS']
sorted(list1)
for i in reversed(list1):
...     print(i) #如果要输出为同一行，print()函数添加 end 参数定义即可
```

以上实例输出结果如下：

```
VS
Python
Hello
JAVA
```

（4）enumerate()和 zip()函数都返回一个迭代器。enumerate()返回一个数据对的序列，数据对的第一个数据是索引值，第二个数据来自 enumerate()函数的参数对象。zip()函数返回有多个元素的元组序列，每个元组中的数据来自 zip()函数的每个参数对象，如例 4-3-17 所示。

例 4-3-17　列表元素迭代输出操作实例。

```
list1 = ['JAVA', 'Hello', 'Python', 'VS']
list2 = [1,2,3,4,5]
list3 = ['A','B','C','D','E','F']
for i,j in enumerate(list1) :
...     print(i,j)
...
for i,j,k in zip(list1,list2,list3):
...     print(i,j,k)
```

以上实例输出结果如下：

```
0 JAVA
1 Hello
2 Python
3 VS
JAVA 1 A
Hello 2 B
Python 3 C
VS 4 D
```

（5）sum()函数用于计算数字类型的列表中元素的和，如例 4-3-18 所示。

例 4-3-18 对列表数字元素求和操作实例。

```
list2 = [1,2,3,4,5]
print(sum(list2))
```

以上实例输出结果如下：

```
15
```

（6）map()函数是 Python 内置的高阶函数，它接收一个函数和一个序列，并通过把函数依次作用在序列的每个元素上，得到一个新的序列并返回。它用于将函数映射到可迭代对象，对可迭代对象中的每个元素应用此函数，函数返回值包含在生成的 map 对象中，如例 4-3-19 所示。

例 4-3-19 用 map 对象生成列表实例。

```
x=map(ord,['a','3','2'])
print(x)
y=list(map(ord,['a','3','2']))  #用 map 对象生成列表
print("生成的列表是：",y)
x1=next(x)                      #第一次迭代
print("x1=",x1)
x2=next(x)                      #第二次迭代
print("x2=",x2)
x3=next(x)                      #第三次迭代
print("x3=",x3)
x4=next(x)                      #第四次迭代，已无对象，执行将产生 StopIteration 错误
```

以上实例输出结果如下：

```
<map object at 0x00000187267724A8>
生成的列表是： [97, 51, 50]
x1= 97
x2= 51
x3= 50
Traceback (most recent call last):
  File "G:/python/例题/4/例 4-3-19.py", line 11, in <module>
    x4=next(x) #第四次迭代，已无对象，执行将产生 StopIteration 错误
StopIteration
```

（7）filter 函数和 map 函数类似，用指定函数处理可迭代对象，若函数返回值为真，则对应的可迭代对象元素包含在生成的 filter 对象序列中，如例 4-3-20 所示。

例 4-3-20 用 filter 函数迭代对象并转换成列表。

```
x=filter(bool,(1,0,'a',[5,6],4,{7:8}))
print(x)
x1=next(x)              #第一次迭代
print("x1=",x1)
x2=next(x)              #第二次迭代
print("x2=",x2)
x3=next(x)              #第三次迭代
print("x3=",x3)
```

```
y=list(x)              #用 filter 迭代对象转换成列表，不包含已迭代的值
print("生成的列表是：",y)
```

以上实例输出结果如下：

```
<filter object at 0x000001A694DB1550>
x1= 1
x2= a
x3= [5, 6]
生成的列表是： [4, [7: 8]]
```

使用 filter 函数时，若返回值为真，将该元素包含在可迭代的对象序列中。如果该元素返回值为假，则丢弃该元素，不放于可迭代的对象序列中。

4.4 Python 元组

元组也是 Python 中常用的数据类型，它是 Tuple 类型，与列表非常相似。本节的目标是掌握这种元组数据的使用。

【学习目标】

小节目标
1. 了解元组的概念
2. 了解元组与列表的关系
3. 掌握元组的操作
4. 掌握元组的函数

4.4.1 元组概述

元组也是序列类的容器，与列表非常相似，但它们是有区别的。从形式上讲，元组用圆括号将其元素括起来，而列表用的是方括号；在功能上也有区别，元组是不可变对象，而列表是可变对象。正是由于元组的不可变性，使元组能做列表不能完成的事情，例如，元组可作为字典的键，又例如，处理一组对象时，这组对象被默认为是元组类型，而函数返回一组值时则默认为返回一个元组。

Python 的元组与列表类似，元组使用小括号，列表使用方括号。元组用“()”标识。内部元素用逗号隔开，但是元素不能二次赋值。

创建元组很简单，只需要在括号中添加元素，并使用逗号隔开即可，如例 4-4-1 所示。

例 4-4-1 元组创建操作实例。

```
tup1 = ('physics', 'chemistry', 1997, 2000);
tup2 = (1, 2, 3, 4, 5 );
tup3 = "a", "b", "c", "d";
```

创建空元组

```
tup1 = ();
```

当元组中只包含一个元素时，需要在元素后面添加逗号。

```
tup1 = (50,);
```

元组的元素不能修改，相当于只读列表，用在列表上的所有查询操作几乎可以不变地用在元组上。

元组与字符串类似，下标索引从 0 开始，可以进行截取、组合等。

4.4.2 元组操作

1. 创建元组

创建元组与创建列表一样，只是其用圆括号而已。但创建只有一个元素的元组时，为了区别，要在元素后面加上一个逗号。当然，还可以用 tuple()函数来创建元组。

例 4-4-2 元组创建及查看操作实例。

```
t = (1,)                # 创建元组对象
print(type(t))
```

以上实例输出结果如下：

```
<class 'tuple'>
```

关于元组的连接操作、重复操作、成员关系操作、关系操作（比较操作、逻辑操作）、使用标准内置函数操作、使用序列内置函数操作、使用元组专用内置函数或方法操作，其做法与列表相同。只有一点，有改变元组元素企图的操作是不行的，或者说函数也不存在。例如，元组中就只有 count()和 index()两个函数。

2. 访问元组

访问元组中的元素也是通过切片操作实施的，其操作与列表一样。元组可以使用下标索引来访问元组中的值，如例 4-4-3 所示。

例 4-4-3 元组访问操作实例。

```
#coding=utf-8
tuple = ( 'Java', 786 , 2.23, 'john', 70.2 )
tinytuple = (123, 'john')
print(tuple)                    # 输出完整元组
print(tuple[0])                 # 输出元组的第一个元素
print(tuple[1:3])               # 输出第二个至第三个的元素
print(tuple[2:])                # 输出从第三个开始至列表末尾的所有元素
print(tinytuple * 2)            # 输出元组两次
print(tuple + tinytuple)        # 打印组合的元组
```

以上实例输出结果如下：

```
('Java', 786, 2.23, 'john', 70.2)
Java
(786, 2.23)
(2.23, 'john', 70.2)
(123, 'john', 123, 'john')
('Java', 786, 2.23, 'john', 70.2, 123, 'john')
```

3. 修改元组

元组中的元素值是不允许修改的，如例 4-4-4 所示。

例 4-4-4 元组、列表更新对比操作实例。

```
#coding=utf-8
tuple = ( 'Java', 786 , 2.23, 'john', 70.2 )
list = [ 'Java', 786 , 2.23, 'john', 70.2 ]
tuple[2] = 1000            # 元组中是非法应用
list[2] = 1000             # 列表中是合法应用
```

以上实例输出结果如下：

```
Traceback (most recent call last):
  File "H:/python/例题/4/例 4-4-4.py", line 4, in <module>
    tuple[2] = 1000 # 元组中是非法应用
TypeError: 'tuple' object does not support item assignment
```

以上操作，对元组是无效的，因为元组是不允许更新的，而列表是允许更新的。元组不能修改，但可以对元组进行连接组合，如例 4-4-5 所示。

例 4-4-5 元组连接组合操作实例。

```
#coding=utf-8
tup1 = (12, 34.56);
tup2 = ('abc', 'xyz');
# 以下修改元组元素操作是非法的
# tup1[0] = 100;
# 创建一个新的元组
tup3 = tup1 + tup2;
print(tup3)
```

以上实例输出结果如下：

```
(12, 34.56, 'abc', 'xyz')
```

元组的元素虽然不能更新、删除，但可以重新引用，如例 4-4-6 所示。

例 4-4-6 元组重新引用实例。

```
t= ('JAVA', 'Hello', 'Python', 'VS')
t = t + t[-2:-1]
print(t)
```

以上实例输出结果如下：

```
('JAVA', 'Hello', 'Python', 'VS', 'Python')
```

在以上实例中，t 其实是重新引用了另一个新的元组，和之前不是同一个元组，只是使用了相同的变量名。读者可以使用 id()函数检查两者的存储单元地址以作验证。

4. 删除元组

元组中的元素值是不允许删除的，但我们可以使用 del 语句来删除整个元组，如例 4-4-7 所示。

例 4-4-7 元组删除操作实例。

```
tup = ('physics', 'chemistry', 2019);
```

```
print(tup)
del tup;
print("After deleting tup : ")
print(tup)
```

以上实例元组被删除后，输出变量会有异常信息，输出如下所示：

```
('physics', 'chemistry', 2019)
After deleting tup :
Traceback (most recent call last):
  File "test.py", line 9, in <module>
    print(tup)
NameError: name 'tup' is not defined
```

5. 元组运算符

与字符串一样，元组之间可以使用 + 号和 * 号进行运算。这就意味着它们可以组合和复制，运算后会生成一个新的元组，如表 4-4-1 所示。

表 4-4-1　元组运算符一览表

Python 表达式	结果	描述
len((1,2,3))	3	计算元素个数
(1,2,3)+(4,5,6)	(1,2,3,4,5,6)	连接
['Hi!'] * 4	['Hi!','Hi!','Hi!','Hi!']	复制
3 in(1,2,3)	True	元素是否存在
for x in(1,2,3):print(x)	1 2 3	迭代

6. 元组索引，截取

因为元组也是一个序列，所以我们可以访问元组中的指定位置的元素，也可以截取索引中的一段元素，以元组 L =('spam','Spam','SPAM!')为例，如表 4-4-2 所示。

表 4-4-2　元组索引截取操作一览表

Python 表达式	结果	描述
L[2]	'SPAM!'	读取第三个元素
L[-2]	'Spam'	反向读取，读取倒数第二个元素
L[1:]	（'Spam','SPAM!'）	截取元素

7. 无关闭分隔符

任意无符号的对象，以逗号隔开，默认为元组，如例 4-4-8 所示。

例 4-4-8　无符号对象处理实例。

```
print('abc', -4.24e93, 18+6.6j, 'xyz')
x, y = 1, 2;
print("Value of x , y : ", x,y)
```

以上实例输出结果如下：

```
abc -4.24e+93 (18+6.6j) xyz
Value of x , y : 1 2
```

8. 元组的特殊性质及作用

（1）元组的不可变性带来的好处。元组的元素不可变，编写程序时，可以利用这个不可变性保存数据，不被修改。因为元组不可变，所以元组可以作为字典的关键字使用。

（2）和列表一样，元组也可以嵌套列表或元组。嵌套的子对象的可变性不受元组不可变的限制，如子对象是可变对象，则可以改变子对象的元素，如例 4-4-9 所示。

例 4-4-9 元组嵌套列表操作实例。

```
t = ('JAVA', 'Hello', 'Python', 'VS', [1,2,3,4])
t[4][0]='XYZ'   #将嵌套的列表对象的第一个元素改为'XYZ'
print(t)
```

以上实例输出结果如下：

```
('JAVA', 'Hello', 'Python', 'VS', ['XYZ', 2, 3, 4])
```

（3）未明确定义的一组对象是元组，如例 4-4-10 所示。

例 4-4-10 未明确定义对象实例。

```
t=123, 2>=1, "Python"
print(t)
```

以上实例输出结果如下：

```
(123, True, 'Python')
```

另外，当函数返回一组值时，默认为元组。

4.4.3 元组函数

1. 内置函数

Python 元组包含了以下内置函数，如表 4-4-3 所示。

表 4-4-3 元组内置函数一览表

序号	方法及描述
1	cmp(tuple1, tuple2)比较两个元组中的元素
2	len(tuple)计算元组中元素的个数
3	max(tuple)返回元组中元素的最大值
4	min(tuple)返回元组中元素的最小值
5	tuple(seq)将列表转换为元组

内置函数的使用方式简单，直接使用即可。下面以结合 list()列表函数和 tuple()元组函数，进行比较说明。

list()和 tuple()函数对于列表和元组是很有用的。这两个函数接受可迭代对象作为参数，转换为列表或元组，最直接的应用是列表与元组的相互转换。由于元组是不可变对象，有时需要改变元组的元素，这时可以先将元组转换为列表，修改元素后，再转回元组，如例 4-4-11

所示。

例 4-4-11 元组类型转换为列表操作实例。

```
t = (1, 2, 3, 4)
list1 = list(t)
list1.append('Python')
t = tuple(list1)
print(t)
```

以上实例输出结果如下：

```
(1, 2, 3, 4, 'Python')
```

2. zip 函数

zip 函数用于迭代，函数生成的可迭代对象有自己的迭代器，可使用 next 函数执行迭代操作。函数的参数为多个可迭代的对象，每次从每个可迭代的对象中取一个值组成一个元组，直到可迭代对象中的值都取完，生成的 zip 对象包含一系列的元组。操作如例 4-4-12 所示。

例 4-4-12 zip 函数使用实例。

```
x=zip('abc',(1,2,3),['一','二','三'])
print(x)
x1=next(x)          #第一次迭代
print("x1=",x1)
x2=next(x)          #第二次迭代
print("x2=",x2)
x3=next(x)          #第三次迭代
print("x3=",x3)
x4=next(x)          #第四次迭代，已无对象，执行将产生 StopIteration 错误
print("x4=",x4)
```

以上实例输出结果如下：

```
<zip object at 0x0000023DF601A7C8>
x1= ('a', 1, '一')
x2= ('b', 2, '二')
x3= ('c', 3, '三')
Traceback (most recent call last):
  File "G:/python/例题/4/例 4-3-20.py", line 9, in <module>
    x4=next(x) #第四次迭代，已无对象，执行将产生 StopIteration 错误
StopIteration
```

使用 zip 函数，next 迭代次数不能超过可迭代项数。可迭代项数以最小项为准，如在多个可迭代对象中，中间有一个迭代对象只有三个元素，其他迭代对象都是 4 个，此时 next 迭代取值次数只能以最小的为基准，只能取值三次。

4.5 Python 字典

Python 对数据类型的处理是很灵活的。生活中经常会碰到一个数据要确切知道其对应的

值的情况。Python 对这种数据的处理是使用字典，采用键值对的方式。本节的目标是掌握这种字典数据的使用。

【学习目标】

小节目标
1. 了解字典的概念
2. 了解字典的键和值的性质，了解字典的可变意义
3. 掌握字典的操作
4. 掌握字典的函数

4.5.1 字典概述

在列表中，如果有元素需要修改，则可以使用下标索引，定位到元素再进行修改。如果元素位置发生了改变，则会引发误操作，修改了其他不要修改的元素，而要修改的元素依然存在于列表中。此时，需要一种数据类型，既可以存储多个数据，又可以快速定位到某个元素中。

字典（dictionary）能满足上述要求。

字典是除列表以外 Python 之中最灵活的内置数据结构类型。

列表是有序的对象结合，字典是无序的对象集合。两者之间的区别在于：字典当中的元素是通过键来存取的，而不是通过顺序偏移存取。

字典用“{ }”标识。字典由索引（键 key）和它对应的值（value）组成。字典由键和对应值成对组成。字典也被称为关联数组或哈希表。

字典是键值对的无序集合。所谓键值对（又称条目、或元素）是指字典中的每个元素由键和值（又称数据项）两个部分组成，键是关键字，值是与关键字有关的数据。通过键可以找到与其有关的值，反过来则不行，不能通过值找键。

字典的定义是：在一对花括号（{ }）之间添加 0 个或多个元素，元素之间用逗号分隔；元素是键值对，键与值之间用冒号分隔；键必须是不可变对象，键在字典中必须是唯一的，值可以是不可变对象或可变对象。

1. 键的两个条件

作为键，必须具备以下两个条件：

（1）键必须是不可变对象。这是说键必须是可哈希的，也就是说键可以通过哈希函数计算出对应值的存储位置。在字典中，通常将数字对象和字符串对象作为键，并将整数对象和浮点数对象作为同一个键，如整数 1 和浮点数 1.0 是同一个键。元组是不可变对象，原则上是可以当作键使用的，但要求元组的元素是数字或字符串。

（2）键在字典中必须是唯一的。如果有同名键存在，系统将用最后一个键值对取代前一个，以保证键的唯一性。

字典是另一种可变容器模型，且可存储任意类型对象，如其他容器模型。

基本语法如下：

```
dict = {键 1:值 1, 键 2:值 2,……}
```

每个键与值之间用冒号隔开（:），每对之间用逗号分割，整体放在花括号中（{}）。键必

须是唯一的，但值则不必。

2. 字典可用的操作符

字典可用的操作符有标准类型操作符和字典类型专用操作符。

（1）标准类型操作符。在 Python 2.X 系统中，字典支持三类标准类型操作符：比较、逻辑操作和身份检查操作。但在 Python 3.X 系统中，已经不支持比较操作了，Python 3.X 认为字典是不可排序的对象，比较没有意义了。

对于逻辑操作，not 操作用于测试字典是否为空。and 操作用于由返回键相同的键值对组成的字典，如果键相同而值不同，则值取大者。or 操作用于由返回两字典所有键值对组成的字典，键相同时，值取小者。

（2）字典类型专用操作符。字典类型专用操作符就是 in 和 not in，用来检查键是否在字典中，不能检查值。可以单独检查某个键，也可以通过 for 语句利用 keys()方法或迭代器遍历所有键。

4.5.2 字典操作

字典操作包括向字典添加新内容、更新字典操作等，包括创建字典、访问字典里的值、修改或添加字典元素、删除字典元素等。下面介绍其中几个。

1. 创建字典

（1）直接使用{}键入，如例 4-5-1 所示。

例 4-5-1 直接创建字典实例。

```
d1 = {}            # 空字典
d2={"id":10,"tel":123456,"name":"小明"}
print(d1)
print(d2)
```

以上实例输出结果如下：

```
{}
{"id":10,"tel":123456,"name":"小明"}
```

（2）用 dict()函数创建字典，如例 4-5-2 所示。

例 4-5-2 用 dict()函数创建字典实例。

```
d=dict((['x', 1], ['y', 2], ['z', 3]))
print(d)
```

以上实例输出结果如下：

```
{'z': 3, 'y': 2, 'x': 1}
```

上面的代码是用一个元组表示 dict()函数的参数，元组内的元素是一个用列表表示的键值对。关于 dict()函数用法将在后面介绍。

（3）用 fromkeys()方法创建字典。创建一个具有相同值的字典，用 fromkeys()方法可以轻松实现，如例 4-5-3 所示。

例 4-5-3 用 fromkeys()方法创建字典实例。

```
d1={}.fromkeys(['x','y','z'], 0)      # 指定值为 0
print(d1)
d2={}.fromkeys(['x','y','z'])         # 不指定值
print(d2)
```

以上实例输出结果如下：

```
{'x': 0, 'y': 0, 'z': 0}
{'x': None, 'y': None, 'z': None}
```

2. 访问字典里的值

访问字典里的值，格式简单，采用直接的访问方法，格式如下：

<字典>[<键>]

也就是“字典对象[key]”，key 如果是字符串，则需要加引号；如果是数字，则不能加引号。操作实例如例 4-5-4 所示。

例 4-5-4 访问字典的值操作实例。

```
dict2 = {'name': '小明','id':1, 'dept': '计算机'}
print(dict2['dept'])
print(dict2['name'])
```

以上实例输出结果如下：

```
计算机
小明
```

如果要输出字典全部的值，则可以采用 for 循环，比较好的访问方法是使用 keys()方法或迭代器。操作实例如例 4-5-5 所示。

例 4-5-5 使用 keys()方法和迭代器查询字典。

```
d = {'name': '小明','id':1, 'dept': '计算机'}
for key in d.keys() :                        # keys()方法
...     print(key, d[key] , end='\t')

for key in d :                               # 迭代器
...     print(key, d[key] , end='\t')
```

以上实例输出结果如下：

```
name  小明    id 1   dept  计算机
name  小明    id 1   dept  计算机
```

在使用“<字典>[<键>]”来获取字典元素值时，如果字典的键是数字，则要注意区分字典的数字 key 和列表下标的不同。这时候和列表下标表现形式类似，但含义相差很大。字典是无序的，不存在下标值的含义，千万不能理解为类似列表的下标值。字典元素是没有下标值的，单个元素值只能通过 key（键）读取。字典元素的操作访问如例 4-5-6 所示。

例 4-5-6 访问字典操作实例。

```
dict1 = {}
dict1[1] = "第一个学生"   #数字 1 是字典的键，不是下标，此处是添加
dict1[2] = "第二个学生"
```

```
dict2 = {'name': '小明','id':1, 'dept': '计算机'}
print(dict1[1])            # 输出键为 1 的值
print(dict1[2])            # 输出键为 2 的值
print(dict1)               # 输出 dict1 完整的字典
print(dict2)               # 输出 dict2 完整的字典
print(dict2.keys())        # 输出所有键
print(dict2.values())      # 输出所有值
print("dict2['name']: ", dict2['name'])
print("dict2['dept']: ", dict2['dept'])
```

以上实例输出结果如下：

```
第一个学生
第二个学生
{1: '第一个学生', 2: '第二个学生'}
{'name': '小明', 'id': 1, 'dept': '计算机'}
dict_keys(['name', 'id', 'dept'])
dict_values(['小明', 1, '计算机'])
dict2['name']:  小明
dict2['dept']:  计算机
```

有时，想要获取字典中某个键对应的值，但此时又不能确定字典中是否有这个键，则可用<字典>[<键>]方式来获取值，如果字典中没有此键，则执行后会报错误，提示键错误。在这种情况下，可以通过 get()方法，查询相关的值。

get()方法用于返回指定键的值，如果访问的键不在字典中，则返回默认值。具体操作见下一节字典函数 get()部分。

在实际运用中，字典往往和列表结合使用，形成一种相互嵌套关系。字典中可以嵌套字典、列表、元组，同样地，列表中也可以嵌套字典、列表、元组等。下面以列表及字典嵌套为例，说明元素的读取方式。

（1）列表中嵌入字典。列表中，元素为字典，数据如例 4-5-7 中 list1 所示，寻找并输出规定的数据，操作如例 4-5-7 所示。

例 4-5-7 列表中嵌入字典，取值实例。

```
list1=[{"id":10,"tel":123456,"name":"小明"},{"id":9,"tel":123,"name":"李四"}]
print(list1[0]["id"])    #获取小明的学号
```

以上实例输出结果如下：

```
10
```

列表中嵌入字典时，列表是序列数据，可以使用下标值读取到整个字典对象，如要求获取小明的学号，小明在列表的第一个字典中，可以先用“list1[0]”获取到该字典，然后再根据字典的取值方法，使用字典的键（“id”）来获取学号 10。

（2）元组中嵌套字典，对字典元素取值操作方式和列表相同。

（3）字典中再嵌套字典。在字典中嵌套字典时，取值方式和列表字典取值性质相同，将取值过程分解，操作如例 4-5-8 所示。

例 4-5-8 字典中再嵌套字典，取值实例。

```
dict1={"学生 1":{'id': 10, 'tel': 123456, 'name': '小明'}, "学生 2":{'id': 9, 'tel': 123, 'name': '李四'}}
print(dict1["学生 1"]["id"])    #获取小明的学号
```

以上实例输出结果如下：

```
10
```

字典不是序列数据，取值只能通过 key 键进行。小明所在的位置是字典 dict1 中“学生 1”键所对应的值（子字典），可以先通过“dict1["学生 1"]”获取到该字典，然后再继续根据字典的取值方法，使用字典的键（“id”）来获取学号 10。

（4）字典列表相互嵌套。其取值方式和以上取值性质相同，将取值过程分解，嵌套几级就取几次，操作如例 4-5-9 所示。

例 4-5-9 字典列表相互嵌套，取值实例。

```
dict1={"学生 1":{'id': 10, 'tel':[11110000,13900000000], 'name': '小明'}, "学生 2":{'id': 9, 'tel':[2000000,13811111111], 'name': '李四'}}
print(dict1["学生 1"]["tel"][1])  #获取小明的手机号码
```

以上实例输出结果为：

```
13900000000
```

在字典列表相互嵌套中，根据嵌套的情况，进行分析，结合列表取值方法和字典取值方法再具体判定。获取小明的手机号码，小明所在的位置是字典 dict1 中“学生 1”键所对应的值（子字典），可以先通过“dict1["学生 1"]”来获取该字典，然后再继续根据字典的取值方法，使用字典的键（“tel”）来获取小明的电话号码值，小明的电话号码有两个，以列表方式存储，其中手机号码在列表的第二个，再按列表的下标值进行读取。

3. 修改或添加字典元素

字典中的元素都是以“键值对（key：value）”的方式存在的。在字典中，要想修改一个元素的值，可先根据字典中的键名找到所对应的值，然后直接赋值即可。

修改格式如下：

```
字典["键名"]=值
```

如果要新增一个元素，同样采用“字典["键名"]=值”的形式来实现。

注意，字典元素的修改和添加，它们的格式操作完全相同。什么时候是更新，什么时候是添加，取决于字典本身的数据，如果字典中有查找的键（key），则执行更新；如果没有，则进行添加，在字典中加入新键值对（key：value），如例 4-5-10 所示。

例 4-5-10 字典元素修改及添加操作实例。

```
dict1 = {'Name':'小明', 'Age':19, 'major':'计算机'};
dict1['Age'] = 18;                    # 字典中有"Age"键，更新现有元素
dict1['college'] = "Tech";            # 字典中无"college"键，执行添加操作
print("dict1['Age']: ",dict1['Age'])
print("dict1['college']: ",dict1['college'])
```

以上实例输出结果如下：

```
dict1['Age']:  18
dict1['college']:  Tech
```

4. 删除字典元素

可以删除单一的元素也可以清空字典。

单一元素的删除操作：在字典中，元素是以一个键值对方式存在的，删除元素时，取键（key）即可，格式为：

```
del 字典元素
```

删除字典中的班级（键 classes）：del dict_a["classes"]

清空是删除全部元素的处理方式：将所有 key 对应的值连同 key 全部删除，也就是将字典整个内容删除（清空所有元素），格式为：

```
字典对象.clear( )
```

字典对象的删除：从内存中删除整个字典对象，此时对象不再存在，不能访问，格式为：

```
del 字典对象名
```

字典删除方法如例 4-5-11 所示。

例 4-5-11 字典删除操作实例。

```
dict1={"stu_name":"小明","stu_id":1,"stu_age":24}
del dict1["stu_id"]      # 删除键为"stu_id"的键值对
print(dict1)
dict1.clear()            # 删除所有键值对
print(dict1)
del dict1         # 删除字典本身
print(dict1)
```

以上实例输出结果如下：

```
{'stu_name': '小明', 'stu_age': 24}
{}
Traceback (most recent call last):
  File "G:\python\例题\4\例 4-5-9.py", line 7, in <module>
    print(dict1)
NameError: name 'dict1' is not defined
```

删除字典元素、清空字典后，字典对象依然存在，可以访问，如进行删除字典操作，此时字典对象已经被删除，不再存在，此时不可再访问字典，否则会报如例 4-5-11 和例 4-5-12 中所述错误。

例 4-5-12 字典对象删除实例。

```
dict = {'Name': '小明', 'Age': 19, 'Class': 'First'};
print("字典初始值是：",dict)
del dict['Name'];                 # 删除键是'Name'的条目
print("字典删除 Name 键后是：",dict)
dict.clear();                     # 清空词典所有条目
print("字典清空后是：",dict)
del dict ;                        # 删除词典
print("字典删除后是：",dict)
print("字典中 Age 键值是: ", dict['Age'])
```

上述实例运行结果如下，其中最后一句会引发一个异常，因为用 del 命令后字典不再存在。

```
字典初始值是： {'Name': '小明', 'Age': 19, 'Class': 'First'}
字典删除 Name 键后是： {'Age': 19, 'Class': 'First'}
字典清空后是： {}
字典删除后是： <class 'dict'>
Traceback (most recent call last):
  File "G:/教材/Python/例 4-5-10.py", line 9, in <module>
    print("字典中 Age 键值是: ", dict['Age'])
TypeError: 'type' object is not subscriptable
```

5．字典键的特性

字典值可以没有限制地使用任何 Python 对象，既可以是标准的对象，也可以是用户定义的，但键有一定的限制，如可变对象不可作为键。

以下两个重要的点需要记住：

（1）不允许同一个键出现两次。创建时如果同一个键被赋值两次，则后一个值会被记住，余下的将被抛弃，如例 4-5-13 所示。

例 4-5-13 通过键名获取值实例。

```
dict1 = {'Name': '小明', 'Age': 18, 'Name': '张三'};
print("dict1['Name']: ", dict1['Name'])
print(dict1)    #验证 dict1 字典
```

以上实例输出结果如下：

```
dict1['Name']:  张三
{'Age': 18, 'Name': '张三'}
```

如果有同名键，在创建字典时，前一个就会被直接丢弃，可以直接输出 dict1 字典进行验证。

（2）键必须不可变，可以用数、字符串或元组充当，但不能用列表或字典，如例 4-5-14 所示。

例 4-5-14 字典中 key 键嵌入列表情况。

```
dict = {['Name']: '小明', 'Age': 19}
print("dict['Name']: ", dict['Name'])
```

以上实例输出结果如下：

```
Traceback (most recent call last):
  File "G:/Python/例 4-5-12.py", line 1, in <module>
    dict = {['Name']: '小明', 'Age': 19};
TypeError: unhashable type: 'list'
```

此时程序报“unhashable type: 'list'”错误，因为字典的键使用了列表对象。

4.5.3 字典函数

Python 字典包含了以下内置函数，如表 4-5-1 所示。

表 4-5-1 字典内置函数一览表（dict，dict1，dict2 为字典名）

序号	函数及描述
1	dict.clear()删除字典内所有元素
2	dict.copy()返回一个字典的浅复制
3	dict.fromkeys(seq[, value])创建一个新字典，以序列 seq 中元素做字典的键，val 为字典所有键对应的初始值
4	dict.get(key,default=None)返回指定键的值，如果值不在字典中则返回 default 值
5	dict.has_key(key)如果键在字典 dict 中则返回 True，否则返回 False
6	dict.items()以列表形式返回可遍历的（键，值）元组数组
7	dict.keys()以列表形式返回一个字典所有的键
8	dict.setdefault(key,default=None)和 get()类似，但如果键已经不存在于字典中，将会添加键并将值设为 default
9	dict.update(dict2)把字典 dict2 的键值对更新到 dict 中
10	dict.values() 以列表形式返回字典中的所有值
11	cmp(dict1,dict2) 比较两个字典元素
12	len(dict) 计算字典元素的个数，即键的总数
13	str(dict) 输出字典可打印的字符串表示
14	type(dict) 返回输入的变量类型，如果变量是字典就返回字典类型

1. 标准类型的内置函数

标准类型的内置函数有 type()和 str()两个函数。type()用于返回字典的类型，str() 用于返回字典的字符串表示形式，如例 4-5-15 所示。

例 4-5-15 查看字典类型及返回类型。

```
d = {"stu_name":"小明","stu_id":1,"stu_age":18}
print(type(d))
print(str(d))
```

以上实例输出结果如下：

```
<class 'dict'>
{"stu_name":"小明","stu_id":1,"stu_age":18}
```

2. 字典类型专用函数

字典类型专用函数有 dict()、len()和 hash()函数。

（1）dict()函数。dict()函数用来创建字典，如不指出函数的参数，则创建空字典。

如果有参数，则分以下三种情况。

① 参数可以是一个可迭代的容器，即序列、迭代器或一个支持迭代的对象。每个可迭代的元素必须是键值对，即第一个值是字典的键，第二个值是字典的值，如例 4-5-16 所示。

例 4-5-16 dict 使用可迭代参数创建字典实例。

```
s = ['a', 'b', 'c', 'd']
d=dict((s[i],i) for i in range(4))
print(d)
```

以上实例输出结果如下：

```
{'a':0,'b':1,'c':2,'d':3}
```

② 参数为映射对象之一的字典。这种调用会从参数（字典）中复制内容生成一个新的字典，新字典相当于参数字典的浅复制，这种方法与字典的方法 copy()一样，但后者的生成速度快。在本章 4.7 节中将重点阐述浅复制与深复制。dict 映射参数如例 4-5-17 所示。

例 4-5-17 dict 映射参数创建字典实例。

```
d = {"stu_name":"小明","stu_id":1,"stu_age":18}
d2 = d
print(d2 is d)                  # 判断 d2 和 d 是否同一个对象
d3 =dict(d)
print(d3 is d)                  # 判断 d3 和 d 是否同一个对象
d[1]=500
print(d)
print(d2)                       # d2 跟随 d 变化
print(d3)                       # d3 不变化，浅复制
```

以上实例输出结果如下：

```
True
False
{'stu_name': '小明', 'stu_id': 1, 'stu_age': 18, 1: 500}
{'stu_name': '小明', 'stu_id': 1, 'stu_age': 18, 1: 500}
{'stu_name': '小明', 'stu_id': 1, 'stu_age': 18}
```

③ 参数为“键=值”形式的列表，这种情况虽然像第一种情况，但表现形式上没有方括号或圆括号，如例 4-5-18 所示。

例 4-5-18 dict 使用“键=值”参数创建字典实例。

```
d = dict(A=65, B=66, C=67, D=68)
d2 = dict(**d)
print(d2)
d3 = d.copy()
print(d3)
```

以上实例输出结果如下：

```
{'D': 68, 'A': 65, 'C': 67, 'B': 66}
{'D': 68, 'A': 65, 'C': 67, 'B': 66}
```

（2）len()函数。len()函数用于返回键值对的数目，也可以用在序列、集合对象上，如例 4-5-19 所示。

例 4-5-19 计算字典中键值对的个数操作实例。

```
d = {'A': 65, 'B':66, 'C': 67, 1: 100}
print(len(d))
```

以上实例输出结果如下：

```
4
```

（3）hash()函数。hash()函数用来判断一个对象是否可以作为字典的键。可以的话，hash()

函数返回一个整数值（哈希值）；不可以的话，会返回异常。如果两个对象有相同的值，那么它们的返回值相同，而且用它们作为字典的键时，只取其值作为键，只有一个键值对，如例4-5-20 所示。

例 4-5-20 判断对象是否能作为字典的键操作实例。

```
a = b = 'A'          # a、b 值相同
hash(a)              # 返回相同哈希值
hash(b)              # 返回相同哈希值
d = {a:5,b:6}
print(d)             # a 和 b 相同，所以 d 只有一个键值对，值取后一次给值
hash(d)              # 字典 d 不能再作键了
```

以上实例输出结果如下：

```
{'A': 6}
Traceback (most recent call last):
  File "<interactive input>", line 1, in <module>
TypeError: unhashable type: 'dict'
```

（4）clear()、copy()、items()、keys()和 values()方法。这 5 个方法功能意义明确、形式简单。使用方式均为“字典对象.方法名（）”。

clear()用于清空字典元素。

copy()用于复制字典。

items()以列表形式返回可遍历的（键，值）元组数组。

keys()获取字典的键。

values()获取字典的值。

举例说明如例 4-5-21 所示。

例 4-5-21 复制及清除字典操作实例。

```
d = {'A': 65, 'B':66, 'C': 67, 'D': 68}
print("字典的元素：",d.items())
print("字典的键：",d.keys())
print("字典的值：",d.values())
d2 = d.copy()
print("复制的字典：",d2)
d2.clear()
print("清空元素的字典：",d2)
```

以上实例输出结果如下：

```
字典的元素：  dict_items([('A', 65), ('B', 66), ('C', 67), ('D', 68)])
字典的键：  dict_keys(['A', 'B', 'C', 'D'])
字典的值：  dict_values([65, 66, 67, 68])
复制的字典：  {'A': 65, 'B': 66, 'C': 67, 'D': 68}
清空元素的字典：  {}
```

注意：上面 dict.items()、dict.keys()和 dict.values()的返回结果，不是直接的表，而是一种可迭代的形式。

（5）pop()和 popitem()方法。当<键>在字典中时，pop()方法删除并返回<键>对应的键值对。当<键>不在字典中时，如果有参数 d，则返回参数 d；如果无参数 d，则引发异常，如例 4-5-22 所示。

例 4-5-22　字典 pop()用法实例。

```
d = {'A': 65, 'B':66, 'C': 67, 'D': 68}
print(d.pop('A'))
print("删除 A 键的字典内容是：",d)
print(d.pop('X',100)) #字典中本身没有 X 键，有参数 100
#print(d.pop('Y') #字典中本身没有 Y 键，无参数，此句会引发异常
print("删除 X 键的字典内容是：",d)
```

以上实例输出结果如下：

```
65
删除 A 键的字典内容是： {'B': 66, 'C': 67, 'D': 68}
100
删除 X 键的字典内容是： {'B': 66, 'C': 67, 'D': 68}
```

（6）get()方法。get()方法返回参数<键>对应的值，只要<键>在字典中，指定参数 d 就无意义；如果<键>不在字典中，则返回由参数 d 指定的值，或没有返回值（不指定参数 d），如例 4-5-23 所示。

例 4-5-23　字典 get()用法实例。

```
d = {'A': 65, 'B':66, 'C': 67, 'D': 68}
print(d.get('A',100))
print(d.get('X',100))         #返回参数指定值
print(d.get('X'))             # 没有返回值
```

以上实例输出结果如下：

```
65
100
None
```

（7）setdefault()方法。对在字典中的键，setdefault()方法返回对应的值，参数 d 设置无效；对不在字典中的键，设置键和值，返回设置的值，参数 d 默认为 None。这个方法相当于对字典添加键值对（增加新元素）；同时，当键在字典中，这个方法相当于 get()方法，如例 4-5-24 所示。

例 4-5-24　字典 setdefault()用法实例。

```
d = {'A': 65, 'B':66, 'C': 67, 'D': 68}
print(d.setdefault('A'))
print(d.setdefault('X',100))
print(d)
```

以上实例输出结果如下：

```
65
100
{'A': 65, 'B': 66, 'C': 67, 'D': 68, 'X': 100}
```

（8）update()方法。update()方法是一个更新字典的方法，其实在它增加键值对时，将参数中指出的字典中的键值对加到绑定方法的字典中，如例 4-5-25 所示。

例 4-5-25　字典 update()单参数用法实例。

```
d = {'A': 65, 'B':66, 'C': 67, 'D': 68}
```

```
e = {'F': 70, 'E': 69, 'A': -1}
f = {'G': 71, 'B': -2}
d.update(e)            #只添加一个参数
print(d)
```

以上实例输出结果如下：

```
{'A': -1, 'B': 66, 'C': 67, 'D': 68, 'F': 70, 'E': 69}
```

在字典中，使用 update()方法，当参数是一个字典时，形式可以直接写成字典或“**字典”；当参数是两个字典时，前一个直接写字典，后一个采用“**字典”形式。代码如上所示，此时字典 d 加进了“E”“F”两个键，更改了键“A”对应的值，再让字典 d 保持原值，如例 4-5-26 所示。

例 4-5-26 字典 update()多参数用法实例。

```
d = {'A': 65, 'B':66, 'C': 67, 'D': 68}
e = {'F': 70, 'E': 69, 'A': -1}
f = {'G': 71, 'B': -2}
g = {'H':77,'J':78}
d.update(e,**f,**g)          #添加多个参数
print(d)
```

以上实例输出结果如下：

```
{'A': -1, 'B': -2, 'C': 67, 'D': 68, 'F': 70, 'E': 69, 'G': 71, 'H': 77, 'J': 78}
```

此时字典 d 中加进了“E”“F”“G”“H”“J”五个键，更改了键“A”和键“B”对应的值，再输出字典 d，如例 4-5-27 所示。

例 4-5-27 字典 update()直接写键值用法实例。

```
d = {'A': 65, 'B':66, 'C': 67, 'D': 68}
e = {'F': 70, 'E': 69, 'A': -1}
f = {'G': 71, 'B': -2}
d.update(X=-88,Y=-99,Z=-100) #参数直接写"键=值"的形式
print(d)
```

以上实例输出结果如下：

```
{'A': 65, 'B': 66, 'C': 67, 'D': 68, 'X': -88, 'Y': -99, 'Z': -100}
```

update()方法的参数还有第三种形式，如上面的代码段，参数是“键=值”的列表，此时字典 d 直接添加了“X”“Y”“Z”三个键值对，再输出字典 d，如例 4-5-28 所示。

例 4-5-28 字典 update()多参数混合写法实例。

```
d = {'A': 65, 'B': 66, 'C': 67, 'D': 68}
e = {'F': 70, 'E': 69, 'A': -1}
f = {'G': 71, 'B': -2}
g = {'H':77,'J':78}
d.update(e,**f,**g,X=-88,Y=-99,Z=-100)    #参数混合写法
print(d)
```

以上实例输出结果如下：

```
{'A': -1, 'B': -2, 'C': 67, 'D': 68, 'F': 70, 'E': 69, 'G': 71, 'H': 77, 'J': 78, 'X': -88, 'Y': -99, 'Z': -100}
```

从以上代码中可以看出，update()方法的参数形式不限，可以是定义好的字典，也可以是“键=值”的方式。update()参数个数不限，但不能超出系统的限制。

4.6 Python 集合

数学上，集合（set）是由一组无序的、互异的、确定的对象（成员）汇总成的集体。这些对象称为该集合的元素（SetElements）。Python 语言将数学上的集合概念原封不动地引入到了它的集合类型里。本节的目标是掌握这种集合数据的使用。

【学习目标】

小节目标 1. 了解集合的概念

2. 掌握集合的操作

3. 了解可变集合与不可变集合

4. 了解集合的函数

4.6.1 集合概述

Python 中的集合类型有两种：可变集合（set）和不可变集合（frozenset)。可变集合的元素（成员）是可以添加、删除的，而不可变集合的元素是不可这样做的。可变集合是不可哈希的，不可以作为字典的键或其他集合的元素。不可变集合是可哈希的，可以作为字典的键或其他集合的元素。

在 Python 语言中，可变集合的形式是：一对花括号内有多个元素，元素之间用逗号分隔，没有“{}”，加“{}”表示的是字典，空集以“set()”的集合对象形式表达。

不可变集合的形式是：以不可变集合对象形式表现，以区别于可变集合，具体形式为：

frozenset({<元素 1>，<元素 2>，…，<元素 n>})

空集形式是“frozenset()”或“frozenset({})”。

集合类型的基本操作符及功能如表 4-6-1 所示。

表 4-6-1　集合类型的基本操作符及功能一览表

Python 操作符	对应数学符号	功能
in		判断某对象是否为集合的成员
not in		判断某对象是否不是集合的成员
==	=	相等
!=	≠	不等
<		判断某集合是否为另一个集合的严格子集
<=		判断某集合是否为另一个集合的子集

续表

Python 操作符	对应数学符号	功能
>		判断某集合是否为另一个集合的严格超集
>=		判断某集合是否为另一个集合的超集
&		交集
|		并集
-	-或 \	相对补集或差补
^	Δ	对称差分

4.6.2 集合操作

集合的基本操作包括创建集合、对集合赋值、访问集合中的元素、集合的更新等。

1. 创建集合及对集合赋值

创建集合可使用 set()和 frozenset()函数，这两个函数分别用于创建可变集合和不可变集合。它们的参数形式相同，无参数时，创建空集；有参数时，参数为可迭代对象，也可以直接写入集合元素。可以理解为，有参数的情形就是给集合赋值。操作如例 4-6-1 所示。

例 4-6-1　创建集合及对集合赋值操作实例。

```
s = set()               # 空集
print(s)
print(type(s))
s = {1,2,3}             # 直接写入集合元素
print(type(s))
s=set(["ABC",'XYZ','xyz','123','1',1,1.0])
print(s)
s=set(i for i in range(10))
print(s)
s=frozenset("Python 3.3.3")
print(s)
s= dict((i,0) for i in {1, 'ABC', 'XYZ', 'xyz', '1', '123'})
print(s)
s= dict((i,0) for i in frozenset({'n', 'o', 'h', ' ', '.', 'y', 't', 'P', '3'}))
print(s)
```

以上实例输出结果如下：

```
set()
<class 'set'>
<class 'set'>
{1, 'ABC', 'XYZ', 'xyz', '1', '123'}
{0, 1, 2, 3, 4, 5, 6, 7, 8, 9}
frozenset({'n', 'o', 't', 'h', '3', 'y', ' ', '.', 'P'})
{1: 0, 'ABC': 0, 'XYZ': 0, 'xyz': 0, '123': 0, '1': 0}
{'n': 0, 'o': 0, 't': 0, 'h': 0, '3': 0, 'y': 0, ' ': 0, '.': 0, 'P': 0}
```

从例 4-6-1 中看出，可以用字符串、列表、元组或迭代器等作为参数创建集合，集合的元素可以作为字典的键。

2. 访问集合中的元素

访问集合中的元素是指检查元素是否是集合中的成员，或通过遍历方法显示集合内的成员。操作如例 4-6-2 所示。

例 4-6-2 访问集合中的元素操作实例。

```
s = set(['A', 'B', 'C', 'D'])
# s = {'A', 'B', 'C', 'D'}
print('A' in s)
print('a' not in s)
for i in s:
    print(i, end='\t')
```

以上实例输出结果如下：

```
True
True
B    D    C    A
```

在遍历输出集合时，输出的元素相同，但顺序并不一定相同。上例输出结果“B D C A”仅供参考。

3. 集合的更新

集合的更新包括增加、修改、删除集合的元素等。可以使用操作符或集合的内置方法实现集合的更新动作，如例 4-6-3 所示。

例 4-6-3 集合的更新操作实例。

```
s = set(['A', 'B', 'C', 'D'])
s = s|set('Python')     # 使用操作符"|"
print(s)
s.add('ABC')            # add()方法
print(s)
s.remove('ABC')         # remove()方法
s.update('JAVAEF')      # update()方法
print(s)
del s                   # 删除集合 s
print(s)   #此句将报错误，因为此时集合 s 已经不存在
```

以上实例输出结果如下：

```
{'t', 'B', 'A', 'C', 'D', 'P', 'o', 'y', 'h', 'n'}
{'t', 'B', 'A', 'C', 'D', 'P', 'o', 'y', 'h', 'n', 'ABC'}
{'t', 'B', 'E', 'A', 'C', 'D', 'P', 'V', 'F', 'o', 'y', 'h', 'n', 'J'}
Traceback (most recent call last):
  File "I: /4/例 4-6-3.py", line 10, in <module>
    print(s)   #此句将报错误
NameError: name 's' is not defined
```

增加、修改、删除集合的元素只针对可变集合。对于不可变集合，实施这些操作将会引发异常。

4. 集合操作符

集合操作符分为：标准类型操作符、集合类型专用操作符、复合操作符。

（1）集合所使用的标准类型操作符，包括成员关系（in 和 not in）、集合相等与不相等（== 和!=）两种，判断集合是否为同一集合可以通过比较集合是否相等来判断，如例 4-6-4 所示。

例 4-6-4 集合的等价判断操作实例。

```
s = {'A', 'B', 'C', 'D'}
t = frozenset(['A', 'B', 'C', 'D'])
print(s == t)
print(s != t)
```

以上实例输出结果如下：

```
True
False
```

子集与超集：一个集合是另一个集合的子集表示为前者中的元素都在后者中，且后者中有或没有元素不在前者的集合中。如果是严格子集，则后者必须有元素不在前者中。

对于两个集合 s 和 t，如果 s 是 t 的子集（严格子集），则 t 是 s 的超集（严格超集）。

子集用“<和<=”操作符进行判断，超集用“>和>=”进行判断，如例 4-6-5 所示。

例 4-6-5 集合的子集与超集判断操作实例。

```
s = {'A', 'B', 'C', 'D'}
t = frozenset(['A', 'B', 'C', 'D'])
print(s>t)
print(s>=t)
t = frozenset(['A', 'B', 'C', 'D', 'E'])
print(t)
```

以上实例输出结果如下：

```
False
True
frozenset({'E', 'A', 'B', 'D', 'C'})
```

not、and 和 or：集合还可以使用三个逻辑操作符，即 not、and 和 or。使用这三个逻辑操作符时，将空集理解为 0，非空集理解为 1，not 用于测试集合是否为空集，返回 True 或 False。and 和 or 的操作是，如果是空集与非空集操作，则 and 操作返回空集，or 操作返回非空集；如果是两个非空集操作，则 and 操作返回右边集合，or 操作返回左边集合。这些操作实际意义不大，了解即可。

（2）集合类型专用操作符。集合类型专用操作符包括 4 个操作符：并操作符（|）、交操作符（&）、差补操作符（-）、对称差分操作符（^）。

对于这 4 个操作符，如果操作符两边的集合是同类型的，产生的集合的类型依然是这个类型；但当两边的集合类型不一致时，结果集合的类型与左操作对象一致，如例 4-6-6 所示。

例 4-6-6　集合的专用操作符操作示例。

```
s = {'A', 'B', 'C', 'D', '1'}
t = frozenset(['A', 'B', 'C', 'D', 'E', '-1'])
print(s | t)   #  可变集合
print(t | s)          #  不可变集合
print(t & s)         #  不可变集合
print(t - s) #  不可变集合
print(t ^ s) #  不可变集合
```

以上实例输出结果如下：

```
{'B', '1', '-1', 'C', 'D', 'A', 'E'}
frozenset({'B', '1', '-1', 'C', 'D', 'A', 'E'})
frozenset({'B', 'C', 'D', 'A'})
frozenset({'-1', 'E'})
frozenset({'1', '-1', 'E'})
```

（3）复合操作符，有 4 个。4 个复合操作符是集合类型专用符的 4 个操作符（|、&、-和^）分别与赋值符相结合构成增量赋值操作符，它们是|=、&=、-= 和 ^=，如例 4-6-7 所示。

例 4-6-7　集合的复合操作符操作实例。

```
s = {'A', 'B', 'C', 'D', '1'}
t = frozenset(['A', 'B', 'C', 'D', 'E', '-1'])
t |= s
print(t)
```

以上实例输出结果如下：

```
frozenset({'E', '-1', 'C', 'B', 'A', '1', 'D'})
```

通过赋值得到的集合，等于创建一个新集合，不是修改原集合！

4.6.3　集合函数

集合可用的函数与方法包括标准类型函数、集合类型专用的方法（没有相应的函数）和仅适用于可变集合的方法，下面介绍前两种。

1. 标准类型函数

这类函数是内置的，用于集合的有 3 个，它们是 len()、set()和 frozenset()。

2. 集合类型专用的方法

（1）所有集合使用的方法，如表 4-6-2 所示。

表 4-6-2　集合类型方法一览表

方法名	功能描述
s.issubset(t)	如果 s 是 t 的子集，则返回 True，否则返回 False
s.issuperset(t)	如果 s 是 t 的超集，则返回 True，否则返回 False

续表

方法名	功能描述
s.union(t)	返回一个新集合，该集合是 s 和 t 的并集
s.intersection(t)	返回一个新集合，该集合是 s 和 t 的交集
s.difference(t)	返回一个新集合，该集合是 s 和 t 的相对补集（其元素仅属于 s 不属于 t）
s.symmetric_difference(t)	返回一个新集合，该集合是 s 和 t 的对称差分（其元素仅属于 s 或 t，但不能同时属于这两个集合）
s.copy()	返回一个新集合，它是 s 的浅复制

（2）可变集合使用的方法，如表 4-6-3 所示。

表 4-6-3　可变集合使用的方法一览表

方法名	功能描述
s.update(t)	用 s 和 t 的并集代替 s
s.intersection_update(t)	用 s 和 t 的交集代替 s
s.difference_update(t)	用 s 和 t 的相对补集代替 s
s.symmetric_difference_update(t)	用 s 和 t 的对称差分集合代替 s
s.add(obj)	对集合 s 添加一个对象 obj
s.remove(obj)	删除集合 s 的元素 obj，如果 obj 不在 s 中，引发错误
s.discard(obj)	如果 obj 在 s 中，删除集合 s 的元素 obj
s.pop()	删除集合 s 的任意对象，并返回它
s.clear()	删除集合 s 的所有元素

4.7　对象的浅复制与深复制

Python 中的赋值语句不会对对象进行复制，仅仅是将变量名指向对象。对于不可修改的对象来说，这种机制不会影响日常使用。但是，对于可修改的对象，有时需要对该对象做一个真正的复制，修改复制过来的对象不会影响原来的对象。本节的目标是掌握浅复制与深复制的使用。

【学习目标】

小节目标　1. 了解和掌握列表与字典对象的浅复制

2. 了解和掌握列表与字典对象的深复制

在 Python 中，对象的管理是通过对象引用计数器来实现的。如果某个对象的引用计数器变为 0，那么该实例化对象将无法再被获取，系统会自动将其消亡并回收相应的内存，这也是内存管理机制。

Python 中内置的可修改的集合类对象，比如列表、字典、集合等，可以直接使用对应的方法进行复制。

需要注意的是，对于复合类型的对象，比如列表、字典、集合等，复制有浅复制与深复制两种类型。浅复制会创建新的内存来保存一些东西，但是它并不会将原对象进行彻底的复制。它会对字符串、数值类型进行值的复制，但是对列表、字典来说，它仅仅复制引用。也就是说，浅复制仅仅复制表层的一些东西，对于子对象并不复制。深复制会将原对象进行彻底的复制，无论是表层还是子对象。

本节中，讨论 Python 对象的引用、浅复制与深复制的概念。

4.7.1 浅复制

对于列表和字典这样的可变容器对象，可以实现两种复制操作：浅复制和深复制。浅复制会创建一个新的对象，但其仍然引用对象中的元素，把存放变量的地址值传给被赋值，原对象和浅复制创建的新对象引用了同一个地址。浅复制通过切片、函数、方法操作实现，如例 4-7-1 所示。

例 4-7-1 对象的浅复制。

```
a = [1, 2, [3, 4]]
b = a                    # 引用，不是浅复制
c = list(a)              # 浅复制
d = a[:]                 # 浅复制
print(b is a)
print(c is a)
print(d is a)
```

以上实例输出结果如下：

```
True
False
False
```

由于 c 和 d 是新对象，所以 a、c、d 的元素变化不影响其他对象。在例 4-7-1 的基础上添加以下代码继续执行，进一步观察浅复制的情况。

```
d.append(100)            # d 变化
c[0] = 700               # c 变化
print(c)
print(d)
print(a)                                 # a 没有变化
#浅复制不保护某个对象的二级元素（元素的元素）！！！
a[2][0] = 777            # a 变化
print(a)
print(c)                                 # c 跟随变化
print(d)                                 # d 跟随变化
```

以上实例输出结果如下：

```
True
False
False
[700, 2, [3, 4]]
[1, 2, [3, 4], 100]
```

```
[1, 2, [3, 4]]
[1, 2, [777, 4]]
[700, 2, [777, 4]]
[1, 2, [777, 4], 100]
```

在例子中，可以发现，使用浅复制，如果子元素是可变对象，则子元素会随着被复制对象的改变而改变。因此，在使用列表或字典时，要注意嵌套的子元素，嵌套的子元素不包含可变对象。

4.7.2 深复制

深复制是为了避免浅复制不保护对象的二级、二级以下的元素的情况，深复制没有内置的操作手段，借助于标准库中 copy 模块的 deepcopy()函数实现，如例 4-7-2 所示。此处只是了解深复制的方法，模块的使用在后述章节中介绍。

例 4-7-2 深复制实例。

```
from copy import *
a = [1, 2, [3, 4]]
b = deepcopy(a)
b[2][1] = 'deepcopy'
print(a is b)
print(b)
print(a)
```

以上实例输出结果如下：

```
False
[1, 2, [3, 'deepcopy']]
[1, 2, [3, 4]]
```

深复制是指被赋值的变量开辟了另一块地址用来存放要赋值的变量的值（内容）。在 Python 中引用 copy 模块，copy 模块中有 deepcopy()方法，调用它完成变量的深复制。此时，在可变对象中，使用深复制，对象 b 复制了 a 对象的元素，并不是引用 a，所以 a 和 b 并不是同一对象，因此操作并不会相互影响。

4.8 推导式

推导式分为列表推导式（list）、字典推导式（dict）、集合推导式（set）三种。其操作格式类似三目运算符。本节的目标是掌握推导式的使用。

【学习目标】

小节目标 1. 了解并掌握列表推导式
2. 了解并掌握字典推导式
3. 了解集合推导式

4.8.1 列表推导式

列表推导式并不是特别的技术，它是一种创建列表的简洁方法，能快速生成一个列表。列表推导式是 Python 基础、好用而又非常重要的功能，也是最受欢迎的 Python 特性之一，可以说掌握它是成为合格 Python 程序员的基本标准。本质上可以把列表推导式理解成一种集合了变换和筛选功能的函数，通过这个函数把一个列表转换成另一个列表。注意，转换后的列表是另一个新列表，原列表保持不变。

列表推导式书写形式如下：

```
[表达式 for 变量 in 列表] 或者 [表达式 for 变量 in 列表 if 条件]
```

格式：用中括号括起来，中间用 for 语句，后面跟 if 语句用作判断，满足条件的则传到 for 语句前面。列表推导式的使用方式如例 4-8-1 所示。

例 4-8-1 使用普通方式创建一个列表，元素为 1 到 9 的整数。

```
list1=[]
for i in range(10):
    list1.append(i)
print("list1=",list1)
```

以上代码，可以使用列表推导式来实现，在上例中追加如下代码：

```
list2 = [i for i in range(10)]
print("list2=",list2)
```

以上实例输出结果如下：

```
list1= [0, 1, 2, 3, 4, 5, 6, 7, 8, 9]
list2= [0, 1, 2, 3, 4, 5, 6, 7, 8, 9]
```

可以发现，list1 和 list2 生成的列表完全相同，但列表推导式的代码更为简洁明了。

在列表推导式中，还可以进行相关运算，如例 4-8-2 所示。

例 4-8-2 使用列表推导式对列表中的每个元素进行立方运算。

```
list1= [1, 2, 3, 4, 5, 6, 7, 8, 9, 10]
list2= [x ** 3 for x in list1]
print(list1)
print(list2)
```

以上实例输出结果如下：

```
[1, 2, 3, 4, 5, 6, 7, 8, 9, 10]
[1, 8, 27, 64, 125, 216, 343, 512, 729, 1000]
```

在列表推导式中，可以使用带条件的变换功能。如例 4-8-3 所示，进行偶数的筛选。

例 4-8-3 使用带条件的列表推导式对列表中为偶数的元素进行立方运算。

```
list1= [1, 2, 3, 4, 5, 6, 7, 8, 9, 10]
list2= [x ** 3 for x in list1    if x % 2 == 0]
print(list2)
```

以上实例输出结果如下：

```
[8, 64, 216, 512, 1000]
```

从以上结果可以看出有筛选条件的话是先筛选再变换，即先筛掉不满足条件的元素，再进行变换运算。

for 语句前面的表达式，经过计算，最终留在新建的 list 列表中，for 循环是一个不断取值的过程，只有满足 if 语句的元素才有资格参与 for 语句前面的表达式计算。

可以同时添加多个筛选条件，如对大于 5 的且是偶数的元素进行立方运算，如例 4-8-4 所示。

例 4-8-4 多个筛选条件的列表推导式操作实例。

```
list1= [1, 2, 3, 4, 5, 6, 7, 8, 9, 10]
list2= [x ** 3 for x in list1 if x % 2 == 0 if x > 5]
print(list2)
```

以上实例输出结果如下：

```
[216, 512, 1000]
```

列表推导式的使用非常广泛，从实际使用经验来看，列表推导式使用的频率是非常高的，也是相当好用的。

4.8.2 字典推导式

字典推导式，和列表推导式的用法差不多，只不过其存在 key 和 value，使用的是 {}。

表达式格式如下：

```
{ 键: 值 for 变量 in 原始字典或者列表 if 条件 }
```

快速生成一个字典，如例 4-8-5 所示。

例 4-8-5 快速生成一个字典实例。

```
#快速兑换字典键—值
mca={"a":1, "b":2, "c":3, "d":4}
dicts={v:k for k,v in mca.items()}
print dicts
```

以上实例输出结果如下：

```
{1: 'a', 2: 'b', 3: 'c', 4: 'd'}
```

在例 4-8-5 中，原始数据是一个字典，通过原字典快速生成一个新的字典。如果原数据是列表，则需要构建“键值对”以生成字典，通常以列表元素及元素索引位置值来构建“键值对”，如例 4-8-6 所示。

例 4-8-6 使用列表通过字典推导式创建字典。

```
# 用字典推导式以序列及其索引位置创建字典
# 代码如下:
strings = ['import','pip','python']
d = {key: val for val,key in enumerate(strings)}
```

```
# 用字典推导式以序列以及其长度位置创建字典
s = {strings[i]: len(strings[i]) for i in range(len(strings))}
k = {k:len(k)for k in strings}   #相比上一个写法简单很多
print(d)
print(s)
print(k)
```

以上实例输出结果如下：

```
{'pip': 1, 'python': 2, 'import': 0}
{'pip': 3, 'python': 6, 'import': 6}
{'pip': 3, 'python': 6, 'import': 6}
```

在上例中，enumerate() 函数将可遍历的列表对象（也可以是元组或字符串）组合为一个索引序列，同时列出数据和数据下标（常用于 for 循环当中），通过此函数，结合使用字典推导式，以序列及其索引位置创建字典。

在数据采集分析中，有些字典的键，字母相同但大小写形式不一，此时需要合并两者的值。在这种情况下，使用其他语法比较麻烦，但使用 Python 的字典推导式可以很容易地实现，操作如例 4-8-7 所示。

例 4-8-7 使用字典推导式合并值。

```
dict1= {'a': 10, 'b': 34, 'A': 7, 'Z': 3}
s1 = {k.lower(): dict1.get(k.lower(), 0) + dict1.get(k.upper(), 0) for k in dict1.keys()}
print(s1)
```

以上实例输出结果如下：

```
{ 'a': 17, 'z': 3, 'b': 34}
```

从上例中可以发现，同一个字母但不同大小写的值被合并起来了。

4.8.3 集合推导式

集合推导式功能跟列表推导式差不多，都是对一个列表的元素全部执行相同的操作，但集合是一种无重复无序的序列。

集合推导式跟列表推导式的区别在于：

（1）它不使用中括号，使用大括号。

（2）其结果中无重复数据。

（3）其结果是一个 set()集合，集合中是一个序列。

例 4-8-8 使用集合推导式操作实例。

```
s={i*2 for i in [1,1,2]}
print s
```

以上实例输出结果如下：

```
{2, 4}
```

4.9 实训4：创建学生信息管理系统用户数据

【任务描述】

一个简单的学生信息管理系统，可以先使用列表中嵌套字典保存学生数据，然后写入数据文件（写文件功能在第8章文件处理中介绍）。学生的数据样式如下：

```
stu_list=[{"stu_name": "小明", "stu_id": 1, "stu_age": 18}]
```

请用所学的知识创建学生数据列表，并能实现修改。

要求列表中嵌套字典，学生的数据（姓名、学号和年龄等）必须通过键盘输入。接收到键盘输入的数据后，将数据写入到字典中，每个学生的信息组成一个字典并存储到列表中。列表中每一个字典对应一个学生的信息。

【操作提示】

启动IDLE，选择“File”→“New File”命令，打开IDLE编辑器，在代码编辑窗口中输入。

- 定义空列表和空字典。
- 循环接收学生的信息输入，直到退出。

【参考代码】

```
stu_list=[]
stu_dict={}
while True:
    stu_name=input("请输入学生姓名：")
    stu_id=input("请输入学生学号：")
    stu_age=input("请输入学生年龄：")
    if stu_name!="" and stu_id!="" and stu_age!="" :
        stu_dict["stu_name"]=stu_name
        stu_dict["stu_id"]=stu_id
        stu_dict["stu_age"]=stu_age
        stu_list.append(stu_dict)
        print(stu_list)
        input_num=input("退出请按0,其他按键继续输入：")
        if input_num=="0":
            break
    else:
        print("学生信息需要正确输入，不能为空！")
```

【本章习题】

一、判断题

1．Python 支持使用字典的“键”作为下标来访问字典中的值。(　　)

2．列表可以作为字典的“键”。(　　)

3．元组可以作为字典的“键”。(　　)

4．Python 字典中的“键”不允许重复。(　　)

5．Python 字典中的“值”不允许重复。(　　)

6．Python 列表中所有元素必须为相同类型的数据。(　　)

7．Python 中的列表、元组、字符串都属于有序序列。(　　)

8．已知 A 和 B 是两个集合，并且表达式 A<B 的值为 False，那么表达式 A>B 的值一定为 True。(　　)

9．列表对象的 append()方法属于原地操作，用于在列表尾部追加一个元素。(　　)

10．使用 Python 列表的方法 insert()为列表插入元素时会改变列表中插入位置之后元素的索引。(　　)

11．使用 del 命令或者列表对象的 remove()方法删除列表中元素时会影响列表中部分元素的索引。(　　)

12．已知列表 x = [1, 2, 3]，那么执行语句 x = 3 之后，变量 x 的地址不变。(　　)

13．使用列表对象的 remove()方法可以删除列表中首次出现的指定元素，如果列中不存在要删除的指定元素则抛出异常。(　　)

14．元组是不可变的，不支持列表对象的 inset()、remove()等方法，也不支持 del 命令删除其中的元素，但可以使用 del 命令删除整个元组对象。(　　)

15．当以指定“键”为下标给字典对象赋值时，若该“键”存在则表示修改该“键”对应的“值”，若不存在则表示为字典对象添加一个新的“键值对”。(　　)

16．假设 x 是含有 5 个元素的列表，那么切片操作 x[10:]是无法执行的，会抛出异常。(　　)

17．只能对列表进行切片操作，不能对元组和字符串进行切片操作。(　　)

18．只能通过切片访问列表中的元素，不能使用切片修改列表中的元素。(　　)

19．表达式 {1, 3, 2} > {1, 2, 3} 的值为 True。(　　)

20．列表对象的 extend()方法属于原地操作，调用前后列表对象的地址不变。(　　)

二、填空题

1．表达式[1, 2, 3]*3 的执行结果为________。

2．表达式[3] in [1, 2, 3, 4]的值为________。

3．列表对象的 sort()方法用来对列表元素进行原地排序，该函数返回值为________。

4．假设列表对象 aList 的值为[3, 4, 5, 6, 7, 9, 11, 13, 15, 17]，那么切片 aList[3:7]得到的值是________。

5．使用列表推导式生成包含 10 个数字 5 的列表，语句可以写为________________。

6．假设有列表 a = ['name', 'age', 'sex']和 b = ['小明', 18, '男']，请使用一个语句将这两个列表的内容转换为字典，并且以列表 a 中的元素为“键”，以列表 b 中的元素为“值”，这个语句可以写为________________。

7．任意长度的 Python 列表、元组和字符串中最后一个元素的下标为________。

8．Python 语句 list(range(1,10,3))执行结果为________________。

9．表达式 list(range(5))的值为________________。

10．已知 a = [1, 2, 3]和 b = [1, 2, 4]，那么 id(a[1])==id(b[1])的执行结果为________。

11．切片操作 list(range(6))[::2]的执行结果为________________。

12．使用切片操作在列表对象 x 的开始处增加一个元素 3 的代码为________________。

13．字典中多个元素之间使用________分隔开，每个元素的“键”与“值”之间使用________分隔开。

14．字典对象的________方法可以获取指定“键”对应的“值”，并且可以在指定“键”不存在的时候返回指定值，如果不指定则返回 None。

15．字典对象的________方法返回字典中的“键值对”列表。

16．字典对象的________方法返回字典的“键”列表。

17．字典对象的________方法返回字典的“值”列表。

18．已知 x = {1:2}，那么执行语句 x[2] = 3 之后，x 的值为________。

19．表达式 set([1, 1, 2, 3])的值为________________。

20．使用列表推导式得到 100 以内所有能被 13 整除的数的代码可以写作____________。

三、程序题

1．数据简单加密问题。

从前有一个称为“rot13”的简单加密方法，原理是：对于一个报文中出现的任何字母用其后（字母顺序）的第 9 个字母代替，循环实现，即字母表的前 9 个字母用对应的后 9 个字母表示。举例说明：字母'A'用'J'代替，'B'用'K'代替，…，'M'用'V'，…，'Z'用'I'；小写字母同样类似。

问题是：用字符串给出一串报文，要求输出这串报文的密文。

第一步，建立一个字典，将大小写 52 个字母作为键的字典，键对应的值也是字母，就是要代替的字母。第二步，根据字符串中的字母，在字典中查找键并返回对应的值。值记录在一个列表中。第三步，根据列表将列表中的元素整合为字符串，这个串就是密文。

2．计算身份证号的校验码。

计算身份证号的校验码，根据身份证号的前 17 位，输入数字，并将字符转换为数字，根据给定的权值表及相应的身份证号检验码，进行校验码的计算。

3．设计一个字典 dict1，name 键为用户名，pwd 键为密码。首先设计一个注册登录检查程序，将用户名和密码注册到字典中，然后进行登录，用户名和密码都正确时则输出“欢迎（用户名）登录”信息，用户名或密码不正确时则提示“用户或密码错误,请重新登录!”。

第 4 章习题参考答案

第 5 章　代码复用——函数

在开发程序过程中，需要多次使用某块代码时，为了提高编写的效率和代码的重用，把具有独立功能的代码块组织为一个小模块，这就是函数。

在高级语言程序中，函数能提高应用的模块性和代码的重复利用率。因此，函数是组织好的、可重复使用的、用来实现单一或相关联功能的代码段。

教学导航

学习目标　1. 了解函数的概念
2. 掌握函数的定义和调用
3. 掌握函数的参数
4. 掌握函数的返回值
5. 掌握函数的嵌套调用

教学重点　1. 函数的定义和调用
2. 函数的参数
3. 函数的返回值

教学方式　案例教学法、分组讨论法、自主学习法、探究式训练法

课时建议　6 课时

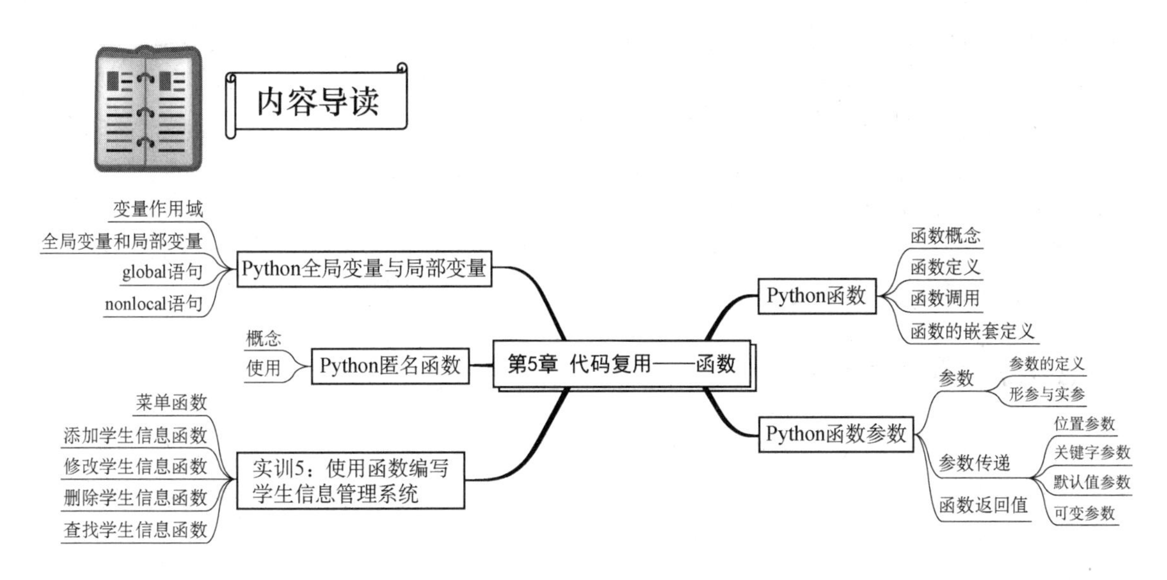

5.1 Python 函数

Python 提供了许多内建函数，比如基本输入/输出语句中所提到的 input()和 print()，也可以自己创建函数，这叫作用户自定义函数。要写好函数，必须清楚函数的组织格式（即函数如何定义）；要用好函数，则必须把握函数的调用机制。本节介绍函数概念、定义及调用等函数基础知识。

【学习目标】

小节目标 1. 了解函数的概念
2. 掌握函数的定义及调用
3. 了解函数的嵌套定义

要编好一个较大的程序，通常需要合理划分程序中的功能模块。这些功能模块在程序设计语言中被称为函数。虽然函数的表现形态各异，但共同的本质就是有一定的组织格式和被调用格式。

5.1.1 函数概念

使用函数有两个目的：分解问题，降低编程难度；代码重用。

把实现某一特定功能的相关语句按某种格式组织在一起形成一个程序单位，并给程序单位取一个相应的名称，这样的一个程序单位就叫函数（Function）。函数有时也称为例程或过程。而给程序单位所起的名称称为函数名。

Python 语言的函数分为用户自定义函数、系统内置函数和 Python 标准库（模块中定义的）中的函数。

系统内置函数是用户可直接使用的函数。Python 标准库中的函数，要导入相应的标准库，才能使用其中的函数。用户自定义函数是用户自己定义的函数，只有定义了这个函数，用户才能调用。

一个函数被使用就是指这个函数被调用。函数调用通过调用语句实现，调用语句所在的程序或函数称为调用程序或调用函数；被调用的函数简称为被调函数。调用语句需要指定被调用函数的名字和调用该函数所需要的信息（参数）。

调用语句被执行的过程是被调函数中的语句被执行，被调函数执行完后，返回调用语句的下一句，返回时可以反馈结果给调用语句。

5.1.2 函数定义

建立函数的一段程序（这段程序表达函数的功能）就是函数定义。在程序中使用这个函数称调用这个函数。在程序中可以多次、反复地调用一个定义了的函数。函数必须先定义后使用（调用）。定义一个由自己想要功能的函数，以下是简单的规则：

- 函数代码块以 def 关键词开头，后接函数标识符名称和圆括号（）。
- 函数的命名规则和对象变量相同，不能以数字开头，不得与关键字同名。
- 任何传入的参数和自变量必须放在圆括号中间。圆括号之间可以用于定义参数。
- 函数的第一行语句可以选择性地使用文档字符串——用于存放函数说明。
- 函数内容以冒号起始，并且缩进。
- return[expression]结束函数，选择性地返回一个值给调用方。不带表达式的 return 相当于返回 None。

函数的定义格式为：

```
def <函数名>（<参数表>）:
    <函数体>
return 表达式
```

其中，<函数名>是任何有效的 Python 标识符，<参数表>是用“,”分隔的参数，参数个数可以是 0 个、1 个或多个，参数用于调用程序在调用函数时向函数传递值。

写在函数定义语句（def 语句）中的函数名后面的圆括号中的参数称为形式参数，简称形参。形参只能是变量。形参也只能在函数被调用时才分配内存单元，调用结束时释放所分配的内存单元。

写在调用语句中的函数名后面的圆括号中的参数称实际参数，简称实参。实参可以是常量、变量、表达式，在实施函数调用时，实参必须有确定的值。

<函数体>是函数被调用时执行的代码段，它至少要有一条语句。函数定义示例如例 5-1-1 所示。

例 5-1-1 定义一个打印信息的函数。

```
def  print_info():
    #打印提示信息，返回输入信息
    print("欢迎访问学生信息管理系统，请按提示输入操作！")
    print("1.添加学生信息")
    print("2.删除学生信息")
    print("3.修改学生信息")
    print("4.查询学生信息")
```

```
        print("5.浏览学生信息")
        print("6.退出系统")
```

在此例中，只是定义了函数，并没有调用函数，所以运行时，不会有任何结果，因为此时函数还没有被使用。函数定义后，如果要使用，则必须进行函数调用。

5.1.3 函数调用

定义一个函数时只给了函数一个名称，以及指定了函数里包含的参数和代码块结构。

函数只是一个代码块，本身是不会自动加载执行的，必须要有相关的调用。在面向对象的程序操作中，除了默认主函数和构造函数，其他函数必须通过编写代码调用后方可执行，一般是程序函数的结构完成以后，通过另一个函数调用执行的。当然，也可以直接从 Python 提示符执行。函数的调用方式很简单，通过“函数名（）”就可以完成调用。

如要执行例 5-1-1 所示的函数代码，调用 print_info()函数即可。代码如下：

```
#定义函数后，函数如果要执行，需要在函数体外部调用它
print_info()
```

函数调用的格式如下：

```
函数名（[参数表]）
```

其中，函数名是事先定义的函数名。此时参数表中的参数不再是形参，而应该是实参，此参数表可以由多个实参组成，中间使用逗号“,”分隔，实参需要有明确的值。

在 Python 中，实参的个数可以和形参相同，也可以少于形参的个数，如果实参的个数少于形参的个数，那么形参需要设置默认值。带参数函数使用实例如例 5-1-2 所示。

例 5-1-2 函数带参数调用实例。

```
def  sum(a) :
    i = 1
    s = 0
    while i<=a :
        s = s+i
        i = i+1
    return s
n = eval(input("n= "))
y = sum(n)
print("1+2+3+...+",n,"的和是  ", y)
```

程序运行后，要求输入 n 的值，输入 100，结果显示如下：

```
n= 100
1+2+3+...+ 100 的和是   5050
```

以上实例中，倒数第二行代码 y = sum(n)中的 sum(n)即为函数带参调用。在例子中，首先定义了 sum()函数，进行求累计和的操作，在函数体外定义输入一个变量，用来作为函数实参使用，然后调用函数 sum()，并进行输出。

函数调用有以下几种方式：

- 函数语句。函数调用单独出现，一般此时不需要函数的返回值，只是要把函数执行一遍完成函数的操作。
- 函数表达式。在表达式中调用函数，此时一般需要函数的返回值。这时函数的返回值被当作一个参与表达式运算的数据对象。
- 函数作参数。可以将函数调用得到的值作为其他函数调用的实际参数。

注意：函数调用时要做的工作与步骤。

（1）保存现场。如果是以函数语句形式调用的，调用语句的下一条语句就是现场；如果是以函数表达式或函数作参数的形式调用的，因为函数调用返回后的下一步工作是让返回值参与表达式的计算，就把这一步的工作当成现场。

（2）将实参传递给形参。

（3）程序的执行转向函数。

（4）函数执行完后，恢复现场。函数执行完后，要知道程序返回到什么地方继续执行。

5.1.4 函数的嵌套定义

Python 语言支持函数的嵌套定义。函数的嵌套定义是在函数体内再定义子函数，并实现子函数的调用，如例 5-1-3 所示。

例 5-1-3 嵌套函数定义实例。

```
a=1
def  second():
    b=1+a
    def  thirth():
        c=2+a
        print(c)
    thirth()
    print(b)
second()
print(a)
```

以上实例输出结果如下：

```
3
2
1
```

在例 5-1-3 中，定义了函数 second()。在 second()函数中，又嵌套定义了 thirth()函数。事实上，嵌套定义函数意义并不大。嵌套函数，更多地体现在嵌套调用上，嵌套调用在众多的程序语言中频繁被使用。

Python 定义嵌套函数时，一定要注意缩进。函数是采用缩进来表示级别的。如果不是嵌套函数，则一定要和其他函数同一缩进。

 5.2 Python 函数参数

函数根据有没有参数，有没有返回值，可以相互组合，一共有以下 4 种：

- 无参数，无返回值。
- 无参数，有返回值。
- 有参数，无返回值。
- 有参数，有返回值。

本节介绍函数参数与返回值。

【学习目标】

小节目标
1. 了解函数的参数，掌握函数的必备参数、命名参数、默认参数、不定长参数等。
2. 了解并掌握参数的传递。
3. 了解并掌握函数返回值。

5.2.1 参数

函数可以不使用参数，但不使用参数的函数其使用范围就会受到限制，局限性很大。为了让函数能具有比较高的通用性，需要为函数添加参数。

以下是调用函数时可使用的正式参数类型：必备参数、命名参数、默认参数、不定长参数。

1. 必备参数

必备参数须以正确的顺序传入函数。调用时的参数个数必须和声明时的一样。如果调用时没有必备参数，则程序会提示错误，如例 5-2-1 所示。

例 5-2-1 错误调用实例。

```
def  printme ( str ):
    "打印任何传入的字符串"
    print(str)
    return;
#调用 printme 函数
printme();
```

以上实例输出结果如下：

```
Traceback (most recent call last):
  File "test.py", line 11, in <module>
    printme();
TypeError: printme() takes exactly 1 argument (0 given)
```

如上例所示，调用 printme()函数，必须传入一个参数，不然会出现语法错误。

2. 命名参数

命名参数和函数调用关系紧密，调用方用参数的命名确定传入的参数值。Python 会跳过不传的参数或者乱序传参，因为 Python 解释器能够用参数名匹配参数值。例如，用命名参数调用 printme()函数，如例 5-2-2 所示。

例 5-2-2 调用时使用命名参数实例。

```
def   printme( str ):
    "打印任何传入的字符串"
    print(str)
    return;
#调用 printme 函数
printme( str = "My string");
```

以上实例输出结果如下：

```
My string
```

Python 中，函数参数可以直接传值，如例 5-2-3 所示。

例 5-2-3 命名参数传值顺序。

```
def printinfo( name, age ):
    "打印任何传入的字符串"
    print("Name: ", name)
    print("Age ", age)
    return;
#调用 printinfo 函数
printinfo( age=50, name="miki" )
```

以上实例输出结果如下：

```
Name:   miki
Age   50
```

上例中，函数调用时，使用命名参数，顺序颠倒传参，同样也可以实现。可以发现命名参数顺序并一定需要按形参顺序输出，只要有相应参数即可。

3. 默认参数

定义函数时，可以给函数的参数设置为默认值。也就是说，Python 中，对于形参，还可以使用默认值。如果函数定义中存在带有默认值的参数，该参数及其所有后续参数都是可选的。如果没有给函数定义中的所有可选参数赋值，就会引发 SyntaxError 异常。

调用函数时，默认参数的值如果没有传入，则被认为是默认值，如例 5-2-4 所示。

例 5-2-4 使用默认参数实例。

```
def   printinfo( name, age = 35 ):
    "打印任何传入的字符串"
    print("Name: ", name)
    print("Age ", age)
    return;
#调用 printinfo 函数
printinfo( age=50, name="miki" );
printinfo( name="miki" );
```

以上实例输出结果如下：

```
Name:   miki
Age   50
Name:   miki
Age   35
```

上例中会打印默认的 age。调用时 age 并没有被传入，但 age 参数使用“age= 35”给了默认值。调用时，实参如果不给值，则直接使用默认值。但如果不给 age 默认值，将引发异常。

4. 不定长参数

如果需要一个函数能处理比当初声明时更多的参数，这些参数叫作不定长参数，和上述 2 种参数不同，不定长参数声明时前面需要添加*号，基本语法如下：

```
def functionname([formal_args,] * args_tuple,**args_dict ):
    "函数_文档字符串"
    function_suite
    return [expression]
```

在上述格式中，函数有三个参数，其中[formal_args，]为形参，*args_tuple 和**args_dict 为不定长参数。当调用函数传入参数时，会优先匹配[formal_args，]形参的个数，如果传入参数和形参个数相同，则不定长参数会返回空的元组和字典；如果传入的参数的个数比形参要多，则进行以下处理：

（1）如果参数只有值，那么*args_tuple 不定长参数会以元组形式存放多余的值，此时**args_dict 不定长参数为空字典。

（2）如果参数按键值对方式进行传递，例如"m=100"，则此时**args_dict 不定长参数以字典形式保存这些参数，如{m：100}。

具体示例演示如例 5-2-5 所示。

例 5-2-5　不定长参数传值实例。

```
def   print_info(a,b,*x,**y) :
      print("a 是 ", a)
      print("b 是 ", b)
      print("x 是 ", x)
      print("y 是 ", y)
      print("------------ ")
print_info(3,4)                         #只传两个形参对应个数
print_info(3,4,5,6,7)                   #只传具体值
print_info(3,4,m=1)                     ##只传两个形参对应个数与键值对
print_info(3,4,5,6,7,m=10,n=20)         #传具体值与键值对参数
```

以上实例输出结果如下：

```
a 是  3
b 是  4
x 是  ()
y 是  {}
------------
a 是  3
b 是  4
x 是  (5, 6, 7)
y 是  {}
------------
a 是  3
b 是  4
x 是  ()
```

```
y 是  {'m': 1}
------------
a 是  3
b 是  4
x 是  (5, 6, 7)
y 是  {'m': 10, 'n': 20}
```

从上例可以看出，调用函数 print_info()传入多个数值，这些数值从左到右依次匹配相应的参数。如果形参匹配足够，则多余的数值会组成一个元组和*不定长参数进行匹配。如果参数中有“键=值”数据，则和**不定长参数进行匹配。

5.2.2 参数传递

参数传递方式是指实参向形参传递参数的方式。Python 语言只有一种参数传递方式，就是形参仅仅引用传入对象的名称，这也是其他语言采用的传值方式。这种传值方式是让形参直接引用实参的值。从理论上讲，如果实参是一个变量，则形参变量的变化不会影响实参变量。本章前面的例子采用的都是传值方式。

但是，如果传递的对象是可变对象，在函数中又修改了可变对象，则这些修改将反映到原始对象中。这可以理解为形参影响了实参，其实质是因为在可变对象中，传递的对象和原始对象用的是同一个引用。

参数（自变量）在 Python 中一般是按引用传递的。如果在函数中修改了参数，那么在调用这个函数的主调程序（函数）中，原始的参数也被改变了，如例 5-2-6 所示。

例 5-2-6 可变对象参数传递。

```
def  changeme( mylist ):
    "修改传入的列表"
    mylist.append([1,2,3,4]);
    print("函数内 mylist 取值: ", mylist)
    return

#在函数体处定义 mylist 列表
mylist = [10,20,30];
# 调用 changeme 函数
changeme( mylist );
print("函数外 mylist 取值: ", mylist)
```

以上实例输出结果如下：

```
函数内 mylist 取值:  [10, 20, 30, [1, 2, 3, 4]]
函数外 mylist 取值:  [10, 20, 30, [1, 2, 3, 4]]
```

在可变对象中，传入函数的对象和在末尾添加新内容的对象用的是同一个引用，所以，改变其中一个，另一个数值也随之改变。

5.2.3 函数返回值

从函数功能上讲，函数的形参是函数的输入参数，函数的返回值是函数的输出参数。

在函数的定义中，<函数体>内的 return 语句是向主调程序（函数）传递返回值的语句。

它的格式是：

return <表达式 1>[，<表达式 2>[，...[，<表达式 n>]]]

可以向主调程序（函数）传递多个返回值，这要求主调程序（函数）有多个变量来接收返回的多个值。

如果函数没有返回值，就不必使用 return 语句，或使用“return None”。

return 语句[表达式]用于退出函数，选择性地向调用方返回一个表达式。不带参数值的 return 语句返回 None。那 return 语句如何返回数值呢？实例如例 5-2-7 所示。

例 5-2-7 返回值操作实例。

```
def  sum( arg1, arg2 ):
    # 返回 2 个参数的和."
    total = arg1 + arg2
    print("Inside the function : ", total)
    return total;
# 调用 sum 函数
total = sum( 10, 20 );
print("Outside the function : ", total )
```

以上实例输出结果如下：

```
Inside the function :   30
Outside the function :   30
```

5.3 Python 全局变量与局部变量

变量的作用域是 Python 学习中一个必须理解和掌握的知识。本节从局部变量和全局变量开始全面解析 Python 中的变量作用域。

【学习目标】

小节目标
1. 了解变量的作用域
2. 了解 Python 全局变量和局部变量
3. 了解掌握 global 语句
4. 了解并掌握 nonlocal 语句

5.3.1 变量作用域

变量的使用范围就是变量作用域。一个程序的所有的变量并不是在哪个位置都可以访问的。访问权限决定于这个变量是在哪里被赋值的。

变量的作用域决定了在哪一部分程序可以访问哪个变量名称。Python 在查找“名称：对象”映射时，是按照 LEGB 规则对命名空间的不同层次进行查找的。

LEGB 规则，表示的是 Local→Enclosing→Global→Built-in，其中的箭头方向表示的是搜索顺序。

Local：函数或者类方法内部，包括局部变量和参数。

Enclosing：外部嵌套函数区域，常见的是闭包函数的外层函数。

Global：全局作用域。

Built-in：内置模块名字空间，内置作用域。

因此，如果某个“name: object”映射在局部（Local）命名空间中没有被找到，接下来就会在闭包作用域（Enclosing）中进行搜索，如果闭包作用域也没有找到，Python 就会到全局（Global）命名空间中进行查找，最后会在内置（Built-in）命名空间中搜索（注：如果一个名称在所有命名空间中都没有找到，就会产生一个 NameError）。

变量的作用域决定了在哪一部分程序访问哪个特定的变量名称。两种最基本的变量作用域为：全局变量和局部变量。

5.3.2　全局变量和局部变量

每个函数都有自己的命名空间。程序（或函数）调用一个函数时，会为被调用的函数建立一个局部命名空间，该命名空间代表一个局部环境，其中包含函数的形参和函数体内赋值的变量名称。对于一个变量或形参，解释器将从这个局部命名空间、全局命名空间（定义被调函数的模块或程序）、内置命名空间，依次查找，找到后确定属于哪个层次，若找不到，则只能报 NameError 异常。

变量是拥有匹配对象的名字（标识符）。命名空间是一个包含了变量名称（键）和它们各自相应的对象（值）的字典。在函数中，变量分为全局变量和局部变量。

（1）全局变量：一个定义在程序中（所有函数之外）的变量的作用域是整个程序，这种变量在整个程序范围内可引用，称为全局变量。全局变量可在函数中使用。

（2）局部变量：变量定义在函数内，它们的作用域在函数内，称为局部变量。这种变量在函数内可以引用，程序的执行一旦离开相应的函数，变量失效，不可引用。

（3）不同层次的局部变量：如果有函数嵌套定义，则内层中定义的变量、形参的作用域只在内层，而外层定义的变量可在内层使用。

一个 Python 表达式可以访问局部命名空间和全局命名空间中的变量。如果一个局部变量和一个全局变量重名，则局部变量会覆盖全局变量。

定义在函数内部的变量拥有一个局部作用域，定义在函数外的变量拥有全局作用域。

局部变量只能在其被声明的函数内部访问，而全局变量可以在整个程序范围内访问。调用函数时，所有在函数内声明的变量名称都将被加入到作用域中，如例 5-3-1 所示。

例 5-3-1　变量作用域操作实例。

```
a=1
def second():
    b=1+a
    def thirth():
        c=2+a
        d=3+b
        print(a,b,c,d)
    thirth()
    print(a,b)   #只能输出 a、b，读者可以试着在此输出 a,b,c,d，看系统报什么错误
```

```
second()
print(a) #只能输出 a，读者可以试着在此输出 a,b,c,d，看系统报什么错误 a
```

程序输出结果如下：

```
1 2 3 5
1 2
1
```

例 5-3-1 代码分为三个层次，第一层是整个程序，第二层定义函数 second()，第三层定义函数 thirth()。变量 a 的作用域是整个程序，该变量在两个函数体内都有效；变量 b 在 second() 函数中定义，因为 thirth()函数是 second()函数的嵌套子函数，所以变量 b 在 thirth()函数内也有效；变量 c 和变量 d 的作用域是 thirth()函数，只能在 thirth()函数体范围内有效。

5.3.3 global 语句

Python 会智能地猜测一个变量是局部的还是全局的，它假设任何在函数内赋值的变量都是局部的。因此，如果在一个函数里要给全局变量赋值，必须使用 global 语句，这也是将嵌套定义函数的同名变量升级为全局变量的方法。

global 语句只是一个声明语句。

这个升了级的同名变量与外面程序中定义的同名全局变量是同一个变量，但升级后的同名变量的作用域发生了改变，能作用于全局，作为全局变量存在，而这个全局变量所在函数层的上层函数或下层函数中的同名变量的作用域不变，如例 5-3-2 所示。

例 5-3-2 global 语句操作实例。

```
def  second():
    global  a
    a=2 #这层的 a 是全局变量
    def  thirth():
        a=3 #这层的 a 是 thirth()的局部变量
        print("thirth_a:",a)
    thirth()
    print("second_a:",a)
second()
print("frist_a:",a)
```

以上实例运行输出结果：

```
thirth_a:  3
second_a:  2
first_a:  2
```

在“global a”表达式中变量 a 是一个全局变量，这样 Python 不会在局部命名空间里寻找这个变量。

如在全局命名空间里定义一个变量 a，在函数内给变量 a 赋值，Python 会假定 a 是一个局部变量。然而，因为没有在访问前声明一个局部变量 a，结果就会出现 UnboundLocalError 的错误。在这种情况下，需要进行 global 定义，只要取消 global 语句的注释就能解决这个问题。操作实例如例 5-3-3 所示。

例 5-3-3 global 语句操作实例 2。

```
a= 2000
def Adda():
    # 想改正代码就取消以下注释
    # global a
    a = a+ 1
Print(a)
Adda()
Print(a)
```

如不取消 global a 前的注释，以上实例运行输出结果：

```
2000
Traceback (most recent call last):
  File "H:/例题/5/例 5-3-3.py", line 7, in <module>
    Adda()
  File "H:/例题/5/例 5-3-3.py", line 5, in Adda
    a = a+ 1
UnboundLocalError: local variable 'a' referenced before assignment
```

如取消 global a 前的注释，以上实例运行输出结果：

```
2000
2001
```

5.3.4 nonlocal 语句

global 语句可将局部变量直接升级为全局变量。很多时候，局部变量不直接升级到全局变量，只升级一个层次，即在嵌套函数里，将子函数的局部变量升级为父函数的局部变量，只升一级，扩充变量的作用域范围，还是作为局部变量存在，此时可以使用 nonlocal 语句。

nonlocal 语句是一个声明语句，这个升级的变量与上一层函数中定义的同名变量是同一个变量，作用域发生了改变，如例 5-3-4 所示。

例 5-3-4 nonlocal 语句操作实例。

```
a=1
def  second():
    a=2
    def  thirth():
        nonlocal  a
        a=3    #此处的 a 与上层的 a 同一作用域
        def  fourth():
            a=4     #此处的 a 作用域不变，是 fourth()函数的局部变量
            print("fourth_a:",a)
        fourth()
        print("thirth_a:",a)
    thirth()
    print("second_a:",a)
second()
print("frist_a:",a)
```

以上实例运行输出结果：

```
fourth _a:  4
thirth_a:  3
second_a:  3
first_a:  1
```

此例中，第四层的变量 a 作用域不变，第四层输出的就是 4；nonlocal 语句使第三层的 a 与第二层的 a 在同一作用域，在第三层中，对 a 进行了重新赋值，a 由 2 变成了 3，所以，第二层、第三层输出的都是 3；第一层的 a 是全局变量，作用域不变，输出 1。

5.4 Python 匿名函数

匿名函数就是没有实际名称的函数。其主体仅仅是一个表达式，而不需要使用代码块。本节的目标是理解匿名函数的含义并掌握它的用法。

【学习目标】

小节目标 1. 了解匿名函数 lambda 的含义

2. 掌握匿名函数 lambda 的用法

用 lambda 关键词能创建小型匿名函数。这种函数得名于省略了用 def 声明函数的标准步骤。

- lambda 函数能接收任何数量的参数但只能返回一个表达式的值，同时不能包含命令或多个表达式。
- 匿名函数不能直接调用 print，因为 lambda 需要一个表达式。
- lambda 函数拥有自己的名字空间，且不能访问自有参数列表之外或全局变量空间里的参数。
- 虽然 lambda 函数看起来只能写一行，却不等同于 C 或 C++的内联函数，后者的目的是调用小函数时不占用栈内存从而提高运行效率。

lambda 函数的语法只包含一个语句，如下所示：

```
<函数对象名> = lambda <形式参数列表>：<表达式>
```

匿名函数使用如例 5-4-1 所示。

例 5-4-1 匿名函数使用实例。

```
sum = lambda a, b: a + b
#调用 sum 函数
print("输入 10 和 20，调用函数求和，结果为 : ", sum( 10, 20 ))
print("输入 20 和 20，调用函数求和，结果为 : ", sum( 20, 20 ))
```

以上实例输出结果如下：

```
输入 10 和 20，调用函数求和，结果为 :  30
输入 20 和 20，调用函数求和，结果为 :  40
```

5.5　实训 5：使用函数编写学生信息管理系统

【任务描述】

建立一个学生信息管理系统，使用列表中嵌套字典保存用户数据，用户初始数据如下：
stu_list=[{"stu_name"："张三"，"stu_id"：1，"stu_age"：18}]
用函数实现学生信息管理系统，要求如下。

- 需要提供操作信息提示，提示内容如下所示：

```
欢迎访问学生信息管理系统，请按提示输入操作！
1．添加学生信息
2．删除学生信息
3．修改学生信息
4．查询学生信息
5．浏览学生信息
6．退出系统
请输入要操作的序号：
```

- 用户输入相关的操作序号后，能调用相应的方法函数，实现相应的操作。如果用户输入的不是提示中的序号，则提示“字符输入错误，请按提示输入！”。

【操作提示】

启动 IDLE，选择“File”→“New File”命令，打开 IDLE 编辑器，在代码编辑窗口中做如下操作：

- 定义用户初始数据信息。
- 编写功能函数。
- 编写主函数并进行调用

【参考代码】

```
def print_info():
#函数定义时，要和调用时的格式完全相同，调用时有几个参数，定义时就要定义几个参数。如果函数定义时没有参数，则意味着函数不接收外部数据
    #打印提示信息，返回输入信息
    print("欢迎访问学生信息管理系统，请按提示输入操作！")
    print("1.添加学生信息")
    print("2.删除学生信息")
    print("3.修改学生信息")
    print("4.查询学生信息")
    print("5.浏览学生信息")
    print("6.退出系统")
    input_num=input("请输入要操作的序号：")#input 输入的结果的类型是字符串
    return input_num

#添加函数
```

```
def add_stu_info():
    name=input("请输入姓名：")
    stu_id=input("请输入学号：")
    age=input("请输入年龄:")
    stu_info={"stu_name":name,"stu_id":stu_id,"stu_age":age}
    stu_list.append(stu_info)
    print("添加成功")

#浏览学生信息
def get_stu_info():
    for stu_info in stu_list:
        print("原始数据：",stu_info)
        #按格式输出：姓名：  ，学号    ，年龄：
        name=stu_info["stu_name"]
        stu_id=stu_info["stu_id"]
        age=stu_info["stu_age"]
        #1.普通方式输出
        #print("姓名：",name,",学号：",stu_id,",年龄：",age)
        #2.使用占位符，格式化输出，字符占位%s，数字占位%d,变量通过%引入，需要和占位符一
一对应
        #print("姓名：%s，学号：%s，年龄：%s"%(name,stu_id,age))
        #3.使用 format 格式化输出方法，在字符串使用{}占位
        print("姓名：{}，学号：{}，年龄：{}".format(name,stu_id,age))

#查询学生信息
def get_single_info(name):
    #函数只处理数据，执行运算，数据来源应该在函数体之外给出，函数内定义接收数据的参数（形
参与实参对应）
    exist=False
    for stu_info in stu_list:
        if stu_info["stu_name"]==name:
            exist=True
            name=stu_info["stu_name"]
            stu_id=stu_info["stu_id"]
            age=stu_info["stu_age"]
            print("姓名：{}，学号：{}，年龄：{}".format(name,stu_id,age))
    if exist==False:
        print("{}学生信息不存在".format(name))#不能放在循环体内

#修改学生信息：
def modify_stu_info(name):
    exist=False
    for stu_info in stu_list:
        if stu_info["stu_name"]==name:
            exist=True
            stu_id=input("请输入要修改的学号：")
            age=input("请输入要修改的年龄：")
            stu_info["stu_id"]=stu_id
            stu_info["stu_age"]=age
```

```
            print("修改成功！")
    if exist==False:
        #如果无此学生数据，则提示学生信息不存在
        print("{}学生信息不存在".format(name))#不能放在循环体内

#删除学生信息
stu_list=[{"stu_name":"张三","stu_id":1,"stu_age":18}]
def del_stu_info(name):
    exist=False
    for stu_info in stu_list:
        if stu_info["stu_name"]==name:
            exist=True
#            del stu_list[stu_info]
#            stu_list.pop(stu_info)
            stu_list.remove(stu_info)
            print("删除成功！")
            #如果无此学生数据，则提示学生信息不存在
    if exist==False:
        print("{}学生信息不存在".format(name))

#定义运行的主函数
def  main():
    #调用显示信息函数，函数必须要通过调用才能运行
    while True:
        input_num=print_info()
        #程序判断 1～6，输入其他字符应该要进行提示
        if input_num=="1":
            print("执行添加操作")
            add_stu_info()
        elif input_num=="2":
            print("执行删除操作")
            name=input("请输入要删除的学生姓名：")
            del_stu_info(name)#函数获取外部数据的来源，通过参数
        elif input_num=="3":
            print("执行修改操作")
            name=input("请输入要修改的学生姓名：")
            modify_stu_info(name)#函数调用时要和定义的格式匹配
        elif input_num=="4":
            print("执行查询操作")
            name=input("请输入要查询的学生姓名：")
            get_single_info(name)
        elif input_num=="5":
            print("执行浏览操作")
            get_stu_info()
        elif input_num=="6":
            break
        else:
            print("字符输入错误，请按提示输入！")
```

```
#调用主函数，执行操作。
main()
```

【本章习题】

一、判断题

1．函数是代码复用的一种方式。(　　)

2．定义函数时，即使该函数不需要接收任何参数，也必须保留一对空的圆括号来表示这是一个函数。(　　)

3．一个函数如果带有默认值参数，那么必须所有参数都设置为默认值。(　　)

4．定义 Python 函数时，如果函数中没有 return 语句，则默认返回空值 None。(　　)

5．如果在函数中有语句 return 3，那么该函数一定会返回整数 3。(　　)

6．在调用函数时，可以通过关键参数的形式进行传值，从而避免必须记住函数形参顺序的麻烦。(　　)

7．不同作用域中的同名变量之间互相不影响，也就是说，在不同的作用域内可以定义同名的变量。(　　)

8．全局变量会增加不同函数之间的隐式耦合度，从而降低代码的可读性，因此应尽量避免过多使用全局变量。(　　)

9．在函数内部，既可以使用 global 来声明使用外部全局变量，也可以使用 global 直接定义全局变量。(　　)

10．在函数内部没有办法定义全局变量。(　　)

11．在函数内部直接修改形参的值并不影响外部实参的值。(　　)

12．调用带有默认值参数的函数时，不能为默认值参数传递任何值，必须使用函数定义时设置的默认值。(　　)

13．在同一个作用域内，局部变量会隐藏同名的全局变量。(　　)

14．形参可以看成是函数内部的局部变量，函数运行结束之后形参就不可访问了。(　　)

15．在函数内部没有任何声明的情况下直接为某个变量赋值，这个变量一定是函数内部的局部变量。(　　)

16．定义函数时，带有默认值的参数必须出现在参数列表的最右端，任何一个带有默认值的参数右边不允许出现没有默认值的参数。(　　)

17．无法使用 lambda 表达式定义有名字的函数。(　　)

18．调用函数时传递的实参个数必须与函数形参个数相等才行。(　　)

19．lambda 表达式中可以使用任意复杂的表达式，但是必须只编写一个表达式。(　　)

20．“g = lambda x: 3”不是一个合法的赋值表达式。(　　)

二、填空题

1．Python 中定义函数的关键字是________。

2．在函数内部可以通过关键字________来定义全局变量。

3．如果函数中没有 return 语句或者 return 语句不带任何返回值，那么该函数的返回值为________。

4．表达式 sum(range(1, 10, 2)) 的值为________。

5．表达式 list(filter(lambda x: x%2==0, range(10))) 的值为________。

6．已知 g = lambda x, y=3, z=5: x*y*z，则语句 print(g(1)) 的输出结果为________。

7．表达式 sorted(['abc', 'acd', 'ade'], key=lambda x:(x[0],x[2])) 的值为________。

8．已知函数定义 def demo(x, y, op):return eval(str(x)+op+str(y))，那么表达式 demo(3, 5, '+') 的值为________。

9．已知函数定义 def demo(x, y, op):return eval(str(x)+op+str(y))，那么表达式 demo(3, 5, '*') 的值为________。

10．已知函数定义 def func(*p):return sum(p)，那么表达式 func(1,2,3) 的值为________。

11．已知函数定义 def func(*p):return sum(p)，那么表达式 func(1,2,3, 4) 的值为________。

12．已知函数定义 def func(**p):return sum(p.values())，那么表达式 func(x=1, y=2, z=3) 的值为________。

13．已知函数定义 def func(**p):return ''.join(sorted(p))，那么表达式 func(x=1, y=2, z=3) 的值为________。

14．已知 f = lambda x: 5，那么表达式 f(3)的值为________。

15．已知 g = lambda x, y=3, z=5: x+y+z，那么表达式 g(2) 的值为________。

三、程序练习

1．编写函数，判断用户输入的两个数的最小公倍数。

2．请用函数实现一个判断用户输入的年份是否是闰年的程序。

3．定义一个函数，计算用户输入的数 n 的阶乘 n!=1*2*3*…*n。

第 5 章习题参考答案

第 6 章　代码复用——模块

Python 中，库 Library、包 Package、模块 Module，统称为模块。Python 自带了功能丰富的标准库，另外还有数量庞大的各种第三方库。使用这些功能的基本方法就是使用模块。通过函数，可以在程序中重用自己的代码；通过模块，则可以重用别的程序中的代码。本章的目标是掌握模块的使用。

教学导航

学习目标　1. 了解模块的概念

2. 掌握模块的使用
3. 了解包的概念
4. 掌握常用模块的操作

教学重点　模块的使用、常用模块的操作

教学方式　案例教学法、分组讨论法、自主学习法、探究式训练法

课时建议　6 课时

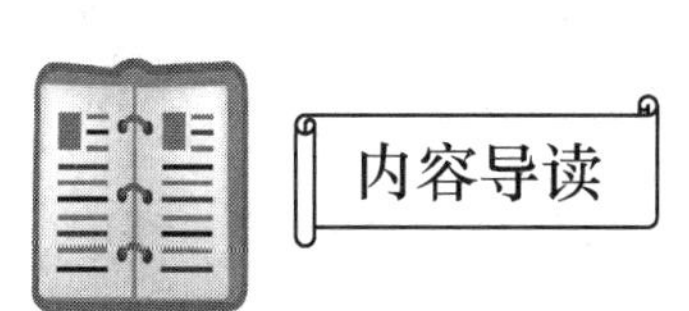

内容导读

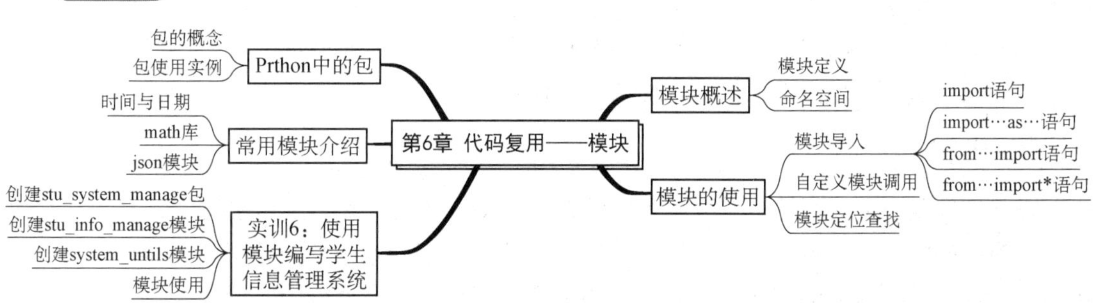

6.1 模块概述

模块是一个保存了 Python 代码的文件。模块能定义函数、类和变量。模块中也能包含可执行的代码。模块分为三种：自定义模块、内置标准模块、开源模块（第三方）。

【学习目标】

小节目标 1. 了解模块的定义
2. 了解命名空间与模块的关系

1. 模块定义

模块（Module）是用来组织 Python 程序代码的一种方法。当程序的代码量比较大时，可以将代码分成多个彼此联系又相互独立的代码段，而每个代码段可能包含数据成员和方法的类（“数据成员和方法的类”是面向对象程序设计的说法，若没有面向对象程序设计的基础，则可以将它理解为数据和程序代码的总和）。这样的代码段是共享的，所以可将代码段通过导入（Import）的手段加入到正在编写的程序中，让程序可以使用模块中这些可共享的代码段。这样看来，模块是一个包含诸多可共享的代码段的组织单位。

还有一个更大的单位，称为包，它是用来组织模块的。

模块的概念是站在逻辑结构层面建立的概念，它在磁盘中的存在形式仍然是文件。模块的文件名就是模块名加上扩展名.py。模块文件名应尽量使用小写命名，首字母保持小写，尽量不要用下画线（除非多个单词，且数量不多的情况）。

模块可以理解为是一个包含了函数和变量的 py 文件。在你的程序中引入了某个模块，就可以使用其中的函数和变量。

模块也是 Python 对象，具有随机的名字属性用来绑定或引用。

库：具有相关功能模块的集合。这也是 Python 的一大特色，即具有强大的标准库、第三方库及自定义模块。

标准库：就是下载安装的 Python 中那些自带的模块，要注意的是，里面有一些模块是看不到的，比如像 sys 模块，这与 Linux 下看不到 cd 命令是一样的。

第三方库：就是由其他的第三方机构发布的具有特定功能的模块。

自定义模块：用户可以自行编写模块，以便后期使用。

2. 命名空间

命名空间是名称（标识符）到对象的映射。模块有自己唯一的命名空间。

变量作用域就是变量的使用范围。确定一个变量的作用域，首先要确定变量是否在其局部命名空间，若不在其局部命名空间，则再查找是否在全局命名空间，若还不在，则最后在内置命名空间中查找。因此，变量作用域与命名空间是有关联的。

如果用户自己创建了一个模块 mymodule，并且用户要在程序中使用模块 mymodule 中的函数（方法）fun()，则需要使用 mymodule. fun()形式，这实际上是指定了模块的命名空间。即使在不同的模块中有相同的函数（方法），因为使用了命名空间，也不至于产生使用上的冲突。

Python 系统提供了几个内置函数用于支持模块。它们是：__import__()函数，它能实现与 import 语句相同的功能；globals()和 locals()函数，分别返回调用者的全局命名空间或局部命名空间。

6.2 模块的使用

在 Python 解释器上不能直接使用函数库中的函数，因为这些函数都封装在某一函数库中，要使用库中的某一函数，先要导入相应的函数库，或者称导入模块。

【学习目标】

小节目标
1. 了解模块的导入
2. 掌握模块多种导入方式
3. 了解模块的定位
4. 掌握模块的查找
5. 了解自定义模块时外层代码的处理

6.2.1 模块导入

模块使用前必须导入才能执行。所谓执行，就是被导入的模块中定义的全局变量被赋值、类及函数的声明将被执行。

导入模块使用 import 语句和 from…import 语句来实现。导入方法有以下三种。

方法 1：import <库名>

方法 2：import <库名> as <新名字>

方法 3：from <库名> import <函数名>|*

对于方法 1，使用函数时要写成：<库名>.<函数名>；对于方法 2，使用函数时要写成：<新名字>.<函数名>；对于方法 3，直接写函数名就行。

1. import 语句

想使用 Python 源文件，只需在另一个源文件中执行 import 语句，语法如下：

```
import <库名>
```

使用 import 语句可以导入整个模块。

例如：

```
import sys
```

这是导入 Python 标准库的 sys 模块。sys 模块提供了许多函数和变量来处理 Python 运行时环境的不同部分。

import 语句执行的过程是：首先在搜索路径中找到指定的模块，然后加载该模块。如果在一个程序的顶层导入指定模块，则所指定模块的作用域是全局的；如果在函数中导入，那么它的作用域是局部的。

搜索路径是一个解释器会先进行搜索的所有目录的列表。如想要导入模块 hello.py，需要把命令放在脚本的顶端。当解释器遇到 import 语句，如果模块在当前的搜索路径中就会被导入，如例 6-2-1 所示。

例 6-2-1 导入数学模块。

```
# 导入模块
import math
# 现在可以调用模块中包含的函数了，使用"模块名.函数名"进行调用
print(math.sqrt(2))
```

以上实例输出结果如下：

```
1.4142135623730951
```

导入模块后，必须要通过“模块名.函数名”格式调用模块中的函数，不能直接使用模块中的函数名，否则会报错，如上例中，直接使用“print(sqrt(2))”语句，将报“name 'sqrt' is not defined”错误。因为在当前命名空间下，不包括 sqrt()函数的定义。

不管执行了多少次 import。一个模块只会被导入一次，这样可以防止导入模块被一遍又一遍地执行。

2. import… as…语句

在例 6-2-1 中，使用 import math 导入数学模块，此时调用函数时，函数前面需要添加模块名，如 math.sqrt()。如果模块名字比较长或名称可能重复，或不想直接使用模块名进行调用，这时可以使用 import… as…语句，语法如下：

```
import <库名> as <新名字>
```

首先使用 as 创建别名，然后再通过别名进行模块内函数调用，调用格式为“别名. 函数名”。操作如例 6-2-2 所示。

例 6-2-2 导入数学模块。

```
import math as m
# 现在可以调用模块里包含的函数了，使用"别名.函数名"格式进行调用
print(m.sqrt(2))
```

以上实例输出结果如下：

```
1.4142135623730951
```

3. from…import 语句

有时候，需要在默认空间中直接使用某模块的相关函数，此时可以使用 from… import 语句。

Python 的 from 语句从模块中导入一个指定的部分到当前命名空间中，语法如下：

```
from <库名> import <函数名>
```

例如，要导入数学模块math的sqrt函数，使用如下语句：

```
from math import sqrt
```

这个声明不会把整个math模块导入到当前的命名空间中，它会将math中的sqrt单个引入到执行这个声明的模块的全局符号表，此时，不可使用“模块名.函数名”格式进行调用，需直接使用从模块中导入的函数名。实例如例6-2-3所示。

例6-2-3 导入数学模块中的单个函数到当前命名空间。

```
from math import sqrt
#能直接使用模块中的函数名，否则报错
print (sqrt(2))
```

以上实例输出结果如下：

```
1.4142135623730951
```

4. from…import * 语句

from…import*语句的语法格式如下：

```
from 模块名 import *
```

from…import*语句可以导入模块的某些属性，也可以使用“from module import *”导入所有属性。

把一个模块的所有内容全都导入到当前的命名空间也是可行的，如导入math模块的全部内容，只需使用如下声明：

```
from math import *
```

这提供了一个简单的方法来导入一个模块中的所有项目。使用这种导入方法和第三种方式相似，也不可使用“模块名.函数名”进行调用，需直接使用模块中的函数名。然而这种声明不该被过多地使用，否则内存消耗比较大。

6.2.2 模块定位查找

1. 定位模块

当导入一个模块时，Python解释器对模块位置的搜索顺序是：

- 当前目录。
- 如果不在当前目录，则Python会搜索在shell变量PYTHONPATH下的每个目录。
- 如果还找不到，则Python会查看默认路径。Windows下，默认路径一般是Python安装路径。UNIX下，默认路径一般为/usr/local/lib/python/。

模块搜索路径存储在system模块的sys.path变量中。变量中包含当前目录、PYTHONPATH和由安装过程决定的默认目录。

2. 模块的查找

当用户需要导入一个模块时，用户会使用import命令在搜索路径中查找指定模块的文件名。

搜索路径是一个特定目录的集合，Python系统只在这些特定的搜索路径中查找模块文件名。这个特定的目录是Python系统安装时确定的默认搜索路径。

默认搜索路径被保存在 sys 模块的 sys.path 变量中，用户可以使用命令查看。实例如例 6-2-4 所示。

例 6-2-4 查看 Python 默认搜索路径。

```
import sys
print(sys.path)
```

以上实例输出结果如下：

```
['', 'C:\\Windows\\system32\\python37.zip', 'C:\\Python37\\DLLs', 'C:\\Python37\\lib', 'C:\\Python37\\Lib\\site-packages\\pythonwin', 'C:\\Python37', 'C:\\Python37\\lib\\site-packages', 'C:\\Python37\\lib\\site-packages\\win32', 'C:\\Python37\\lib\\site-packages\\win32\\lib']
```

这是前面页命令产生的结果，是一个列表。

可以通过 append()方法向 sys.path 变量中增加一个目录：

```
sys.path.append（'要增加的目录路径'）
```

如果是用户自己建立的模块，应该将模块的文件（例如前面说的 mymodule.py）存放在指定的目录中。

当 Python 系统解释器在标准模式下启动时，一些模块会被解释器自动导入，它们是与系统操作相关联的模块，如 builtins 模块。

Python 中有些内置函数，不需要导入模块，就可以直接使用，例如 abs()。

6.2.3 自定义模块调用

在规范的代码中，通常都会有一句“if __name__=="__main__"：”作为程序的入口，但到目前为止，发现没有这么一句代码，程序也能正常运行。Python 文件有两种使用方法，第一种是直接作为脚本执行，第二种是 import 到其他的 Python 脚本中被调用（模块重用）执行。之前，所有的任务练习都采用第一种方法，直接作为脚本执行。但实际上，模块就是一个普通的 Python 程序文件，任何一个普通的 Python 文件都可以作为模块导入。在 Python 文件作为模块导入的时候，有些代码不能被执行，否则会出问题。

采用“if __name__=="__main__"：”写法，表示如果是外部文件调用，则不执行此处代码。__name__指当前 py 文件调用方式的方法。如果它等于“__main__”就表示直接执行，如果不是，则用来被别的文件调用，这个时候 if 判断结果就为 False，那么就不执行外层的代码。

“if __name__ == 'main':”的作用就是控制这两种情况执行代码的过程，在“if __name__ == 'main':”下的代码只有在第一种情况下（即文件作为脚本直接执行）才会被执行，而 import 到其他脚本中是不会被执行的。操作实例如例 6-2-5 所示。

例 6-2-5 创建 stu.py 文件，代码如下：

```
stu_list=[{"stu_name":"张三","stu_id":1,"stu_age":18}]
print(stu_list)
if __name__=="__main__":
    print("学生姓名：{}，学号：{}，年龄：{}".format(stu_list[0]["stu_name"],stu_list[0]["stu_id"],stu_list[0]
["stu_age"]))
```

以上实例输出结果如下：

```
[{'stu_age': 18, 'stu_id': 1, 'stu_name': '张三'}]
学生姓名：张三，学号：1，年龄：18
```

直接执行 stu.py，结果如上所示，输出列表原始数据和学生信息两行字符串。即，“if __name__=="__main__":”语句之前和之后的代码都被执行。

在同一文件夹新建名称为 import_stu.py 的脚本中，输入如下代码：

```
import stu
```

执行 import_stu.py 脚本，输出结果如下：

```
[{'stu_age': 18, 'stu_id': 1, 'stu_name': '张三'}]
```

结果中只输出了列表数据。即，“if __name__=="__main__":”之前的语句被执行，之后的没有被执行。

每个 Python 模块（Python 文件，也就是此处的 stu.py 和 import_stu.py）都包含内置的变量__name__。当运行模块被执行时，__name__等于文件名（包含了后缀.py）；如果 import 到其他模块中，则__name__等于模块名称（不包含后缀.py）。而“__main__”等于当前执行文件的名称（包含了后缀.py），进而当模块被直接执行时，“__name__ == 'main'”的结果为真。示例如下。

复制 stu.py 代码，保存为 stu1.py，在 stu1.py 程序的“if __name__=="__main__":”之前加入“print（__name__）”，即将__name__打印出来。文件内容和结果如下：

```
[{'stu_name': '张三', 'stu_id': 1, 'stu_age': 18}]
__main__
学生姓名：张三，学号：1，年龄：18
```

可以看出，此时变量__name__的值为“__main__”。在同一文件夹中新建名称为 import_stu1.py 的脚本，输入如下代码：

```
import stu1
```

执行 import_stu1.py 脚本，输出结果如下：

```
[{'stu_name': '张三', 'stu_id': 1, 'stu_age': 18}]
stu1
```

在同一文件夹中新建名称为 import_stu.py 的脚本，只输入如下代码：

```
import stu
```

执行 import_stu.py 脚本，输出结果如下：

```
[{'stu_age': 18, 'stu_name': '张三', 'stu_id': 1}]
```

此时，test.py 中的__name__变量值为 stu1，不满足__name__=="__main__"的条件，因此，无法执行其后的代码，不能输出“stul”。

6.3 Python 中的包

【学习目标】

小节目标 1. 了解包的概念
2. 掌握包的使用

6.3.1 包的概念

包是在模块之上的概念，人们为了方便管理而将文件进行打包。包目录下第一个文件便是 __init__.py，然后是一些模块文件和子目录，假如子目录中也有 __init__.py，那么它就是这个包的子包了。

```
package_a
├── __init__.py
├── module_a1.py
└── module_a2.py
```

图 6-3-1 常见的包结构

常见的包结构如图 6-3-1 所示。

包结构是一个分层次的文件目录结构，它定义了一个由模块及子包和子包下的子包等组成的 Python 的应用环境。

包是模块更上一层的概念，一个包可以包含多个模块。包能够帮助用户将有联系的模块组织在一个包内；同时还可以解决模块名冲突。

包的导入同样使用 import 语句或 from…import 语句实现。

当模块名或者包名过长时，为了后面的程序编写，可以给其取别名，格式如下：

```
import 包名 as 别名
```

建立包的方法为：在 Python 的工作目录下的 lib 子目录中建立一个目录，这个建立的目录名就是包的名字，将模块置入包（目录）内。

有些包中有内置函数，导入包名之后，可以直接通过“包名.函数名”来调用函数。

我们知道包是模块的合集，如果使用到了包中的某些模块，则一般情况下需要通过“包名.模块名.函数名”来调用相应的函数，为了方便编写程序，可以通过“from 包名 import 模块名”直接导入模块，这样就不需要再写包名了。

如果包中还有子包的话，同样为了方便程序编写，可以通过“from 包名.子包名 import 模块名”导入模块。

6.3.2 包使用实例

（1）创建一个目录 web，在 web 目录中写入 stu.py、tea.py、admin.py 三个文件。stu.py 这个文件有如下源代码：

```
def Stu():
    print("I'm a student")
```

同样地，另外两个文件中的函数如下。

（2）tea.py 含有函数 Tea()，代码如下：

```
def Tea():
    print("I'm a teacher")
```

（3）admin.py 含有函数 Admin()，代码如下：

```
def Admin():
    print("I'm a administrator")
```

（4）在 web 目录下创建空文件，并命名为__init__.py。

在不使用包的方式下，直接在 web 目录下新建 Python 文件，可以直接使用 stu.py、tea.py、admin.py 这三个文件内容。

● 第一种方式，新建 py 文件并当作启动文件，文件名可任意取，保存在 web 目录下，如例 6-3-1 所示。

例 6-3-1　使用 from…import…导入文件模块实例。

```
from stu import Stu
from tea import Tea
from admin import Admin

Stu()
Tea()
Admin()
```

上述实例输出结果如下：

```
I'm a student
I'm a teacher
I'm a administrator
```

- 第二种方式，新建 py 文件并当作启动文件，文件名可任意取，保存在 web 目录下，如例 6-3-2 所示。

例 6-3-2　使用 import 导入文件模块实例。

```
import stu
import tea
import admin

stu.Stu()
tea.Tea()
admin.Admin()
```

例 6-3-2 和例 6-3-1 实例输出相同，输出结果如下：

```
I'm a student
I'm a teacher
I'm a administrator
```

在不使用包时，在同一目录下，导入其他文件可以以单个文件分别导入。在使用包或目录后，可以通过包或目录进行导入操作。自定义模块的引入方式应该用 from…import…方式。相关过程操作如下。

在 web 目录之外，新建 py 文件并当作启动文件，文件名可任意取，代码如例 6-3-3 所示。

例 6-3-3　导入包文件操作实例。

```
from web import stu
from web import tea
from web import admin

stu.Stu()
tea.Tea()
admin.Admin()
```

以上实例输出结果如下：

```
I'm a student
I'm a teacher
I'm a administrator
```

如上所述，为了举例，我们在每个文件中只放置了一个函数，但其实可以放置多个函数。也可以在这些文件中定义 Python 的类，并为这些类创建一个包。

6.4 常用模块介绍

本节介绍 time 和 calendar 标准库、数学函数 math 及 json 模块，而 random 这个库是全国计算机等级考试二级 Python 语言程序设计考试大纲（2018 年版）中的第七部分——Python 计算生态中第 1 点（标准库）中必考的一个库。time 标准库是选考的一个库。

【学习目标】

小节目标 1. 了解并掌握 time 标准库的使用
2. 了解并掌握 calendar 标准库的使用
2. 了解并掌握 math 模块的使用
3. 了解并掌握 json 数据的使用

6.4.1 时间与日期

在数据的统计分析方面，时间是一个很重要的因素。很多时候，人们只考虑一定时期内的数据，故时间对数据的有效性有很大影响。在数据分析时，Python 需要对数据的时效性有准确的把握。在程序中，Python 能用很多方式处理日期和时间数据。Python 提供了一个 time 和 calendar 模块用来处理日期和时间数据。

1. time 模块

time 模块包含了以下内置函数，既有与时间处理相关的，也有用于转换时间格式的，如表 6-4-1 所示。

表 6-4-1 time 模块功能一览表

序号	函数及描述
1	time.altzone 返回格林尼治西部的夏令时地区的偏移秒数。如果该地区在格林尼治的东部则会返回负值（如西欧，包括英国）。它对夏令时启用地区才能使用
2	time.asctime([tupletime]) 接收时间元组并返回一个可读的形式为“Sat Jul 13 10:34:09 2019”（2019 年 7 月 13 日 周六 18 时 07 分 14 秒）的 24 个字符的字符串
3	time.clock() 用以浮点数计算的秒数返回当前的 CPU 时间。用来衡量不同程序的耗时，它比 time.time()更有用
4	time.ctime([secs]) 作用相当于 asctime（localtime（secs）），未给参数相当于 asctime()
5	time.gmtime([secs]) 接收时间辍（1970 纪元后经过的浮点秒数）并返回格林尼治天文时间下的时间元组 t。注：t.tm_isdst 始终为 0

续表

序号	函数及描述
6	time.localtime([secs]) 接收时间辍（1970 纪元后经过的浮点秒数）并返回当地时间下的时间元组 t（t.tm_isdst 可取 0 或 1，取决于当地当时是不是夏令时）
7	time.mktime(tupletime) 接收时间元组并返回时间辍（1970 纪元后经过的浮点秒数）
8	time.sleep(secs) 推迟调用线程的运行，secs 指秒数
9	time.strftime(fmt[，tupletime]) 接收时间元组，并返回以可读字符串表示的当地时间，格式由 fmt 决定
10	time.strptime（str，fmt='%a %b %d %H：%M：%S %Y'） 根据 fmt 的格式把一个时间字符串解析为时间元组
11	time.time() 返回当前时间的时间戳（1970 纪元后经过的浮点秒数）
12	time.tzset() 根据环境变量 TZ 重新初始化时间相关设置

time 模块包含了以下 2 个非常重要的属性如表 6-4-2 所示。

表 6-4-2　time 模块属性值一览表

序号	属性及描述
1	time.timezone 属性 time.timezone 是当地时区（未启动夏令时）距离格林尼治的偏移秒数（>0，美洲；<=0 大部分的欧洲、亚洲、非洲）
2	time.tzname 属性 time.tzname 包含一对根据情况的不同而不同的字符串，分别是带夏令时的本地时区名称和不带夏令时的本地时区名称

2. ticks 计时单位

时间间隔是以秒为单位的浮点小数。

每个时间戳都以自从 1970 年 1 月 1 日午夜（历元）经过了多长时间来表示。

Python 附带的 time 模块下有很多函数可以转换常见日期格式。如函数 time.time()用 ticks 计时单位返回从 12：00am、January 1、1970（epoch）开始记录的当前操作系统时间，如例 6-4-1 所示。

例 6-4-1　时间戳实例。

```
import time;   # 引用 time 模块.

ticks = time.time()
print("当前时间戳是:", ticks)
```

以上实例输出结果如下：

```
当前时间戳是: 1556120860.6987607
```

ticks 计时单位最适于日期运算，但是 1970 年之前的日期就无法以此表示。目前，UNIX

和 Windows 只支持到 2038 年的日期数据。

3. 时间元组

使用 localtime 可以获取当前时间，获取的时间使用时间元组方式展示。想要从返回浮点数的时间戳方式向时间元组转换，则只要将浮点数传递给如 localtime 之类的函数即可。

例 6-4-2 获取当前时间实例。

```
import time;

localtime = time.localtime(time.time())
print("当前时间是 :", localtime)
```

以上实例输出结果如下：

```
当前时间是 : time.struct_time(tm_year=2019, tm_mon=4, tm_mday=28, tm_hour=8, tm_min=39, tm_sec=42, tm_wday=6, tm_yday=118, tm_isdst=0)
```

localtime 将时间展示为元组方式，很多 Python 函数用一个元组装起来的 9 组数字处理时间数据，如表 6-4-3 所示。

表 6-4-3 时间元组数据一览表

序号	字段	属性	值
0	4 位数年	tm_year	如 2019
1	月	tm_mon	1 到 12
2	日	tm_mday	1 到 31
3	小时	tm_hour	0 到 23
4	分钟	tm_min	0 到 59
5	秒	tm_sec	0 到 61（60 或 61 是闰秒）
6	一周的第几日	tm_wday	0 到 6（0 表示周一）
7	一年的第几日	tm_yday	1 到 366
8	夏令时	tm_isdst	−1，0，1，−1 用于决定是否为夏令时

上述元组也就是 struct_time 元组。

4. 获取格式化的时间

用户可以根据需求选取各种时间格式，但是最简单地获取可读的时间模式的函数是 asctime()，如例 6-4-3 所示。

例 6-4-3 获取格式化时间实例。

```
import time;
localtime = time.asctime( time.localtime(time.time()))
print("当前时间是 :", localtime)
```

以上实例输出结果如下：

```
当前时间是 : Sun Apr 28 08:59:29 2019
```

5. 获取某月日历

calendar 模块有很多的方法用来处理年历和月历数据，如例 6-4-4 所示。

例 6-4-4 获取日历实例。

```
import calendar
cal = calendar.month(2019, 9)
print("选择查看的日历如下:")
print(cal)
```

以上实例输出结果如下：

```
选择查看的日历如下:
   September 2019
Mo Tu We Th Fr Sa Su
                   1
 2  3  4  5  6  7  8
 9 10 11 12 13 14 15
16 17 18 19 20 21 22
23 24 25 26 27 28 29
30
```

6.4.2 math 库

Python 系统构造了许多的函数库，其中用户用得最多的是数学类函数库 math。math 库中包含了数学公式，在使用数学公式前需要导入 math 库。

1. Python 数学函数

Python 数学函数如表 6-4-4 所示。

表 6-4-4 Python 数学函数一览表

函数	返回值（描述）
abs(x)	返回 x 数字的绝对值，如 abs(-10)返回 10
ceil(x)	返回 x 数字的上入整数，如 math.ceil(4.1)返回 5
Pyth(x,y)	如果 x < y 则返回-1，如果 x == y 则返回 0，如果 x > y 则返回 1
exp(x)	返回 e 的 x 次幂（ex），如 math.exp(1)返回 2.718281828459045
fabs(x)	返回 x 数字的绝对值，如 math.fabs(-10)返回 10.0
floor(x)	返回 x 数字的下舍整数，如 math.floor(4.9)返回 4
log(x)	如 math.log(math.e)返回 1.0，math.log(100,10)返回 2.0
log10(x)	返回以 10 为基数的 x 的对数，如 math.log10(100)返回 2.0
max(x1,x2,...)	返回给定参数的最大值，参数可以为序列
min(x1,x2,...)	返回给定参数的最小值，参数可以为序列
modf(x)	返回 x 的整数部分与小数部分，两部分的数值符号与 x 相同，整数部分以浮点型表示
pow(x,y)	x**y 运算后的值
round(x [,n])	返回浮点数 x 的四舍五入值，如给出 n 值，则代表舍入到小数点后的位数
sqrt(x)	返回数字 x 的平方根，数字可以为负数，返回类型为实数，如 math.sqrt(4)返回 2+0j

注：其中 abs()、max(x1,x2,...)、 min(x1,x2,...)、round(x [,n])是内置库函数

2. Python 三角函数

Python 三角函数如表 6-4-5 所示。

表 6-4-5　Python 三角函数一览表

函数	描述
acos(x)	返回 x 的反余弦弧度值
asin(x)	返回 x 的反正弦弧度值
atan(x)	返回 x 的反正切弧度值
atan2(y,x)	返回给定的 x 及 y 坐标值的反正切值
cos(x)	返回 x 的弧度的余弦值
hypot(x,y)	返回欧几里得范数 sqrt(x*x + y*y)
sin(x)	返回 x 的弧度的正弦值
tan(x)	返回 x 的弧度的正切值
degrees(x)	将弧度转换为角度，如 degrees(math.pi/2)，返回 90.0
radians(x)	将 x 角度转换为弧度

3. Python 数学常量

Python 数学常量如表 6-4-6 所示。

表 6-4-6　Python 数学常量一览表

常量	描述
pi	数学常量 pi（圆周率，一般以 π 来表示）
e	数学常量 e，e 即自然常数（自然常数）

4. 常用数学函数

（1）ceil(x)函数。返回大于 x 的最小整数，如例 6-4-5 所示。

例 6-4-5　ceil()函数实例。

```
from math import *
print(ceil(1.7))
print(ceil(−1.7))
```

以上实例输出结果如下：

```
2
−1
```

（2）factorial(x)函数。当 x 是正整数时，则函数返回 x 的阶乘，否则提示错误信息，如例 6-4-6 所示。

例 6-4-6　factorial()函数实例。

```
From math import *
print(factorial(10)
```

以上实例输出结果如下：

```
3628800
```

其他如 sin(x)、cos(x)、exp(x)、sqrt(x)、log(x[,base])、log10(x)、log2(x)等函数，和数学中的函数含义相同，直接使用即可，也可通过查 Python 的帮助信息进行操作。

（3）isinf()函数。inf、-inf 函数表示正负无穷大的数。当 x 为正负无穷大数时，返回 True；否则返回 False。当 x 为整数时，返回 False。而对浮点数来说，Python 系统使用 64 位存储，表示整数范围为-1.7e308～1.7e308，当测试数据在这个范围之外，isinf()函数返回 True，否则返回 False，如例 6-4-7 所示。

例 6-4-7　isinf()函数实例。

```
from math import *
print(("值为整数时，isinf 函数结果是：",isinf(100))
print(("值的范围介于-1.7e308~1.7e308 时，isinf 函数结果是：",isinf(1.7e308))
print(("值大于 1.7e308 时，isinf 函数结果是：",isinf(1.7e309))
print(("值小于-1.7e308 时，isinf 函数结果是：",isinf(-1.7e309))
```

以上实例输出结果如下：

```
值为整数时，isinf 函数结果是：  False
值的范围介于-1.7e308～1.7e308 时，isinf 函数结果是：  False
值大于 1.7e308 时，isinf 函数结果是：  True
值小于-1.7e308 时，isinf 函数结果是：  True
```

（4）isnan()函数。当 x 不是数字时，isnan(x)函数返回 True；否则返回 False。

在 Python 系统中，“x 不是数字”是指 NaN（Not a Number）。NaN 是 IEEE754 标准中定义的某种运算结果，如一个无穷大的数乘 0，两个无穷大的数及所有与 NaN 有关的操作结果。NaN 实际上是浮点数运算过程中产生的不确定数，两个 NaN 是无法比较的，如例 6-4-8 所示。

例 6-4-8　isnan()函数实例。

```
from math import *
x=1.7e309
y=1.2e309
print("x=",x)
print("isnan(x)值是=",isnan(x))
print("y=",y)
print("isnan(y)值是=",isnan(y))
z1=x/y #只有运算才会产生 isnan()为 True 的结果
print("z1 值是=",z1)
z2=float('nan')
print("z1,z2 比较结果：",z1==z2) #两个 NaN 是无法比较的
```

以上实例输出结果如下：

```
x= inf
isnan(x)值是= False
y= inf
isnan(y)值是= False
z1 值是= nan
z1,z2 比较结果：  False
```

（5）trunc(x)函数。返回与 x 最近的、靠近数字 0 一方的整数，如例 6-4-9 所示。

例 6-4-9　trunc(x)函数实例。

```
from math import *
print(trunc(1.7))
print(trunc(−1.7))
```

以上实例输出结果如下：

```
1
−1
```

6.4.3 json 模块

json（JavaScript Object Notation，JS 对象标记）是一种轻量级的数据交换格式。它使得人们很容易进行阅读和编写，同时也方便了机器进行解析和生成，适用于进行数据交互的场景，比如网站前台与后台之间的数据交互。

json 格式的字符串，一种用来进行数据交互的格式，看起来像 Python 类型的字符串就是 json 字符串。

在 Python 中 json 里面可以包含用方括号括起来的数组，也就是 Python 中的列表。

json 类型转换到 Python 的类型对照表如表 6-4-7 所示。

表 6-4-7　json 类型转换到 Python 的类型对照表

json 类型	Python 类型
Object	dict
Array	list
String	unicode
number(int)	int，long
number(real)	float
True	True
False	False
Null	None

json 模块的方法：

```
json.loads( )#把 json 字符串转换为 Python 类型
json.dumps（python 类型，ensure_ascii=False，indent=2）#把 Python 类型转换为 json 字符串，ensure_ascii=False 能够保证写入文件的时候为中文，indent 用于控制写入的换行和空格
```

json 字符串的注意点：json 字符串中的键值对需要使用双引号。

通过 json 我们能够实现 json 字符串和 Python 数据类型的相互转换，如图 6-4-1 所示。

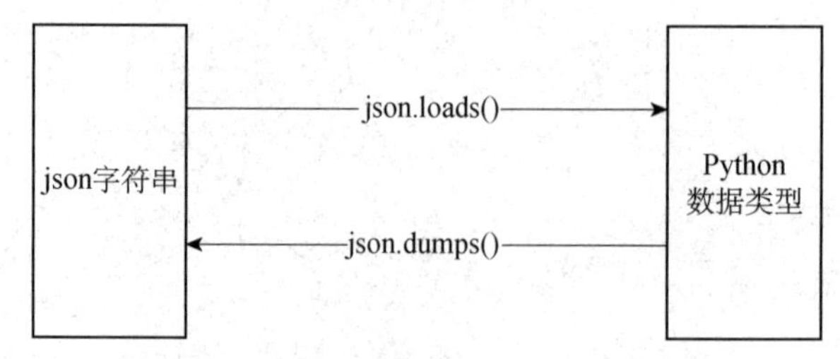

图 6-4-1　json 字符串与 Python 类型转换

1. 字典转换为 json 字符串

json.dump / json.dumps 方法：dump 的第一个参数是对象字典，第二个参数是文件对象，可以直接将转换后的 json 数据写入文件，dumps 的第一个参数是对象字典，其余都是可选参数。dump 和 dumps 的可选参数相同，这些参数都相当实用，现将用到的参数记录如下。

ensure_ascii 默认为 True，保证转换后的 json 字符串中全部是 ASCII 字符，非 ASCII 字符都会被转义。如果数据中存在中文或其他非 ASCII 字符，最好将 ensure_ascii 设置为 False，保证输出结果正常。

indent 缩进，默认为 None，没有缩进，设置为正整数时，输出的格式将按照 indent 指定的半角空格数缩进，相当实用。

separators 设置分隔符，默认的分隔符是（', '，': '），如果需要自定义 json 中的分隔符，例如调整冒号前后的空格数，可以按照（item_separator，key_separator）的形式设置。

sort_keys 默认为 False，设为 True 时，输出结果将按照字典中的 key 排序，如例 6-4-10 所示。

例 6-4-10 Python 类型转换为 json 字符串操作实例。

```
# 导入模块
import json
my_dict = {"name":"李明","age":18,"if_stu":True}
#Python 类型转换为 json 字符串
ret = json.dumps(my_dict,ensure_ascii=False)
#json.dumps(python 类型,ensure_ascii=False,indent=2)
print(ret)
print(type(ret))
```

以上实例输出结果如下：

```
{"if_stu": true, "name": "李明", "age": 18}
<class 'str'>
```

注意：在 Python 类型中，是区分大小写的，True 中的 T 需要大写。而在 json 类型中，true 为小写。

2. json 字符串转为字典

使用 json.load / json.loads 方法来转换。两个方法功能类似，可选参数也相同，最大的区别在于，json.load 方法接收的输入，即第一个参数，是包含 json 数据的文件对象，如 open 方法的返回对象，json.loads 接收的输入是 json 字符串，而非文件对象。从输入类型的区别也可以看出两者的使用场合。可选参数包括是否需要转换整型、浮点型等数值的参数。json 字符串转换为 Python 类型操作示例如例 6-4-11 所示。

例 6-4-11 json 字符串转换为 Python 类型操作实例。

```
import json
my_dict = {"name":"小明","age":18,"if_stu":True}
ret = json.dumps(my_dict)
#把 json 字符串转换为 Python 类型
ret2 = json.loads(ret)
print(ret2)
print(type(ret2))
```

以上实例输出结果如下：

```
{'name': '小明', 'if_stu': True, 'age': 18}
<class 'dict'>
```

6.5 实训 6：使用模块编写学生信息管理系统

【任务描述】

在教材第 5 章的实训 5 中，建立了一个学生信息管理系统，使用列表中嵌套字典保存学生数据，初始数据如下：

```
stu_list=[{"stu_name": "张三", "stu_id": 1, "stu_age": 18}]
```

使用函数实现操作信息提示，提示内容如下所示：

```
欢迎访问学生信息管理系统，请按提示输入操作！
1. 添加学生信息
2. 删除学生信息
3. 修改学生信息
4. 查询学生信息
5. 浏览学生信息
6. 退出系统
请输入要操作的序号：
```

用户输入相关的操作序号后，能调用相应的方法函数，实现相应的操作。现将其代码进行修改，改为模块的方式进行操作。

按功能封装模块，要求：

（1）创建包：stu_system_manage。

（2）按功能封装两个模块：stu_info_manage.py 和 stu_edit_manage.py，均保存到包 stu_system_manage 中。

（3）创建模块：system_untils.py，模块中封装系统功能显示函数。

【操作提示】

使用包来管理模块，就是创建名为 stu_system_manage 的文件夹来保存 Python 文件。

使用包时，为了让其他使用者能正确调用，需要在文件夹下添加“__init__.py”文件。

注意：在其他文件中调用包中的内容，需要带包名导入模块。

【参考代码】

1．创建文件夹：stu_system_manage

在里面新建一空文件：__init__.py。

2．在文件夹 stu_system_manage 下新建三个 py 文件，分别为 stu_info_manage.py、stu_edit_manage.py、system_untils.py

参考代码如下。

stu_info_manage.py 代码参考如下：

```
def print_info():
#函数定义时，要和调用时格式完全相同，调用时有几个参数，定义时要定义几个参数。如果函数定义时，没有参数，意味着函数不接收外部数据
    #打印提示信息，返回输入信息
    print("欢迎访问学生信息管理系统，请按提示输入操作！")
    print("1.添加学生信息")
    print("2.删除学生信息")
    print("3.修改学生信息")
    print("4.查询学生信息")
    print("5.浏览学生信息")
    print("6.退出系统")
    input_num=input("请输入要操作的序号：")#input 输入的结果的类型是字符串
    return input_num
```

stu_edit_manage.py 代码参考如下：

```
#添加函数
def add_stu_info():
    name=input("请输入姓名：")
    stu_id=input("请输入学号：")
    age=input("请输入年龄:")
    stu_info={"stu_name":name,"stu_id":stu_id,"stu_age":age}
    stu_list.append(stu_info)
    print("添加成功")

#浏览学生信息
def get_stu_info():
    for stu_info in stu_list:
        print("原始数据：",stu_info)
        name=stu_info["stu_name"]
        stu_id=stu_info["stu_id"]
        age=stu_info["stu_age"]
        print("姓名：{}，学号：{}，年龄：{}".format(name,stu_id,age))

#查询学生信息
def get_single_info(name):
    exist=False
    for stu_info in stu_list:
        if stu_info["stu_name"]==name:
            exist=True
            name=stu_info["stu_name"]
            stu_id=stu_info["stu_id"]
            age=stu_info["stu_age"]
            print("姓名：{}，学号：{}，年龄：{}".format(name,stu_id,age))
    if exist==False:
        print("{}学生信息不存在".format(name))

#修改学生信息：
def modify_stu_info(name):
    exist=False
```

```
        for stu_info in stu_list:
            if stu_info["stu_name"]==name:
                exist=True
                stu_id=input("请输入要修改的学号：")
                age=input("请输入要修改的年龄：")
                stu_info["stu_id"]=stu_id
                stu_info["stu_age"]=age
                print("修改成功！")
        if exist==False:
            print("{}学生信息不存在".format(name))

#删除学生信息
stu_list=[{"stu_name":"张三","stu_id":1,"stu_age":18}]
def del_stu_info(name):
        exist=False
        for stu_info in stu_list:
            if stu_info["stu_name"]==name:
                exist=True
                stu_list.remove(stu_info)
                print("删除成功！")
        if exist==False:
            print("{}学生信息不存在".format(name))
```

system_untils.py 代码参考如下：

```
import stu_info_manage
import stu_edit_manage

def  main():
        while True:
            input_num=stu_info_manage.print_info()
            #程序判断 1-6，输入其他字符应该要进行提示
            if input_num=="1":
                print("执行添加操作")
                stu_edit_manage.add_stu_info()
            elif input_num=="2":
                print("执行删除操作")
                name=input("请输入要删除的学生姓名：")
                stu_edit_manage.del_stu_info(name)
            elif input_num=="3":
                print("执行修改操作")
                name=input("请输入要修改的学生姓名：")
                stu_edit_manage.modify_stu_info(name)
            elif input_num=="4":
                print("执行查询操作")
                name=input("请输入要查询的学生姓名：")
                stu_edit_manage.get_single_info(name)
            elif input_num=="5":
                print("执行浏览操作")
                stu_edit_manage.get_stu_info()
            elif input_num=="6":
```

```
                break
            else:
                print("字符输入错误，请按提示输入！")

if __name__=="__main__":
    main()
```

【本章习题】

一、判断题

1．模块就是一个普通的 Python 程序文件。(　　)

2．模块文件的扩展名可以是.txt。(　　)

3．Python 运行时只会从指定的目录中搜索导入的模块。(　　)

4．任何一个普通的 Python 文件都可以作为模块导入。(　　)

5．模块是一个可共享的程序。(　　)

6．Python 包可以是任何一个目录。(　　)

7．Python 中，包可以嵌套。(　　)

8．包目录中的__init__.py 文件内容可以为空。(　　)

9．json 字符串可以转换为 Python 类型，反过来也同样可以。(　　)

10．包是比模块更大的组织单位，一个包内可以包含多个模块。创建包的方法是：在 Python 的工作目录下的 lib 子目录中建立一个目录，这个建立的目录名就是包的名字。将模块置入包（目录）内。　　(　　)

二、填空题

1．在使用数学函数时，需要先导入模块，可以使用的命令是________或________。

2．在程序中，使用时间函数的代码是 t.time()，请写出模块导入的代码________。

3．json 字符串可以转换为 Python 类型，其方法是________。

4．Python 类型可以转换为 json 字符串，其方法是________。

5．获取当前时间，获取的时间使用时间元组方式展示，其函数是________。

6．获取本地的日期和时间的代码是________。

7．用户可以自行创建模块，方法是将自己的程序文件复制到 Python 的工作目录下的 lib 子目录，用________命令导入即可。

8．使用 import math as mymath 时，使用模块 math 中的求平方根的 sqrt()方法是________。

9．时间间隔是以________为单位的浮点小数。

10．作为包中的目录，要包含特殊的________文件。

第 6 章习题参考答案

第 7 章 Python 面向对象

Python 从设计之初就已经是一门面向对象的语言，正因为如此，在 Python 中创建一个类和对象是很容易的。

如果以前没有接触过面向对象的编程语言，那可能需要先了解面向对象语言的一些基本特征，在头脑里形成一个基本的面向对象的概念，这样有助于学习 Python 的面向对象编程。本章的目标是了解并掌握 Python 面向对象技术。

教学导航

学习目标 1. 了解 Python 面向对象技术

2. 了解并掌握 Python 类和对象的定义及使用

3. 了解并掌握 Python 类的继承

4. 了解并掌握 Python 类的方法重写与运算符重载

教学重点 Python 类和对象的定义，类的继承，类的方法重写与运算符重载

教学方式 案例教学法、分组讨论法、自主学习法、探究式训练法

课时建议 6 课时

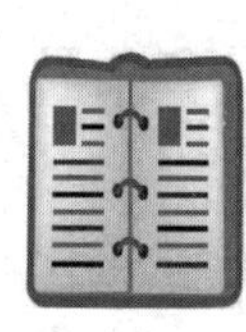

内容导读

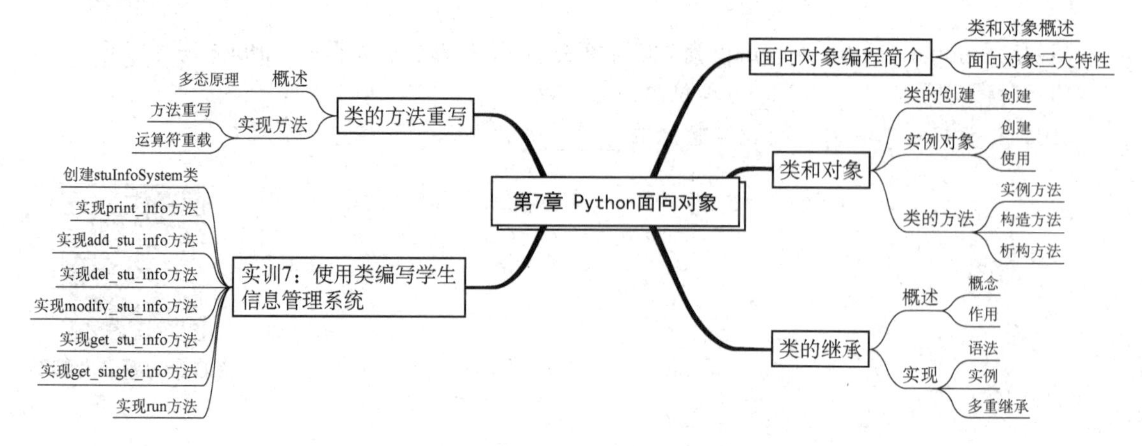

 7.1 面向对象编程简介

程序编写有两种方式：一种是面向过程的语言，典型的如C语言；一种是面向对象的语言，典型的如Java、C++、C#等语言。本节讲解Python面向对象技术。

【学习目标】

小节目标 1. 了解面向对象技术
2. 能区分面向对象和面向过程两种方法
3. 了解面向对象编程中类和对象的概念

面向过程：根据业务逻辑从上到下编写代码。

面向对象：将数据与函数绑定到一起，进行封装，这样能够更快速地开发程序，减少重复代码的重写过程。

面向过程编程最易被初学者接受，其往往用一长段代码来实现指定功能，开发过程的思路是将数据与函数按照执行的逻辑顺序组织在一起，数据与函数分开考虑。

以我们去买计算机的操作为例，它有两种方式可以选择。

1. 第一种方式，自己全程操作

（1）查找资料，确定需求和预算。
（2）根据需求和预算选定计算机的品牌型号。
（3）去市场找到各种店进行购买，不知道真假，只能随便找一家。
（4）在店里找业务员，业务员推荐了另外一款，配置更高价格更便宜。
（5）砍价付款。
（6）成交，把计算机带回家（把计算机带回家后，使用时发现各种问题）。

2. 第二种方式

（1）找一个懂计算机的计算机高手。
（2）给钱交易。

面向对象和面向过程都是解决问题的一种思路而已。

买计算机的第一种方式强调的是步骤、过程，每一步都是自己亲自去实现的，这种解决问题的思路就叫作面向过程。

买计算机的第二种方式强调的是雇用计算机高手。计算机高手是处理这件事的主角，对我们而言，我们并不必亲自实现整个步骤，只需要利用计算机高手就可以解决问题。这种解决问题的思路就是面向对象。用面向对象的思维解决问题的重点。

当遇到一个需求的时候不用自己去实现，如果需要自己一步步去实现那就是面向过程。如果找一个专门做这个事的人来做，这时候就是面向对象。面向对象是基于面向过程的。

面向对象编程（Object Oriented Programming，OOP）也就是面向对象程序设计。按人们认识客观世界的系统思维方式，采用基于对象（实体）的概念建立模型，模拟客观世界分析、

设计、实现软件的办法。这种方法把软件系统中相近或相似的操作逻辑和操作应用数据、状态，以类的形式描述出来，以对象实例的形式在软件系统中复用，以达到提高软件开发效率的作用。

面向对象编程有 2 个非常重要的概念：类和对象。

现实世界中的任何事件都可以称为对象，对象是构成世界的一个独立单位，例如，能运送人或货物的“运输工具”有飞机、轮船、火车、卡车、轿车等，这些都是对象。

把众多的事物归纳、划分成一些类是人类在认识客观世界经常采用的思维方法。

把具有共同性质的事物划分为一类，得出一个抽象的概念。例如，汽车、车辆、运输工具等都是一些抽象概念，它们是一些具有共同特征的事件的集合，被称为类。

在面向对象编程中，对象是面向对象编程的核心。在使用对象的过程中，和认识客观事物一样，为了将具有共同特征和行为的一组对象抽象定义，提出了类的概念。

类是抽象的，在使用的时候通常首先会找到这个类的一个具体的存在，然后使用这个具体的存在。一个类可以有多个对象。类是用来描述具有相同属性和方法的对象的集合。它定义了该集合中每个对象所共有的属性和方法。对象是类的实例。

人类在设计事物时，主要包括以下 3 个方面。

- 事物名称：如人。
- 事物的属性：如人的身高、体重、年龄等。
- 事物的方法（行为/功能）：如人学习、工作等。

根据人类设计事物的特点，对类也做了定义。类由以下 3 个部分构成。

- 类的名称：类名。
- 类的属性：一组静态的数据。
- 类的方法：类能够进行操作的方法（行为）。

7.2 类和对象

类是一种数据结构，是现实世界中实体的集合，在程序设计中以编程形式出现。本节介绍类的编程定义，讲解类的创建。

【学习目标】

小节目标
1. 了解并掌握类的创建
2. 了解并掌握实例对象及属性访问
3. 了解并掌握类的构造方法、析构方法及私有方法

7.2.1 类的创建

Python 是面向对象的语言。对象在创建前，需要先定义一个类，然后通过类才能创建实例对象。在 Python 中，使用 class 语句来创建一个新类，class 之后为类的名称并以冒号结尾。类名使用驼峰（CamelCase）命名风格，首字母大写，私有类可用一个下画线开头。

类定义格式如下：

```
class ClassName:
    '类的帮助信息'    #类文档字符串
    class_suite   #类体
```

class_suite 由类属性、成员、方法组成。

例 7-2-1 定义一个 Stu 类。

```
class Stu:
    name = "张三"


print(Stu.name)
```

以上实例输出结果如下：

```
张三
```

定义一个 Stu 类，类里定义了 name 属性，默认值为“张三”。该 name 就是类 Stu 的属性，这种属性是定义在类中的，也称为类属性。类属性可以通过使用类名称来读取访问，还可以使用类的实例对象进行访问（在下一小节中进行介绍）。

类属性使用类名称访问，访问方式如下：

```
类名.属性
```

如上例中的 Stu.name。

类属性是与类绑定的。如果要修改类的属性，则必须使用类名访问它，此时不能使用对象实例访问（通过对象实例访问结果在 7.3 节中进行介绍），如例 7-2-2 所示。

例 7-2-2 类属性访问实例。

```
class Stu:
    name = "张三"


print("name 的初始值是：",Stu.name)
Stu.name="李明"
print("name 的现值是：",Stu.name)
```

以上实例输出结果如下：

```
name 的初始值是： 张三
name 的现值是： 李明
```

在 Python 中，没有 public 和 private 这些关键字来区别公有属性和私有属性。Python 使用属性命名方式来区分公有属性和私有属性。之前所定义的 name 属性，是公有属性，可以直接在类外面进行访问。如果定义的属性不想被外部访问，则需要将它定义成私有的，私有属性需在前面加两个下画线“_”。类的方法也一样，方法前加了两个下画线符号表示私有，否则就表示公有，如例 7-2-3 所示。

例 7-2-3 类私有属性操作实例。

```
class Stu:
    _ _name = "张三"

print("name 的初始值是：",Stu._ _name)
```

以上实例输出结果错误，提示如下：

```
Traceback (most recent call last):
  File "I:/ Python/例题/7/例 7-2-3.py", line 5, in <module>
    print("name 的初始值是：",Stu.__name)
AttributeError: type object 'Stu' has no attribute '__name'
```

程序运行报错，提示找不到__name 属性。因为__name 是私有属性。私有属性不能在类外通过对象名来进行访问。

在 Python 中，有一些特殊的属性定义，主要是内置类属性。

内置类属性包括以下几种。

- __dict__：类的属性（包含一个字典，由类的数据属性组成）。
- __doc__：类的文档字符串。
- __name__：类名。
- __module__：类定义所在的模块（类的全名是"__main__.className"，如果类位于一个导入模块 mymod 中，那么 className.__module__ 等于 mymod）。
- __bases__：类的所有父类构成元素（包含了由所有父类组成的元组）。

7.2.2 实例对象

程序想要完成具体的功能，仅有类是不够的，需要根据类创建实例对象，通过实例对象完成具体的功能。

实例对象，就是为类创建一个具体的实例化的对象，以使用类的相关属性和方法。

Python 中，创建类的实例化对象不需使用 new，可以直接赋值，语法如下：

```
对象名=类名（）
```

创建一个类的实例，使用类的名称，并通过__init__( )方法接收参数，如例 7-2-4 所示。

例 7-2-4 创建类的对象实例。

```
class Stu:
    #'定义一个属性
    name = "张三"
    age=19

#创建 Stu 类的对象
stu = Stu()
print("学生姓名:%s,年龄:%d"%(stu.name,stu.age))
```

以上实例输出结果如下：

```
学生姓名:张三,年龄:19
```

7.2.3 类的方法

在类的内部，使用 def 关键字可以为类定义一个方法，与一般函数定义不同，类方法必须包含参数 self，且为第一个参数。

1. 构造方法

构造方法__init__()是一种特殊的方法，被称为类的构造函数或初始化方法，用来进行一些初始化的操作，在对象创建时就设置好属性。如果用户没有重新定义构造函数，则系统自动执行默认的构造方法。这个方法不需要显式调用，当创建了这个类的实例时就会调用该方法。

在构造方法__init__()中，init前后用两个下画线开头和结尾，是Python内置的方法，用于在对象实例化时对实例进行的初始化工作。例如，显示一个姓名叫"张三"，学号是1号的学生，可以直接使用构造方法进行定义，如例7-2-5所示。

例7-2-5 类的构造方法实例。

```
class Stu:

#构造方法
    def __init__(self):
        self.name = "张三"
        self.stuid = 1

    def displayCount(self):
        print("学生姓名：%s，学号%d"%(self.name,self.stuid))

stu=Stu()
stu.displayCount()
```

以上实例输出结果如下：

```
学生姓名：张三，学号1
```

在该例子中，构造方法和自定义方法，都有参数self。

所谓的self，可以理解为"自己"，如同C++中类里面的this指针一样，就是对象自身的意思。在方法的定义中，第一个参数永远是self。某个对象调用其方法时，Python解释器会把这个对象作为第一个参数传递给self，所以开发者只需要传递后面的参数即可。

self仅仅是一个变量名，也可将self换为其他任意的名字，但是为了能够让其他开发人员能明白该变量的意思，因此一般都会把self当作名字。

在上例的构造方法中，直接给出了学生的姓名和学号。但实际上，对象的属性需要动态添加，在对象创建完成时确定对象的属性值。需要使用带参数的构造方法，在构造方法中传入参数设置属性的值，如例7-2-6所示。

例7-2-6 带参数的构造方法操作实例。

```
class Stu:
    #'所有父类'
    empCount=0

    #构造方法
    def __init__(self,name,stuid):
        self.name = name
        self.stuid = stuid
        Stu.empCount += 1
```

```
    def displayCount(self):
        print("学生总数%d 人"%(Stu.empCount))

    def displaystu(self):
        print("Name : ", self.name,   ", stuid: ", self.stuid)
stu=Stu("张三",1)
stu.displayCount()
stu.displaystu()
```

以上实例输出结果如下：

```
学生总数 1 人
Name :  张三 , stuid:  1
```

在上例中，empCount 变量是一个类变量，它的值将在这个类的所有实例之间共享。内部类或外部类可使用“类名.属性”（Stu.empCount）访问。

_ _init_ _()方法，在创建一个对象时默认被调用，不需要手动调用。其默认有 1 个参数名字为 self，如果在创建对象时传递了 2 个实参，那么_ _init_ _(self)中除了 self 作为第一个形参外还需要 2 个形参，例如_ _init_ _(self, name, stuid)。

_ _init_ _(self)中的 self 参数，不需要开发者传递，Python 解释器会自动把当前的对象引用传递进去。

2. 析构方法

_ _init_ _()方法是析构方法，当创建对象后，Python 解释器会调用_ _init_ _()方法。当删除一个对象来释放类所占用的资源时，Python 解释器会调用另外一个方法，也就是析构方法。

析构方法_ _del_ _()，使用 del 命令，前后同样用两个下画线开头和结尾。该方法同样不需要显式调用，在释放对象时进行调用，可以进行释放资源的操作，如例 7-2-7 所示。

例 7-2-7 析构方法操作实例。

```
class Stu:

#构造方法
    def _ _init_ _(self,name,stuid):
        self.name =name
        self.stuid = stuid

#析构方法
    def _ _del_ _(self):
        print("已释放资源")

stu=Stu("张三",1)
del stu   #删除对象 触发析构方法
#del stu.name   #这是属性的删除 不会触发，删除整个实例时才会触发
print("进行垃圾回收")
```

以上实例输出结果如下：

```
已释放资源
进行垃圾回收
```

上例中，执行到del stu语句时，此时删除stu对象会触发析构方法，显示“已释放资源”。但如果不执行del stu语句，换成del stu.name语句，则不会显示“已释放资源”，表明没有执行析构方法，因为此时stu对象存在，只不过stu的name属性被删除了。

析构方法必须在整个实例对象已被删除后才能触发。

3. 封装

面向对象编程的特性是封装、继承与多态。封装是隐藏属性、方法与方法实现细节的过程。封装是在变量或方法名前加两个下画线，封装后，私有的变量或方法只能在定义它们的类内部调用，在类外和子类中不能直接调用。

封装的语法如下：

```
私有变量：__变量名
私有方法：__方法名()
```

通过设置私有变量或私有方法，实现封装，在变量名或方法名前加上“__”（两个下画线）。私有变量，可以避免外界对其随意赋值，保护类中的变量；私有方法，不允许从外部调用。对私有变量可以添加供外界调用的变通方法，用于修改或读取变量的值。私有方法和私有变量的操作如例7-2-8所示。

例7-2-8 类的私有方法操作实例。

```
#coding=utf-8
class JustCounter:
    __secretCount = 0   # 私有变量
    publicCount = 0     # 公开变量

    def count(self):
        self.__secretCount += 1
        self.publicCount += 1
        print(self.__secretCount)

counter = JustCounter()
counter.count()
counter.count()
print(counter.publicCount)
print(counter.__secretCount)  # 报错，实例不能访问私有变量
```

以上实例输出结果如下：

```
1
2
2
Traceback (most recent call last):
  File "I:/ Python/例题/7/例 7-2-7.py", line 15, in <module>
    print(counter.__secretCount)  # 报错，实例不能访问私有变量
AttributeError: 'JustCounter' object has no attribute '__secretCount'
```

Python不允许实例化的类访问私有数据，所以上例中最后一行代码报错。如果需要访问私有属性，则可用object._className__attrName访问属性，将如下代码替换以上代码的最后一行代码：

```
print(counter._JustCounter__secretCount)
```

执行以上代码，执行结果如下：

```
1
2
2
2
```

7.3 类的继承

继承是面向对象的编程的三大特性之一，继承可以解决编程中的代码冗余问题，是实现代码重用的重要手段。本节的目标是了解并掌握类的继承。

【学习目标】

小节目标 1. 了解继承的特点
2. 了解并掌握 Python 类的继承
3. 了解并掌握子类属性及方法定义

面向对象的编程带来的主要好处之一是代码的重用，实现这种重用的方法之一是通过继承机制实现的。继承完全可以理解成类之间的类型和子类型关系。

类的继承是指在一个现有类的基础上，构建一个新的类。构建的新类能自动拥有原有类的属性和方法。构建出来的新类叫子类，原有类称为父类。

继承的语法格式如下：

```
class 子类名(父类名):
```

如现有一个类，类名为A，定义如下：

```
class A(object):
```

现要定义类B继承类A，将B类当作A类的子类，则B类定义如下：

```
class B(A):
```

需要注意的是，继承语法“class 子类名(父类名):”也可写成“class 派生类名(父类名):”，其中，父类名写在括号中，父类是在类定义时，在元组之中指明的。

在Python中继承具有如下一些特点：

- 在继承中父类的构造（__init__()方法）不会被自动调用，它需要在其子类的构造中亲自专门调用。
- 在调用父类的方法时，需要加上父类的类名前缀，且需要带上self参数变量，以区别于在类中调用普通函数时并不需要带上self参数。
- Python总是首先查找对应类型的方法，如果它不能在子类中找到对应的方法，它才到父类中逐个查找（先在本类中查找调用的方法，找不到才到父类中找）。

如果在继承元组中列了一个以上的类，那么它就被称为“多重继承”。子类的声明，与它们的父类类似，继承的父类列表跟在类名之后，其语法为：

```
class 类名(父类名 1[,父类名 2, ...]):
    子类中语句
```

例 7-3-1 类的继承操作实例。

```
#coding=utf-8
class Parent:              # 定义父类
    parentAttr = 100
    def __init__(self):
        print("调用父类构造函数")

    def parentMethod(self):
        print("调用父类方法")

    def setAttr(self, attr):
        Parent.parentAttr = attr

    def getAttr(self):
        print("父类属性 :", Parent.parentAttr)

class Child(Parent): # 定义子类
    def __init__(self):
        print("调用子类构造方法")

    def childMethod(self):
        print("调用子类方法 child method")

c = Child()              # 实例化子类
c.childMethod()          # 调用子类的方法
c.parentMethod()         # 调用父类方法
c.setAttr(200)           # 再次调用父类的方法
c.getAttr()              # 再次调用父类的方法
```

以上实例输出结果如下：

```
调用子类构造方法
调用子类方法 child method
调用父类方法
父类属性 : 200
```

继承多个类操作示意如下：

```
class A:           # 定义类 A
.....
class B:            # 定义类 B
.....
class C(A, B):     # 继承类 A 和 B
.....
```

可以使用 issubclass()或者 isinstance()方法来检测是否是子类，方法如下。

- issubclass()布尔函数用于判断一个类是另一个类的子类或者子孙类，其语法为：issubclass(sub,sup)。

● isinstance(obj,Class)布尔函数，如果 obj 是 Class 类的实例对象或者是一个 Class 子类的实例对象则返回 True。

7.4 类的方法重写

面向对象编程三大特性是封装、继承和多态。实现多态的技术基础除了继承，还有方法重写。本节的目标是了解并掌握方法重写与运算符重载。

【学习目标】

小节目标 1. 了解并掌握方法重写
2. 了解类的功能方法
3. 了解并掌握运算符的重载
4. 了解常见运算符重载方法

7.4.1 方法重写

面向对象编程三大特性中的最后一个特性是多态。多态的含义是指能够呈现多种不同的形式或形态。在编程术语中，它的意思是一个变量可以引用不同类型的对象，并能自动调用被引用对象的方法，从而根据不同的对象类型响应不同的操作。继承和方法重写是实现多态的技术基础。

如果父类方法的功能不能满足需求，则可以在子类重写父类的方法，此时执行子类的方法，不再执行父类的方法，操作实例如例 7-4-1 所示。

例 7-4-1 方法重写操作实例。

```
#coding=utf-8
class Parent:           # 定义父类
    def myMethod(self):
        print ('调用父类方法')

class Child(Parent): # 定义子类
    def myMethod(self):
        print('调用子类方法')

c = Child()              # 子类实例
c.myMethod()             # 子类调用重写方法
```

以上代码输出结果如下：

```
调用子类方法
```

表 7-4-1 列出了一些通用的类的功能方法。

表 7-4-1　类的功能方法一览表

序号	方法，描述 & 简单的调用
1	_ _init_ _(self [，args...]) 构造函数 简单的调用方法：obj = className(args)
2	_ _del_ _(self) 析构方法，删除一个对象 简单的调用方法：dell obj
3	_ _repr_ _(self) 转换为供解释器读取的形式 简单的调用方法：repr(obj)
4	_ _str_ _(self) 用于将值转换为适于人阅读的形式 简单的调用方法：str(obj)
5	_ _cmp_ _(self,x) 对象比较 简单的调用方法：cmp(obj,x)

7.4.2　运算符重载

Python 语言提供了运算符重载功能，增强了语言的灵活性，这一点与 C++有点类似但又有些不同。Python 运算符重载就是通过重写这些 Python 内置方法来实现的。这些方法都是以双下画线开头和结尾的，类似于_ _X_ _的形式，Python 通过这种特殊的命名方式来实现重载。当 Python 的内置操作运用于类对象时，Python 会去搜索并调用对象中指定的方法完成操作。

类可以重载加减运算、打印、函数调用、索引等内置运算，运算符重载使我们的对象的行为与内置对象的一样。Python 在调用操作符时会自动调用这样的方法。

常见运算符重载方法如表 7-4-2 所示。

表 7-4-2　常见运算符重载方法

方法	说明	调用
_ _init_ _	构造函数	对象创建:X = Class(args)
_ _del_ _	析构函数	X 对象收回
_ _add_ _	云算法+	如果没有_iadd_,则可以 X+Y,X+=Y
_ _or_ _	运算符|	如果没有_ior_,则可以 X|Y,X|=Y
_ _repr_ _,_ _str_ _	打印，转换	print(X),repr(X),str(X)
_ _call_ _	函数调用	X(*args,**kwargs)
_ _getattr_ _	点号运算	X.undefined
_ _setattr_ _	属性赋值语句	X.any=value
_ _delattr_ _	属性删除	del X.any
_ _getattribute_ _	属性获取	X.any
_ _getitem_ _	索引运算	X[key],X[i:j]
_ _setitem_ _	索引赋值语句	X[key],X[i:j]=sequence

续表

方法	说明	调用
_ _delitem_ _	索引和分片删除	del X[key],del X[i:j]
_ _len_ _	长度	len(X),如果没有_ _bool_ _,则采用真值测试
_ _bool_ _	布尔测试	bool(X)
_ _lt_ _,_ _gt_ _, _ _le_ _,_ _ge_ _, _ _eq_ _,_ _ne_ _	特定的比较	X<Y,X>Y,X<=Y,X>=Y,X==Y,X!=Y 注释:(lt:less than,gt:greater than, le:less equal,ge:greater equal, eq:equal,ne:not equal)
_ _radd_ _	右侧加法	other+X
_ _iadd_ _	实地（增强的）加法	X+=Y(or else _ _add_ _)
_ _iter_ _,_ _next_ _	迭代环境	I=iter(X),next()
_ _contains_ _	成员关系测试	item in X(任何可迭代)
_ _index_ _	整数值	hex(X),bin(X),oct(X)
_ _enter_ _,_ _exit_ _	环境管理器	with obj as var:
_ _get_ _,_ _set_ _, _ _delete_ _	描述符属性	X.attr,X.attr=value,del X.attr
_ _new_ _	创建	在_ _init_ _之前创建对象

例如，如果类实现了_ _add_ _方法，则当类的对象出现在+运算符中时会调用这个方法。为更好地理解运算符重载，以加减运算_ _add_ _和_ _sub_ _为例进行操作说明。重载这两个方法就可以在普通的对象上添加+、−运算符进行操作。下面的代码演示了如何使用+、−运算符，如例 7-4-2 所示。

例 7-4-2 加减运算重载实例。

```
class Computation():
    def __init__(self,value):
        self.value = value
    def __add__(self,other):
        return self.value + other
    def __sub__(self,other):
        return self.value - other

c = Computation(5)
x=c + 5
print("重构后加法运算结果是：",x)
y=c - 3
print("重构后减法运算结果是：",y)
```

以上实例输出结果如下：

```
重构后加法运算结果是： 10
重构后减法运算结果是： 2
```

在上述实例中，如果将代码中的_ _sub_ _方法去掉，则在调用减号运算符程序时就会出错。

7.5 实训 7：使用类编写学生信息管理系统

【任务描述】

在教材第 5 章的实训 5 中，建立了一个学生信息管理系统，使用列表中嵌套字典来保存用户数据，用户初始数据如下：

```
stu_list=[{"stu_name"："张三"，"stu_id"：1，"stu_age"：18}]
```

使用函数实现操作信息提示，提示内容如下所示：

```
欢迎访问学生信息管理系统，请按提示输入操作！
1. 添加学生信息
2. 删除学生信息
3. 修改学生信息
4. 查询学生信息
5. 浏览学生信息
6. 退出系统
请输入要操作的序号：
```

用户输入相关的操作序号后，能调用相应的方法来实现相应的操作。现将其代码进行修改，改为类的方式进行操作。

【操作提示】

启动 IDLE，选择“File\New File”命令，打开 IDLE 编辑器，在代码编辑窗口中输入代码。

- 创建 stuInfoSystem 类。

在类中定义__init__初始化函数，将用户初始数据写入类初始化函数内。

- 编写功能函数。

编写主函数并进行调用。

参考代码如下：

【参考代码】

```
# -*- coding: utf-8 -*-
#学生信息管理系统，用类进行处理，将数据保存在列表中
#数据的初值写在列表中，列表中嵌套字典，单个学生的数据使用字典存储
class stuInfoSystem:

    def __init__(self):#__init__是类的初始化函数，
        #参数 self 表示自身，类中其他函数就可以调用初始化函数中的数据
        self.stu_list=[{"stu_name":"小明","stu_id":1,"stu_age":18}]
    #1 提示信息，提示函数:
    def print_info(self):
        #打印提示信息，返回输入信息
```

```
        print("欢迎访问学生信息管理系统，请按提示输入操作！")
        print("1.添加学生信息")
        print("2.删除学生信息")
        print("3.修改学生信息")
        print("4.查询学生信息")
        print("5.浏览学生信息")
        print("6.退出系统")
        input_num=input("请输入要操作的序号：")
        return input_num

    #添加函数
    def add_stu_info(self):
        name=input("请输入姓名：")
        stu_id=input("请输入学号：")
        age=input("请输入年龄:")
        stu_info={"stu_name":name,"stu_id":stu_id,"stu_age":age}
        self.stu_list.append(stu_info)
        print("添加成功")

    #浏览学生信息
    def get_stu_info(self):
        for stu_info in self.stu_list:
            print(stu_info)
            #按格式输出：姓名：  ，学号    ，年龄：
            name=stu_info["stu_name"]
            stu_id=stu_info["stu_id"]
            age=stu_info["stu_age"]
            #1.普通方式输出
            #print("姓名：",name,",学号：",stu_id,",年龄：",age)
            #2.使用占位符，格式化输出，字符占位%s，数字占位%d,变量通过%引入，需要和占位
符一一对应
            #print("姓名：%s，学号：%s，年龄：%s"%(name,stu_id,age))
            #3.使用 format 格式化输出方法，在字符串使用{}占位
            print("姓名：{}，学号：{}，年龄：{}".format(name,stu_id,age))

    #查询学生信息
    def get_single_info(self,name):
        exist=False
        for stu_info in self.stu_list:
            if stu_info["stu_name"]==name:
                exist=True
                name=stu_info["stu_name"]
                stu_id=stu_info["stu_id"]
                age=stu_info["stu_age"]
                print("姓名：{}，学号：{}，年龄：{}".format(name,stu_id,age))
        if exist==False:
            print("{}学生信息不存在".format(name))#不能放在循环体内
        #使用 for...else 实现判断

    #修改学生信息：
```

```
    def modify_stu_info(self,name):
        exist=False
        for stu_info in self.stu_list:
            if stu_info["stu_name"]==name:
                exist=True
                stu_id=input("请输入要修改的学号：")
                age=input("请输入要修改的年龄：")
                stu_info["stu_id"]=stu_id
                stu_info["stu_age"]=age
                print("修改成功！")
        if exist==False:
            #如果无此学生数据，提示学生信息不存在
            print("{}学生信息不存在".format(name))#不能放在循环体内

    #删除学生信息
    def del_stu_info(self,name):
        exist=False
        for stu_info in self.stu_list:
            if stu_info["stu_name"]==name:
                exist=True
                self.stu_list.remove(stu_info)
                print("删除成功！")
        if exist==False:
            #如果无此学生数据，提示学生信息不存在
            print("{}学生信息不存在".format(name))

    #定义运行的主函数
    def run(self):
        while True:
            #调用显示信息函数，函数必须要通过调用才能运行
            input_num=self.print_info()
            #程序只判断1～6，输入其他字符应该要进行提示，程序采用6个if语句，建议用一条
if语句执行
            if input_num=="1":
                print("执行添加操作")
                self.add_stu_info()
            elif input_num=="2":
                print("执行删除操作")
                name=input("请输入要删除的学生姓名：")
                self.del_stu_info(name)#函数获取外部数据的来源，通过参数
            elif input_num=="3":
                print("执行修改操作")
                name=input("请输入要修改的学生姓名：")
                self.modify_stu_info(name)#函数调用时要和定义的格式匹配
            elif input_num=="4":
                print("执行查询操作")
                name=input("请输入要查询的学生姓名：")
                self.get_single_info(name)
            elif input_num=="5":
                print("执行浏览操作")
                self.get_stu_info()
```

```
            elif input_num=="6":
                break
            else:
                print("字符输入错误，请按提示输入！")

#调用主函数，执行操作。采用 if _ _name_ _="_ _main_ _":写法，表示如果是外部文件调用，不执行此处代码。_ _name_ _是指示当前 py 文件调用方式的方法。如果它等于"_ _main_ _"就表示直接执行，如果不是，则用来被别的文件调用，这个时候 if 就为 False，那么就不执行外层的代码。
if _ _name_ _=="_ _main_ _":
    #类的方法是需要通过对象执行的，类需要实例化为对象，通过对象调用相关方法（不包括类的静态方法）进行操作
    #实例化对象：对象=类()
    stuInfo=stuInfoSystem()
    #通过对象 stuInfo 调用类的 run()方法
stuInfo.run()
```

【本章习题】

一、判断题

1．面向对象程序语言的三个基本特征是：封装、继承与多态。（　　）

2．构造器方法_ _init_ _()是 Python 语言的构造函数。（　　）

3．在 Python 语言的面向对象程序中，属性有两种：类属性和实例属性，它们分别通过类和实例访问。（　　）

4．使用实例或类名访问类的数据属性时，结果不一样。（　　）

5．解释器方法_ _del_ _()是 Python 语言的析构函数。（　　）

6．在 Python 语言中，运算符是可以重载的。（　　）

7．子类只能从一个父类继承。（　　）

8．在 Python 语言中，函数重载只考虑参数个数不同的情况。（　　）

9．在 Python 语言中，子类中的同名方法将自动覆盖父类的同名方法。（　　）

10．类中定义的函数会有一个名为 self 的参数，调用函数时，不传实参给 self，所以，调用函数的实参个数比函数的形参个数少 1。（　　）

二、填空题

1．Python 使用________关键字来定义类。

2．类由________、________、________3 个部分构成。

3．现有一个类 Student，现要为该类定义对象 stu，代码是________________。

三、程序练习

现成立学生竞赛小组，名额三人，让学生进行报名。可以单个报名，也可以几人同时报名，同时报名人数不得超过空余名额数。报名满了后不再接受报名。

要求：

（1）显示学生竞赛小组的空余名额、成员名单。

（2）学生报名人数及名单，如：第一次，“张三”一人报名；第二次“李力、王明”两人

报名；第三次，“刘红”一人报名。

如果人数小于等于空余人数，则添加报名人数和名单到竞赛小组中；如果超过空余人数，则提示错误。

请用面向对象的方法设计程序并编码实现。

第 7 章习题参考答案

第 8 章 文件处理

使用文件的目的就是把一些文件存放起来，可以让程序下一次执行时直接使用，而不必新制作一份。

文件的操作包括创建、打开、读写、命名、备份、删除等。本章主要介绍文本文件和 csv 件的操作。

教学导航

学习目标 1. 了解 os 模块
2. 了解并掌握文件夹的操作
3. 了解并掌握重命名和删除文件
4. 了解并掌握文件的打开和关闭方法
5. 了解并掌握文件的读写方法
6. 了解并掌握 csv 文件操作

教学重点 文件的打开和关闭，文件读写，重命名和删除文件，csv 文件操作

教学方式 案例教学法、分组讨论法、自主学习法、探究式训练法

课时建议 6 课时

内容导读

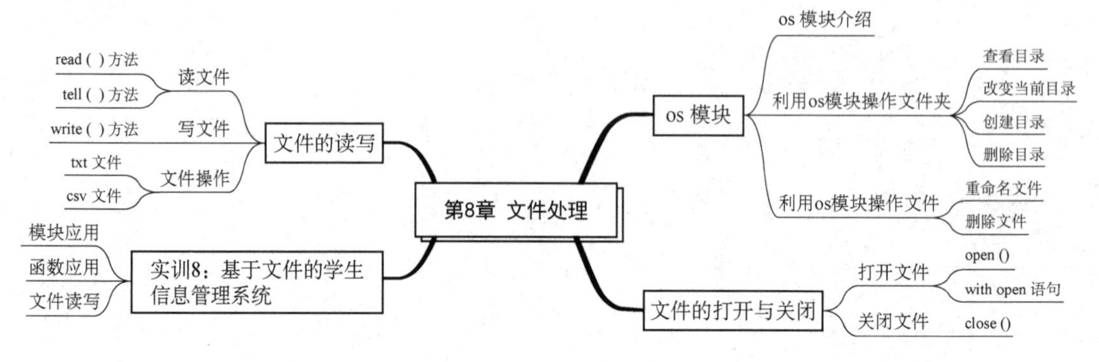

8.1 os 模块

os 模块是 Python 内置的一个模块，用来处理文件及目录。os 模块功能强大，涵盖了文件系统所有的处理方法。

【学习目标】

小节目标
1. 了解并熟悉 os 模块操作函数
2. 了解并掌握文件的绝对路径和拼接路径
3. 了解并掌握文件获得程序所在的实际目录的方法
4. 了解并掌握文件重命名的方法
5. 了解并掌握批量文件重命名的方法
6. 了解并掌握删除文件的方法
7. 了解文件夹的基本操作
8. 了解并掌握 os 模块目录操作方法

8.1.1 os 模块介绍

os 模块在使用之前需要导入，导入后建议使用 dir 命令查看 os 里面的子模块和方法，如图 8-1-1 所示。

os 模块的方法区分文件系统，在 Windows 和 Linux 下方法功能相同，都用于提供系统级别的操作。os 模块操作函数如表 8-1-1 所示。

```
>>> import os
>>> dir(os)
['DirEntry', 'F_OK', 'MutableMapping', 'O_APPEND', 'O_BINARY', 'O_CREAT', 'O_EXCL
', 'O_NOINHERIT', 'O_RANDOM', 'O_RDONLY', 'O_RDWR', 'O_SEQUENTIAL', 'O_SHORT_LIVE
D', 'O_TEMPORARY', 'O_TEXT', 'O_TRUNC', 'O_WRONLY', 'P_DETACH', 'P_NOWAIT', 'P_NO
WAITO', 'P_OVERLAY', 'P_WAIT', 'PathLike', 'R_OK', 'SEEK_CUR', 'SEEK_END', 'SEEK_
SET', 'TMP_MAX', 'W_OK', 'X_OK', '_Environ', '__all__', '__builtins__', '__cached
__', '__doc__', '__file__', '__loader__', '__name__', '__package__', '__spec__',
'_execvpe', '_exists', '_exit', '_fspath', '_get_exports_list', '_putenv', '_unse
tenv', '_wrap_close', 'abc', 'abort', 'access', 'altsep', 'chdir', 'chmod', 'clos
e', 'closerange', 'cpu_count', 'curdir', 'defpath', 'device_encoding', 'devnull',
'dup', 'dup2', 'environ', 'error', 'execl', 'execle', 'execlp', 'execlpe', 'execv
', 'execve', 'execvp', 'execvpe', 'extsep', 'fdopen', 'fsdecode', 'fsencode', 'fs
path', 'fstat', 'fsync', 'ftruncate', 'get_exec_path', 'get_handle_inheritable',
'get_inheritable', 'get_terminal_size', 'getcwd', 'getcwdb', 'getenv', 'getlogin'
, 'getpid', 'getppid', 'isatty', 'kill', 'linesep', 'link', 'listdir', 'lseek',
'lstat', 'makedirs', 'mkdir', 'name', 'open', 'pardir', 'path', 'pathsep', 'pipe',
'popen', 'putenv', 'read', 'readlink', 'remove', 'removedirs', 'rename', 'renames
', 'replace', 'rmdir', 'scandir', 'sep', 'set_handle_inheritable', 'set_inheritab
le', 'spawnl', 'spawnle', 'spawnv', 'spawnve', 'st', 'startfile', 'stat', 'stat_r
esult', 'statvfs_result', 'strerror', 'supports_bytes_environ', 'supports_dir_fd'
, 'supports_effective_ids', 'supports_fd', 'supports_follow_symlinks', 'symlink',
'sys', 'system', 'terminal_size', 'times', 'times_result', 'truncate', 'umask', '
uname_result', 'unlink', 'urandom', 'utime', 'waitpid', 'walk', 'write']
```

图 8-1-1 os 模块方法和子模块

表 8-1-1　os 模块操作函数一览表

函数	说明
os.getcwd()	获取当前工作目录，即当前 Python 脚本工作的目录路径
os.chdir("dirname")	改变当前脚本工作目录，相当于 shell 下的 cd 命令
os.curdir	返回当前目录（'.'）
os.pardir	获取当前目录的父目录字符串名（'..'）
os.makedirs('dir1/dir2')	可生成多层递归目录
os.removedirs('dirname1')	若目录为空，则删除，并递归到上一级目录，如若上一级目录也为空，则删除，依此类推
os.mkdir('dirname')	生成单级目录，相当于 shell 中的 mkdirdirname 命令
os.rmdir('dirname')	删除单级空目录，若目录不为空则无法删除，报错，相当于 shell 中的 rmdirdirname 命令
os.listdir('dirname')	列出指定目录下的所有文件和子目录，包括隐藏文件，并以列表方式打印
os.remove()	删除一个文件
os.rename("oldname","new")	重命名文件/目录
os.stat('path/filename')	获取文件/目录信息
os.sep	操作系统特定的路径分隔符，Windows 下为“\\”，Linux 下为“/”
os.linesep	当前平台使用的行终止符，Windows 下为“\t\n”，Linux 下为“\n”
os.pathsep	用于分割文件路径的字符串
os.name	字符串指示当前使用平台，Windows->'nt, Linux->'posix'
os.system("bashcommand")	运行 shell 命令，直接显示
os.environ	获取系统环境变量
os.path.abspath(path)	返回 path 规范化的绝对路径
os.path.split(path)	将 path 分割成文件名和路径二元组返回
os.path.splitext(path)	将 path 分割成文件名与扩展名二元组返回
os.path.dirname(path)	返回 path 的目录。其实就是 os.path.split(path)的第一个元素
os.path.basename(path)	返回 path 最后的文件名。如果 path 以/或\结尾，那么就返回空值，即 os.path.split(path)的第二个元素
os.path.exists(path)	如果 path 存在，则返回 True；如果 path 不存在，则返回 False
os.path.isabs(path)	如果 path 是绝对路径，则返回 True
os.path.isfile(path)	如果 path 是一个存在的文件，则返回 True，否则返回 False
os.path.isdir(path)	如果 path 是一个存在的目录，则返回 True，否则返回 False
os.path.join(path1[,path2[,...]])	将多个路径组合后返回，第一个绝对路径之前的参数将被忽略
os.path.getatime(path)	返回 path 所指向的文件或者目录的最后存取时间
os.path.getmtime(path)	返回 path 所指向的文件或者目录的最后修改时间

2. os 模块常用方法

在读写文件时，经常需要用到文件的绝对路径和相对路径。绝对路径是指从盘符开始的路径，如“D:\python\例题”；相对路径是指以当前目录为参考的路径，如“\例题”。使用 os 模块可以获取到当前文件的绝对路径和拼接路径，如例 8-1-1 和例 8-1-2 所示。

例 8-1-1 使用 os 模块来获取当前文件的绝对路径并输出文件内容实例。

```
import os
file_DIR = os.path.dirname(__file__) #获取当前文件夹的绝对路径
print(file_DIR)
file_path = os.path.join(file_DIR, 'Test.txt') #获取当前文件夹内的 Test.txt 文件
Test_Data = open(file_path, "r") #读取文件
for line in Test_Data:
    print(line)
Test_Data.close() #关闭文件
```

上例中首先使用了 os 模块的 os.path.dirname(path)方法，获取到当前目录的绝对路径，然后再获取文件并按行进行输出。

例 8-1-2 使用 os 模块来获取当前文件的拼接路径并输出文件内容实例。

```
import os
BASE_DIR = os.path.dirname(os.path.dirname(__file__))#获取当前文件夹的父目录绝对路径
print(BASE_DIR)
file_path = os.path.join(BASE_DIR,'file','Test.txt')#获取 file 文件夹中的 Test.txt 文件
Test_Data = open(file_path, "r") #读取文件
for line in Test_Data:
    print(line)
Test_Data.close() #关闭文件
```

上例中首先连续使用了 os 模块的 os.path.dirname(path)方法、os.path.dirname(os.path.dirname(__file__))，获取到当前目录的父目录绝对路径，然后再获取文件并按行进行输出。

使用 os 模块可以获得程序所在的实际目录，如例 8-1-3 所示。

例 8-1-3 使用 os 模块来获取文件的实际目录并输出文件内容实例。

```
import os
file_DIR = os.path.dirname(__file__) #获取当前文件夹的绝对路径
print(file_DIR)
file_path = os.path.join(file_DIR, 'test.txt') #获取当前文件夹内的 Test.txt 文件
Test_Data = open(file_path, "r") #读取文件
for line in Test_Data:
    print(line)
Test_Data.close() #关闭文件
```

8.1.2 利用 os 模块操作文件夹

os 模块中有许多方法能创建、删除和更改目录。

1. mkdir()方法

可以使用 os 模块的 mkdir()方法在当前目录下创建新的目录，需要提供一个包含了要创建的目录名称的参数，其语法为：

```
os.mkdir("newdir")
```

操作如例 8-1-4 所示。

例 8-1-4 在当前目录下创建一个新目录（test）。

```
import os
os.mkdir("test")
os.listdir()      #查看当前目录下的文件和文件夹
```

2. chdir()方法

可以用 chdir()方法来改变当前的目录。chdir()方法需要的一个参数是想设成当前目录的目录名称，其语法为：

```
os.chdir("newdir")
```

操作如例 8-1-5 所示。

例 8-1-5 改变操作目录（进入之前创建的"test"目录）。

```
import os
# 将当前目录改为"test"
os.chdir("test")
```

3. getcwd()方法

getcwd()方法用于显示当前的工作目录，其语法为：

```
os.getcwd()
```

操作如例 8-1-6 所示。

例 8-1-6 给出当前目录程序实例。

```
import os
# 给出当前的目录
print(os.getcwd())
```

4. rmdir()方法

rmdir()方法用于删除目录，目录名称以参数传递。需要注意的是，在删除这个目录之前，它的所有内容应该先被清除。其语法为：

```
os.rmdir('dirname')
```

操作如例 8-1-7 所示。

例 8-1-7 删除当前目录程序实例。

```
import os
# 删除"test"目录
os.rmdir("test")
```

目录必须给出完整名称，否则会在当前目录下搜索该目录。

使用 os.rmdir 删除的目录必须为空目录，否则函数会报错。如果删除的目录也不存在，则会报错。

5. listdir()方法

listdir()方法用于返回当前目录下的文件与子目录名。操作如例 8-1-8 所示。

例 8-1-8　返回当前目录下的文件与子目录名。

```
import os
# 返回当前目录
print(os. listdir ())
```

6. 文件、目录相关的方法

os 对象方法对 Windows 和 UNIX 操作系统上的文件及目录进行一个广泛且实用的处理及操控，它和 file 对象方法有一定差别，两者的比较如下所述。

file 对象方法：file 对象提供了操作文件的一系列方法。

os 对象方法：提供了处理文件及目录的一系列方法。

8.1.3　利用 os 模块操作文件

Python 的 os 模块提供了执行文件处理操作的方法，比如重命名和删除文件。要使用这个模块，必须先导入它（import os），然后调用相关的各种功能。

1. rename()方法

rename()方法需要两个参数，即当前的文件名和新文件名，其语法为：

```
os.rename(current_file_name, new_file_name)
```

将新建的一文本文件 test1.txt，重命名为 test2.txt，操作如例 8-1-9 所示。

例 8-1-9　文件的重命名实例。

```
import os
# 重命名文件 test1.txt 为 test2.txt
os.rename( "test1.txt", "test2.txt" )
```

2. 批量文件重命名

在很多时候，需要将某个文件夹下的文件按一定的规则重新命名。Python 可能用这个简单的程序，实现文件的批量命名操作。使用 os 模块可以轻松批量地为文件名添加前缀，操作如例 8-1-10 所示。

例 8-1-10　批量添加前缀实例。

```
import os
Flag = 1 # 1 表示添加标志   2 表示删除标志
folderName = './'   #查看当前目录（示例代码所在目录）
# 获取指定路径的所有文件名字
dirList = os.listdir(folderName)
# 遍历输出所有文件名字
for name in dirList:
```

```
        print(name)
        if   Flag == 1:
             newName = ' Python -' + name
        elif   Flag == 2:
             num = len(' Python -')
             newName = name[num:]
        print(newName)
        os.rename(folderName+name, folderName+newName)
```

注意，本程序运行时，Flag 取值为 1，会将当前目录下所有文件重新以“Python-原文件名”的方式重命名。如果 Flag 取值为 2，重新运行程序，则只取“Python-”后的字符作为新文件名，此时文件又重新命名为原文件名。

3. remove()方法

用 remove()方法删除文件，需要将要删除的文件名作为参数，其语法为：

```
os.remove(file_name)
```

删除一个已经存在的文件 test2.txt，操作如例 8-1-11 所示。

例 8-1-11 删除文件实例。

```
import os
# 删除一个已经存在的文件 test2.txt
os.remove("test2.txt")
```

8.2 文件的打开与关闭

用 Word 软件编写一份文件，操作流程如下：打开 Word 软件，新建一个 Word 文件，写入个人简历信息，保存文件，关闭 Word 软件。同样，操作文件的整体过程与使用 Word 软件编写一份文件的过程相同：打开文件，或者新建一个文件，读/写数据，关闭文件。本节主要介绍 Windows 下文件打开和关闭的方法。

【学习目标】

小节目标
1. 掌握 open 函数的使用
2. 了解 file 对象的属性
3. 掌握 close()函数方法
4. 了解并掌握使用 with 语句打开文件的方法

如果要读写一个文件，则首先要建立一个文件对象，再利用文件对象提供的方法对文件的数据进行读写操作。

Python 提供了必要的函数和方法进行默认情况下的文件基本操作。用 file 对象做大部分的文件操作。

1. open 函数

必须先用 Python 内置的 open()函数打开一个文件，创建一个 file 对象，相关的辅助方法才可以调用它进行读写，其语法为：

```
open（文件名，访问模式）
```

代码完整格式如下：

```
file object = open(file_name [, access_mode][, buffering])
```

各个参数说明如下。

- file_name：file_name 变量是一个包含了要访问的文件名称的字符串值。
- access_mode：access_mode 用于决定打开文件的模式，即只读、写入、追加等，所有可取值如表 8-1-1 所列。这个参数是非强制的，默认文件访问模式为只读（r）。
- buffering：如果 buffering 的值被设为 0，就不会有寄存操作。如果 buffering 的值取 1，则访问文件时会寄存行；如果将 buffering 的值设为大于 1 的整数，则表明寄存区的缓冲大小；如果 buffering 的值取负值，寄存区的缓冲大小则为系统默认。

表 8-2-1　不同模式打开文件的完全列表

模式	描述
r	以只读方式打开文件。文件的指针将会放在文件的开头。这是默认模式
rb	以二进制格式打开一个文件用于只读。文件指针将会放在文件的开头。这是默认模式
r+	打开一个文件用于读写。文件指针将会放在文件的开头
rb+	以二进制格式打开一个文件用于读写。文件指针将会放在文件的开头
w	打开一个文件只用于写入。如果该文件已存在则将其覆盖。如果该文件不存在，则创建新文件
wb	以二进制格式打开一个文件只用于写入。如果该文件已存在则将其覆盖。如果该文件不存在，则创建新文件
w+	打开一个文件用于读写。如果该文件已存在则将其覆盖。如果该文件不存在，则创建新文件
wb+	以二进制格式打开一个文件用于读写。如果该文件已存在则将其覆盖。如果该文件不存在，则创建新文件
a	打开一个文件用于追加。如果该文件已存在，则文件指针将会放在文件的结尾。也就是说，新的内容将会被写入到已有内容之后。如果该文件不存在，则创建新文件进行写入
ab	以二进制格式打开一个文件用于追加。如果该文件已存在，则文件指针将会放在文件的结尾。也就是说，新的内容将会被写入到已有内容之后。如果该文件不存在，则创建新文件进行写入
a+	打开一个文件用于读写。如果该文件已存在，则文件指针将会放在文件的结尾，文件打开时采用的是追加模式。如果该文件不存在，则创建新文件用于读写
ab+	以二进制格式打开一个文件用于追加。如果该文件已存在，则文件指针将会放在文件的结尾。如果该文件不存在，则创建新文件用于读写

对文件的读写，显然有一个从什么位置读、写到什么位置的问题。其实，文件对象隐含着一个指示文件内数据位置的指针。当一个文件被打开时，多数的打开方式将这个指针定位在文件的开始（即指向第 0 个位置），但对于设置了“a”的打开方式，指针会定位在文件的尾部（最后字节的下一字节）。文件对象反映的结果查看如例 8-2-1 所示。

例 8-2-1　文件对象反映结果。

```
#在同一目录下新建文本文件 test.txt
f=open("test.txt","r")
print(type(f))
```

```
g=open("test.txt","rb")
print(type(g))
```

以上实例输出结果如下：

```
<class '_io.TextIOWrapper'>
<class '_io.BufferedReader'>
```

2. file 对象的属性

一个文件被打开后，有一个 file 对象，可以得到有关该文件的各种信息。

以下是与 file 对象相关的所有属性的列表，如表 8-2-2 所示。

表 8-2-2 与 file 对象相关的所有属性的列表

属性	描述
file.closed	如果文件已被关闭则返回 True，否则返回 False
file.mode	返回被打开文件的访问模式
file.name	返回文件的名称
file.softspace	用 print 输出后，如果跟一个空格符，则返回 False，否则返回 True

例 8-2-2 打开文件操作实例。

```
#coding=utf-8
# 打开一个文件
f = open("f.txt", "wb")
print("Name of the file: ", f.name)
print("Closed or not : ", f.closed)
print("Opening mode : ", f.mode)
```

以上实例输出结果如下：

```
Name of the file:   f.txt
Closed or not :   False
Opening mode :   wb
```

3. close()方法

file 对象的 close()方法用于刷新缓冲区中任何还没写入的信息，并关闭该文件，这之后便不能再进行写入操作。

当一个文件对象的引用被重新指定给另一个文件时，Python 会关闭之前的文件。用 close()方法关闭文件是一个很好的习惯。其语法为：

```
fileObject.close();
```

例 8-2-3 打开与关闭文件。

```
# 打开一个文件
f = open("f.txt", "wb")
print("Name of the file: ", f.name)
# 关闭打开的文件
f.close()
```

以上实例的输出结果如下：

```
Name of the file:  f.txt
```

Python 处理文件中的数据，可以使用 while 语句来循环读取文件中的行。例如：

```
while True:
  line=f.readline()
  if not line:
  break
```

也可以用 for 语句来迭代文件中所有的行：

```
for line in f:
  pass
```

4. 使用 with 语句打开文件

使用 with 语句执行文件打开操作，可以实现预定义清理操作，文件在使用后将自动关闭，不再需要书写关闭文件代码。

with 语句的基本格式如下：

```
with 表达式 [as 对象]:
  对象操作语句
```

新建一文本文件 Test.txt，在文件中输入一行字符串“异常处理测试！”，在同一目录下，新建 py 文件，使用 with 语句读取 Test.txt 进行输出。操作如例 8-2-4 所示。

例 8-2-4 使用 with 语句打开文件。

```
with open('Test.txt','r') as f :
    for i in f:
        print(i)
```

以上实例输出结果如下：

```
异常处理测试!
```

在例 8-2-4 中，首先打开当前工作目录中的文件 Test.txt，再将文件对象赋给变量 f，最后执行 with 语句下面的<语句块>，输出一行字符串。

使用 with 语句打开文件，如果文件正常，在打开文件后，则将文件对象赋值给 f，然后用 for 循环语句循环输出。当对文件的操作结束后，with 语句会关闭文件。

with 语句适用于对资源进行访问的场合，确保不管使用过程中是否发生异常都会执行必要的清理操作，释放资源。with 语句后的表达式，是上下文管理器。上下文管理器是 Python 2.5 以后版本均支持的，用于规定某个对象的使用范围，一旦进入或离开使用范围，就有特殊的操作被调用。

with 语句是 Python 异常处理机制的一个部分。

8.3 文件的读写

使用文件主要是实现文件的读写等操作。本节主要介绍 Python 中读写文件和处理文件的方法。

【学习目标】

小节目标 1. 了解并掌握文件 write()方法
2. 了解并掌握文件 read()方法
3. 了解并掌握获取文件读写位置的方法
4. 了解并掌握文件内容处理的方法
5. 了解并掌握文件备份的方法
6. 了解读取 csv 数据
7. 了解并掌握 csv 读写函数的用法

8.3.1 txt 文件操作

file 对象提供了一系列方法，能让我们的文件访问更轻松。下面来看看如何使用 read()和 write()方法来读取和写入文件。

1. write()方法

write()方法可将任何字符串写入一个打开的文件中。需要注意的是，Python 字符串可以是二进制数据，而不仅仅是文字。

write()方法不在字符串的结尾添加换行符（'\n'），其语法为：

```
fileObject.write(string);
```

在这里，被传递的参数是要写入到已打开文件中的内容。操作如例 8-3-1 所示。

例 8-3-1 写文件实例。

```
#coding=utf-8
# 打开一个文件
f = open("f.txt", "w")
f.write( "人生苦短.\n 我用 Python!\n");
# 关闭打开的文件
f.close()
```

上述方法会打开或创建 f.txt 文件，并将收到的内容写入该文件，最终关闭文件。如果打开这个文件，将看到以下内容：

```
人生苦短.
我用 Python!
```

2. read()方法

read()方法从一个打开的文件中读取一个字符串。其语法为：

```
fileObject.read([count]);
```

在这里，被传递的参数是要从已打开文件中读取的字节计数。该方法从文件的开头开始读入，如果没有传入 count，它就会尝试读取尽可能多的内容，很可能是直到文件的末尾，操作如例 8-3-2 所示。

例 8-3-2 读文件实例（用之前创建的文件 f.txt）。

```
#coding=utf-8
# 打开一个文件
f = open("/f.txt", "r+")
str = f.read(15); #参数 15 表示读取长度
print("Read String is : ", str)
# 关闭打开的文件
f.close()
```

以上实例输出结果如下：

```
Read String is : 人生苦短. 我用 Python!
```

3. 文件位置

tell()方法用于告诉文件内的当前位置；换句话说，下一次的读写会发生在文件开头多少字节之后。

seek(offset [,from])方法用于改变当前文件的位置，其中，offset 变量表示要移动的字节数，from 变量指定开始移动字节的参考位置。

如果 from 设为 0，这意味着将文件的开头作为移动字节的参考位置。如果设为 1，则使用当前位置作为参考位置。如果它被设为 2，那么将该文件的末尾作为参考位置，操作如例 8-3-3 所示。

例 8-3-3 读写文件实例（用之前创建的文件 f.txt）。

```
#coding=utf-8
# 打开一个文件
f = open("f.txt", "r+")
str = f.read(10);
print("Read String is : ", str)
# 查找当前位置
position = f.tell();
print("Current file position : ", position)
# 把指针重新定位到文件开头
position = f.seek(0, 0);
str = f.read(10);
print("Again read String is : ", str)
# 关闭打开的文件
f.close()
```

以上实例输出结果如下：

```
Read String is : 人生苦短.
我用 Py
Current file position :  17
Again read String is : 人生苦短.
我用 Py
```

4. 文件内容处理

在前面的实例中，介绍了文件的读写操作。事实上，文件内容数据处理，是文件操作的重要部分。以例 8-3-4 为例，打开文件后，迭代处理每一行数据，并把每一行数据转换为一个整数，累加后进行输出。

例 8-3-4 文件读取处理实例。

```
#文件数据处理
def f_handle(name='python.txt'): #定义文件处理函数
    f=open(name)                    #打开文件
    res=0                           #累加变量
    i=0                             #读取的行数
    for  line in f:                 #迭代文件中的行
        i+=1
        print('第%s 行的数据为：'%i,line)
        res+=int(line)          #数据累加
    print('这些数的和为：',res)
    f.close()                       #文件关闭

if __name__='__main__':
    f_handle()
```

使用 open 函数，在对文件进行处理前需要打开文件，处理结束后需要关闭文件。在 Python 中，可以使用 with 语句来管理文件的打开和关闭。例 8-3-4 代码可以改写为例 8-3-5 所示代码。

例 8-3-5 使用 with open 操作文件进行文件数据处理实例。

```
#文件数据处理，数据文件'Python.txt'
def f_handle(name='python.txt'): #定义文件处理函数
    with open(name) as f:               #打开文件
        res=0                           #累加变量
        i=0                             #读取的行数
        for  line in f:                 #迭代文件中的行
          i+=1
          print('第%s 行的数据为：'%i,line)
          res+=int(line)          #数据累加
    print('这些数的和为：',res)

if __name__=='__main__':
    f_handle()
```

python.txt 文件中有三行文字，分别为：

1

2

3

执行例 8-3-5，输出结果如下：

```
第 1 行的数据为： 1
第 2 行的数据为： 2
第 3 行的数据为： 3
这些数的和为： 6
```

5. 文件备份

输入需要备份的文件的名字，再利用程序对文件进行备份。操作如例 8-3-6 所示。

例 8-3-6 文件备份功能代码。

```
# 输入文件
oldFileName = input("请输入要备份的文件名字:")
# 打开文件
oldFile = open(oldFileName,'rb')
# 提取文件后缀
fileFlagNum = oldFileName.rfind('.')
if fileFlagNum > 0:
    fileFlag = oldFileName[fileFlagNum:]
# 新的文件命名方式
newFileName = oldFileName[:fileFlagNum] + '[复件]' + fileFlag
# 创建新文件
newFile = open(newFileName, 'wb')
# 把旧文件中的数据一行一行地复制到新文件中
for line in oldFile.readlines():
    newFile.write(line)
# 关闭文件
oldFile.close()
newFile.close()
```

8.3.2 csv 文件操作

csv 文件由任意数目的记录组成，记录间以某种换行符分隔，每条记录由字段组成。本节介绍 csv 文件的基础操作。

csv（Comma-Separated Values，逗号分隔值，有时也称为字符分隔值，因为分隔字符也可以不是逗号），其文件以纯文本形式存储表格数据（数字和文本）。纯文本意味着该文件是一个字符序列。csv 文件由任意数目的记录组成，记录间以某种换行符分隔；每条记录由字段组成，字段间的分隔符是其他字符或字符串，最常见的是逗号或制表符。通常，所有记录都有完全相同的字段序列，通常都是纯文本文件。建议使用 Word 或记事本来开启，在另存为新文档后用 Excel 开启也是可以的。

csv 是一种通用的、相对简单的文件格式，被用户、商业和科学广泛应用。最广泛的应用是在程序之间转移表格数据，而这些程序本身是在不兼容的格式上进行操作的（往往是私有的和/或无规范的格式）。因为大量程序都支持某种 csv 变体，至少是作为一种可选择的输入/输出格式。

例如，一个用户可能需要交换信息，从一个以私有格式存储数据的数据库程序，到一个数据格式完全不同的电子表格。最可能的情况是，该数据库程序可以导出数据为 csv 文件，被导出的 csv 文件可以以电子表格程序导入。

csv 并不是一种单一的、定义明确的格式（RFC 4180 中有一个被通常使用的定义）。在实践中，csv 泛指具有以下特征的任何文件：

- 纯文本，使用某个字符集，比如 ASCII、Unicode、EBCDIC 或 GB2312。
- 由记录组成（典型的是每行一条记录）。
- 每条记录被分隔符分隔为字段（典型分隔符有逗号、分号或制表符；有时分隔符可以包括空格）。
- 每条记录都有同样的字段序列。

在编写程序时，可能需要将数据转移到文件里面，此时可以考虑使用内置模块——csv 模块。在程序中，用命令 import csv 可直接调用 csv 模块进行 csv 文件的读写。

1. 读取 csv 数据

在读取 csv 数据之前，先选择一个用 csv 文件格式储存的数据作为演示的例子，这里选择数据集文件。数据集是常用的分类实验数据集，分为 3 类（setosa、versicolour、virginica），每个数据包含 4 个属性：外长、外宽、内长、内宽。现取部分数据，以方便解释说明。具体数据如表 8-3-1 所示。

表 8-3-1　文件数据

外长	外宽	内长	内宽	名称
5.1	3.5	1.4	0.2	setosa
4.9	3	1.4	0.2	setosa
4.7	3.2	1.3	0.2	setosa
4.6	3.1	1.5	0.2	setosa
5	3.6	1.4	0.2	setosa
5.2	2.7	3.9	1.4	versicolor
5	2	3.5	1	versicolor
5.9	3	4.2	1.5	versicolor
6	2.2	4	1	versicolor
6.1	2.9	4.7	1.4	versicolor
7.1	3	5.9	2.1	virginica
6.3	2.9	5.6	1.8	virginica
6.5	3	5.8	2.2	virginica
7.6	3	6.6	2.1	virginica
4.9	2.5	4.5	1.7	virginica

读取 csv 文件之前需要用 open 函数打开文件路径。

读取 csv 文件的方法有两种。

第一种方法是使用 csv.reader 函数，接收一个可迭代的对象（比如.csv 文件），它能返回一个生成器，从其中解析出 csv 文件的内容。

利用 csv.reader 函数读取存储数据集的文件的全部内容，以行为单位，并存储为列表，操作如例 8-3-7 所示。

例 8-3-7　利用 csv.reader 函数读取存储数据集的文件的全部内容实例。

```
import csv
##file_name = 'G:\python\例题\8\file_csv.csv' #绝对路径
```

```
file_name='file_csv.csv' #相对路径
with open(file_name, 'r') as f:
    reader = csv.reader(f)
    file = [file_item for file_item in reader]
print(file))
```

以上实例运行结果如下：

```
[['外长', '外宽', '内长', '内宽', '名称'], ['5.1', '3.5', '1.4', '0.2', 'setosa'], ['4.9', '3', '1.4', '0.2', 'setosa'], ['4.7', '3.2', '1.3', '0.2', 'setosa'], ['4.6', '3.1', '1.5', '0.2', 'setosa'], ['5', '3.6', '1.4', '0.2', 'setosa'], ['5.2', '2.7', '3.9', '1.4', 'versicolor'], ['5', '2', '3.5', '1', 'versicolor'], ['5.9', '3', '4.2', '1.5', 'versicolor'], ['6', '2.2', '4', '1', 'versicolor'], ['6.1', '2.9', '4.7', '1.4', 'versicolor'], ['7.1', '3', '5.9', '2.1', 'virginica'], ['6.3', '2.9', '5.6', '1.8', 'virginica'], ['6.5', '3', '5.8', '2.2', 'virginica'], ['7.6', '3', '6.6', '2.1', 'virginica'], ['4.9', '2.5', '4.5', '1.7', 'virginica']]
```

上例中，使用 csv.reader 函数，读取 csv 文件，将文件逐行读出后转存到列表中，列表中的每一个元素也是列表，子列表其实就是 csv 文件中的某一行数据。

第二种方法是使用 csv.DictReader 函数，该函数和 csv.reader 函数类似，接收一个可迭代的对象，返回一个生成器，生成 OrderedDict 有序字典，返回的每一个单元格都作为字典的值，而字典的键则是这个单元格的标题（即列头），如例 8-3-8 所示。

例 8-3-8 使用 csv.DictReader 函数读取存储数据集的文件的全部内容实例。

```
import csv
##file_name = 'G:\python\例题\8\file_csv.csv' #绝对路径
file_name='file_csv.csv' #相对路径
with open(file_name, 'r') as f:
    reader = csv.DictReader(f)
    file = [file_item for file_item in reader]
print(file)
```

以上实例运行结果如下：

```
[OrderedDict([('外长', '5.1'), ('外宽', '3.5'), ('内长', '1.4'), ('内宽', '0.2'), ('名称', 'setosa')]), OrderedDict([('外长', '4.9'), ('外宽', '3'), ('内长', '1.4'), ('内宽', '0.2'), ('名称', 'setosa')]), OrderedDict([('外长', '4.7'), ('外宽', '3.2'), ('内长', '1.3'), ('内宽', '0.2'), ('名称', 'setosa')]), OrderedDict([('外长', '4.6'), ('外宽', '3.1'), ('内长', '1.5'), ('内宽', '0.2'), ('名称', 'setosa')]), OrderedDict([('外长', '5'), ('外宽', '3.6'), ('内长', '1.4'), ('内宽', '0.2'), ('名称', 'setosa')]), OrderedDict([('外长', '5.2'), ('外宽', '2.7'), ('内长', '3.9'), ('内宽', '1.4'), ('名称', 'versicolor')]), OrderedDict([('外长', '5'), ('外宽', '2'), ('内长', '3.5'), ('内宽', '1'), ('名称', 'versicolor')]), OrderedDict([('外长', '5.9'), ('外宽', '3'), ('内长', '4.2'), ('内宽', '1.5'), ('名称', 'versicolor')]), OrderedDict([('外长', '6'), ('外宽', '2.2'), ('内长', '4'), ('内宽', '1'), ('名称', 'versicolor')]), OrderedDict([('外长', '6.1'), ('外宽', '2.9'), ('内长', '4.7'), ('内宽', '1.4'), ('名称', 'versicolor')]), OrderedDict([('外长', '7.1'), ('外宽', '3'), ('内长', '5.9'), ('内宽', '2.1'), ('名称', 'virginica')]), OrderedDict([('外长', '6.3'), ('外宽', '2.9'), ('内长', '5.6'), ('内宽', '1.8'), ('名称', 'virginica')]), OrderedDict([('外长', '6.5'), ('外宽', '3'), ('内长', '5.8'), ('内宽', '2.2'), ('名称', 'virginica')]), OrderedDict([('外长', '7.6'), ('外宽', '3'), ('内长', '6.6'), ('内宽', '2.1'), ('名称', 'virginica')]), OrderedDict([('外长', '4.9'), ('外宽', '2.5'), ('内长', '4.5'), ('内宽', '1.7'), ('名称', 'virginica')])]
```

Python 中的字典是无序的，因为它是按照 hash 来存储的，但是 Python 中有个模块 collections（收集，集合），里面自带了一个子类 OrderedDict，实现了对字典对象中元素的排序。OrderedDict 也就是有序字典，OrderedDict 是对字典的补充，它记住了字典元素的添加顺序。

OrderedDict 是 dict 的子类，其最大的特征是，它可以“维护”添加 key-value 对的顺序。简单来说，就是先添加的 key-value 对排在前面，后添加的 key-value 对排在后面。由于 OrderedDict 能维护 key-value 对的添加顺序，因此即使两个 OrderedDict 中的 key-value 对完全相同，但只要它们的顺序不同，程序在判断它们是否相等时也依然会返回 False。

上例中，使用 csv.DictReader 函数，读取 csv 文件，将文件读出后转存到列表中，将每一行数据分别读出后，再将数据和标题行一一对应，并转存到 OrderedDict 有序字典中，将 OrderedDict 有序字典作为列表的元素，csv 有几行数据（不含标题）就有几个 OrderedDict 有序字典。OrderedDict 有序字典的元素个数和 csv 文件的列数据对应，csv 有几列数据就建立几个元素，列表中的每一个元素也是列表，子列表其实就是 csv 文件中的某一行数据。

和上例类似，可以用 csv.DictReader 函数读取 csv 文件的某一列数据，通过定义列的标题进行查询，如例 8-3-9 所示。

例 8-3-9 读取 csv 文件的一列数据操作实例。

```
import csv
file_name='file_csv.csv' #相对路径
with open(file_name, 'r') as f:
    reader = csv.DictReader(f)
    column = [file_item['外长'] for file_item in reader]
print(column)
```

以上实例运行结果如下：

```
['5.1', '4.9', '4.7', '4.6', '5', '5.2', '5', '5.9', '6', '6.1', '7.1', '6.3', '6.5', '7.6', '4.9']
```

2. 写入 csv 文件

(1) 列表数据写入

对于列表形式的数据，除了 csv.writer 函数，还需要用到 writerow 函数将数据逐行写入 csv 文件。

现采集有三个新数据，需要添加到 csv 文件中，数据样式定义如下：

```
data1=[[4.0,3.0,1.2,0.2,'setosa'],[5.0,2.5,4,1,'versicolor'],[5.5,3,5,2,'virginica']]
```

将数据读取保存到原数据集中（为方便练习需要保留原 csv 文件，因此在下例中，将“file_csv.csv”复制为“test.csv”进行练习），操作如例 8-3-10 所示。

例 8-3-10 读取列表写入 csv 文件实例。

```
import csv
data1=[[4.0,3.0,1.2,0.2,'setosa'],[5.0,2.5,4,1,'versicolor'],[5.5,3,5,2,'virginica']]
file_name='test.csv' #相对路径，和当前 py 文件同一目录
with open(file_name, 'a', newline = '') as f:
    write_csv = csv.writer(f)
    for i in data1:
        print(i)
        write_csv.writerow(i)
print("数据写入成功")
```

以上实例运行结果如下。

```
[4.0, 3.0, 1.2, 0.2, 'setosa']
[5.0, 2.5, 4, 1, 'versicolor']
[5.5, 3, 5, 2, 'virginica']
数据写入成功
```

读者可以打开 test.csv 文件，测试最终结果。注意程序运行时，test.csv 文件不能打开，否

则会报拒绝访问错误，异常提示信息如下：

```
PermissionError: [Errno 13] Permission denied: 'test.csv'
```

此时关闭 test.csv 文件即可。

（2）字典数据写入

至于字典形式的数据，csv 模块提供了 csv.DictWriter 函数，首先除了提供 open 函数的参数，还需要输入字典所有的数据，然后通过 writeheader 函数在文件内添加标题，标题内容与键一致，最后使用 writerows 函数将字典内容写入文件，如例 8-3-11 所示。

例 8-3-11 相关代码如下所示。

```
import csv
file_name = 'test.csv'
my_data = [{'外长':4.0,'外宽':3.0,'内长':1.2,'内宽':0.2,'名称':'setosa'},
           {'外长':5.0,'外宽':2.5,'内长':4,'内宽':1,'名称':'versicolor'},
          {'外长':5.5,'外宽':3.5,'内长':5,'内宽':2,'名称':'virginica'}]
my_key=[]      #定义空列表，用来存储所读取的键的集合
for i in my_data[0].keys():
    my_key.append(i)      #填充列表，用来存储所读取的键
print(my_key)
with open(file_name, 'a', newline = '') as f:
    write_csv = csv.DictWriter(f, my_key)
    #此例标题保持不变，因此建议将 write_csv.writeheader()语句注释
    write_csv.writeheader()   #将 key 键作为标题输入
    write_csv.writerows(my_data) # 输入数据，不含 key 键
print("数据写入成功")
```

以上实例运行结果如下：

```
原始数据是： [{'外长': 4.0, '外宽': 3.0, '内长': 1.2, '内宽': 0.2, '名称': 'setosa'}, {'外长': 5.0, '外宽': 2.5, '内长': 4, '内宽': 1, '名称': 'versicolor'}, {'外长': 5.5, '外宽': 3.5, '内长': 5, '内宽': 2, '名称': 'virginica'}]
写入列表的 key 键是： ['外长', '外宽', '内长', '内宽', '名称']
数据写入成功
```

提示数据写入成功，读者还需打开 test.csv 文件，测试最终结果。

8.4 实训 8：基于文件的学生信息管理系统

【任务描述】

根据第 5 章的实训 5 完成的学生信息管理系统，将其改写，使用文本文件保存数据，实现数据的长久保存。

要求：

1．使用文件保存数据，文件名为 stu_info.txt。文件中没有初始数据。

2．程序相应多了一个保存数据的功能，其他和函数版的相同。

【操作提示】

在目录下建立 stu_info.txt 文件，并且写入一对中括号[]。
启动 IDLE，选择“File\New File”命令，打开 IDLE 编辑器，在代码编辑窗口输入参考代码。

注意：py 文件要和数据文件 stu_info.txt 在同一目录下。

【参考代码】

```
#coding
import os

# 定义一个列表，用来存储所有的学生信息(每个学生是一个字典)
stu_list = []

def print_info():
    #打印提示信息，返回输入信息
    print("欢迎访问学生信息管理系统，请按提示输入操作！")
    print("1.添加学生信息")
    print("2.删除学生信息")
    print("3.修改学生信息")
    print("4.查询学生信息")
    print("5.浏览学生信息")
    print("6:保存数据")
    print("7:退出系统")
    input_num=input("请输入要操作的序号：")
    return input_num

def add_new_info():
    """添加学生信息"""
    global stu_list
    name=input("请输入姓名：")
    stu_id=input("请输入学号：")
    stu_age=input("请输入年龄:")
    for temp_info in stu_list:
        if   temp_info['stu_name'] == name:
            print("此用户名已经被占用,请重新输入")
            return   # 如果函数只有 return 就相当于函数结束，无返回值
    # 定义一个字典，用来存储用户的学生信息(这是一个字典)
    info = {}
    # 向字典中添加数据
    info["stu_name"] = name
    info["stu_id"] = stu_id
    info["stu_age"] = stu_age

# 向列表中添加这个字典
    stu_list.append(info)
```

```
def del_info():
    """删除学生信息"""
    global stu_list
    del_num = int(input("请输入要删除的序号:"))
    if 1<= del_num < len(stu_list):
        del_flag = input("你确定要删除么?请输入 yes or no: ")
        if  del_flag == "yes":
            del stu_list[del_num]
    else:
        print("输入序号有误,请重新输入")

def modify_info():
    """修改学生信息"""
    global stu_list
    modify_num = int(input("请输入要修改的序号:"))
    if 0 <= modify_num < len(stu_list):
        print("你要修改的信息是:")
        print("name:%s, stu_id:%s, stu_age:%s" % (stu_list[modify_num]['stu_name'],
            stu_list[modify_num]['stu_id'],stu_list[modify_num]['stu_age']))
        stu_list[modify_num]['stu_name'] = input("请输入新的姓名:")
        stu_list[modify_num]['stu_id'] = input("请输入新的学号:")
        stu_list[modify_num]['stu_age'] = input("请输入新的年龄:")
    else:
        print("输入序号有误,请重新输入")

def search_info():
    """查询学生信息"""
    search_name = input("请输入要查询的学生姓名:")
    for temp_info in stu_list:
        if temp_info['stu_name'] == search_name:
            print("查询到的信息如下:")
            print("学生姓名:%s, 学号:%s, 年龄:%s" % (temp_info['stu_name'],
                temp_info['stu_id'], temp_info['stu_age']))
            break
    else:
        print("没有您要找的信息....")

def print_all_info():
    """遍历学生信息"""
    print("序号\t 姓名\t\t 学号\t\t 年龄")
    i = 0
    for temp in stu_list:
        # temp 是一个字典
        print("%d\t%s\t\t%s\t\t%s" % (i, temp['stu_name'], temp['stu_id'], temp['stu_age']))
        i += 1

def save_data():
    """加载之前存储的数据"""
    f = open("stu_info.txt", "w")
```

```
        f.write(str(stu_list))
        f.close()

def load_data():
        """加载之前存储的数据"""
        global    stu_list
        f = open("stu_info.txt","r")
        content = f.read()
        stu_list = eval(content)
        f.close()

def main():
        """用来控制整个流程"""
        # 加载数据（1 次即可）
        load_data()
        while True:
                num=print_info()
                if num == "1":
                        # 添加学生
                        add_new_info()
                elif num == "2":
                        # 删除学生
                        del_info()
                elif num == "3":
                        # 修改学生
                        modify_info()
                elif num == "4":
                        # 查询学生
                        search_info()
                elif num == "5":
                        # 遍历所有的信息
                        print_all_info()
                elif num == "6":
                        # 保存数据到文件中
                        save_data()
                elif num == "7":
                        # 退出系统
                        exit_flag = input("确定要退出么?确认请输入 yes，否则不退出:")
                        if exit_flag == "yes":
                                os.system("clear")   # 调用命令 clear 完成清屏
                                break
                else:
                        print("输入有误,请重新输入......")

# 程序的开始
main()
```

【本章习题】

一、判断题

1．顺序读写文件与随机读写文件是两种读写文件的方式，它们的区别依靠设置读写指针位置的方法 seek()实现，与 open()函数中的打开方式无关。(　　)

2．open()函数用于建立文件对象，建立文件与内存缓冲区的联系。它可以用于文本文件和二进制文件，打开方式有只读、读写、添加、修改等。(　　)

3．如果open()函数的打开方式是“r+b”,说明是打开一个可随机读写的二进制文件。(　　)

4．open()函数的打开方式“r+b”中的加号（+）没有实际意义。(　　)

5．文件对象的方法 close()用于关闭文件，在实际操作中，不这样做，程序运行也正常，这说明有无文件关闭操作都可行。　(　　)

6．read()函数可以读出文件中的数据，读出的字节数量由用户指定。指定多少合适呢？最合适的选择是：尽可能一次性地读完文件所有内容（有必要时），不能一次性读完时，每次读出的数量以内存缓冲区大小为准。　(　　)

7．Python 关于文件的读写缺少一个指示文件尾的方法 eof()，要判断是否读到文件尾部用读出内容为空表示。　(　　)

二、填空题

1．Python 内置函数________用来打开或创建文件并返回文件对象。

2．使用上下文管理关键字________可以自动管理文件对象，不论何种原因结束该关键字中的语句块，都能保证文件被正确关闭。

3．Python 标准库 os 中用来列出指定文件夹中的文件和子文件夹列表的方式是________。

4．Python 标准库 os.path 中用来判断指定文件是否存在的方法是________。

5．Python 标准库 os.path 中用来判断指定路径是否为文件的方法是________。

6．Python 标准库 os.path 中用来判断指定路径是否为文件夹的方法是________。

7．Python 标准库 os.path 中用来分割指定路径中的文件扩展名的方法是________。

8．Python 扩展库________支持 Excel 2007 或更高版本文件的读写操作。

9．已知当前文件夹中有纯英文文本文件 readme.txt，请填空完成功能：把 readme.txt 文件中的所有内容复制到 dst.txt 中，with open('readme.txt') as src, open('dst.txt', ________) as dst:dst.write(src.read())。

10．csv 模块中，使用 csv.reader 函数，读取 csv 文件，转存的结果类型是________。

三、程序练习

备份 8.6 节中的 stu_info.txt 数据文档。备份文件的文件命名为“原文件名+备份”，文件类型不变。

第 8 章习题答案

第 9 章　异常处理

在程序设计中，需要考虑各个方面，避免出现错误。在开发过程中，有些情况是程序无法预料到的，对这些不能预料的情况，程序需要能进行处理。本节介绍 Python 中的异常情况的处理，使程序更加完善。

教学导航

学习目标　1. 了解 Python 异常概念
2. 掌握异常的几种处理方式
3. 了解主动抛出异常
4. 了解自定义的异常类
5. 掌握 raise 和 assert 语句，会抛出自定义的异常

教学重点　掌握异常的几种处理方式
掌握 raise 和 assert 语句，会抛出自定义的异常

教学方式　案例教学法、分组讨论法、自主学习法、探究式训练法

课时建议　4 课时

内容导读

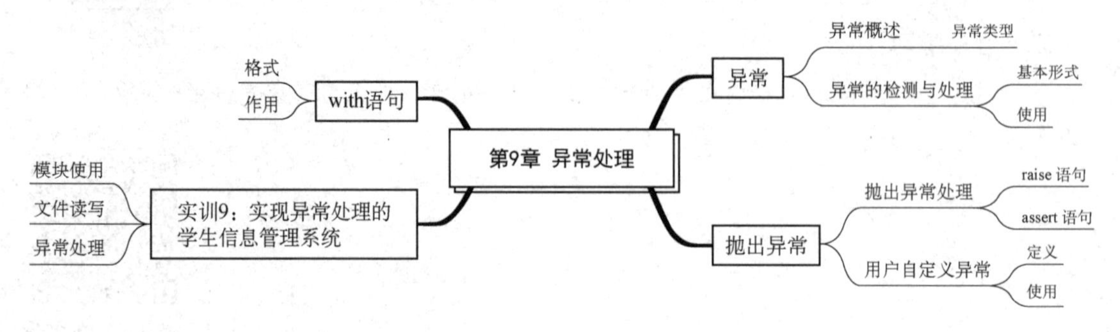

9.1 异常

程序中有错误，纠正错误是理所当然的。程序的错误不一定非要终止编译或终止执行。只要错误不是致命性错误，都可以通过一种“柔和”的手段（不直接终止程序运行的方法）解决，即通过异常手段解决。

【学习目标】

小节目标 1. 了解异常处理机制
2. 了解异常类型
3. 掌握异常处理方式

9.1.1 异常概述

有些错误在程序中是可以控制的。当 Python 系统检测到一个错误时，解释器会报告当前的程序代码流无法执行下去了，这时候就出现了异常。

异常（Exception）是程序的执行过程中用来解决错误、避免直接终止程序运行的手段（行为）。

异常即是一个事件，该事件会在程序执行过程中发生，影响程序的正常执行。一般情况下，在 Python 无法正常处理程序时就会发生一个异常。

异常是 Python 对象，表示一个错误。当 Python 脚本发生异常时我们需要捕获处理它，否则程序会终止执行。

异常是程序出现了错误为排除错误而在正常控制流之外采取的行为(动作)。这个行为(动作）又分为两个阶段：首先是检测异常，异常是因为某个错误引起的；然后是处理异常。

第一阶段：检测异常，解释器将触发一个异常信号，另外，程序也可以自己引发异常信号。

只要有异常（信号），解释器都要暂停当前正在执行的程序流，而去处理因为错误引发的异常，这就要转入第二阶段的工作。

第二阶段：处理异常，它包括忽略错误或采取补救措施让程序继续执行。无论是哪种方式都代表执行的继续，我们也可以认为这种工作是程序控制流的一个控制分支。

因为有了异常处理，程序员可以控制程序如何运行，这让程序有了更好的可控性。

不是所有的错误都可以通过异常进行处理的。也就是说，程序员不可能预见所有的错误。

Python 系统可能产生异常，如果这个异常对象没有进行处理和捕捉，程序就会用所谓的回溯（Traceback，一种错误信息）终止执行，这些信息包括错误的名称（例如 NameError）、原因和错误发生的行号。

Python 系统可能产生的常见异常介绍如下。

1. BaseException 和 Exception

BaseException 是顶层的异常，Exception 是 BaseException 的下层异常。

2. NameError

这是企图访问一个未申明的变量而引发的异常。
错误类型是 NameError：name '……' is not defined。

3. ZeroDivisionError

当除数为零时，会引发 ZeroDivisionError 异常。
错误类型是 ZeroDivisionError：division by zero。

4. SyntaxError

程序代码中有语法错误，这种异常是非程序运行时的错误，只能在程序运行前纠错，也就是说，不可能用异常处理该错误。当解释器发现有语法错误时，会引发 SyntaxError 异常。
错误类型是 SyntaxError：invalid syntax。

5. IndexError

请求的索引超出了序列范围，即当使用序列中不存在的索引时，会引发 IndexError 异常。
错误类型是 IndexError：list index out of range。

6. KeyError

请求一个不存在的字典关键字。当使用映射中不存在的键时，会引发 KeyError 异常。
错误类型是 KeyError：'server'。

7. FileNotFoundError

企图打开一个不存在的文件，会引发 FileNotFoundError。
错误类型是 FileNotFoundError：[Errno 2] No such file or directory。

8. AttributeError

企图访问某对象的不存在的属性，即当尝试访问未知对象属性时，会引发 AttributeError 异常。
错误类型是 AttributeError："object has no attribute"。
所有异常都是父基类 Exception 的成员，它们都定义在 exceptions 模块中。在表 9-1-1 中，列举了一些标准异常，并做了相应描述。

表 9-1-1 标准异常一览表

异常名称	描述
BaseException	所有异常的父类
SystemExit	解释器请求退出
KeyboardInterrupt	用户中断执行（通常是输入^C）

续表

异常名称	描述
Exception	常规错误的父类
StopIteration	迭代器没有更多的值
GeneratorExit	生成器（generator）发生异常来通知退出
StandardError	所有的内置标准异常的父类
ArithmeticError	所有数值计算错误的父类
FloatingPointError	浮点计算错误
OverflowError	数值运算超出最大限制
ZeroDivisionError	除以（或取模）零（所有数据类型）引发的异常
AssertionError	断言语句失败
AttributeError	对象没有这个属性
EOFError	没有内建输入，到达 EOF 标记
EnvironmentError	操作系统错误的父类
IOError	输入/输出操作失败
OSError	操作系统错误
WindowsError	系统调用失败
ImportError	导入模块/对象失败
LookupError	无效数据查询的父类
IndexError	序列中没有此索引（index）
KeyError	映射中没有这个键
MemoryError	内存溢出错误（对于 Python 解释器不是致命的）
NameError	未声明/初始化对象（没有属性）
UnboundLocalError	访问未初始化的本地变量
ReferenceError	弱引用（Weak Reference）试图访问已经被放入垃圾回收站的对象
RuntimeError	一般的运行时错误
NotImplementedError	尚未实现的方法
SyntaxError	Python 语法错误
IndentationError	缩进错误
TabError	Tab 和空格混用
SystemError	一般的解释器系统错误
TypeError	对类型无效的操作
ValueError	传入无效的参数
UnicodeError	Unicode 相关的错误
UnicodeDecodeError	Unicode 解码时引发的错误
UnicodeEncodeError	Unicode 编码时引发的错误
UnicodeTranslateError	Unicode 转换时引发的错误

续表

异常名称	描述
Warning	警告的父类
DeprecationWarning	关于被弃用的特征的警告
FutureWarning	关于构造将来语义会有改变的警告
OverflowWarning	旧的关于自动提升为长整型（long）的警告
PendingDeprecationWarning	关于特性将会被废弃的警告
RuntimeWarning	可疑的运行时行为（runtime behavior）的警告
SyntaxWarning	可疑的语法的警告
UserWarning	用户代码生成的警告

9.1.2 异常的检测与处理

异常的检测与处理是用 try 语句来实现的。

try 语句有以下两种基本形式，格式如下：

- try…except
- try…finally

对于第 1 种形式，except 子句可有多个；在第 2 种形式中，finally 子句只能有一个。

try 语句在两种基本形式基础上，还可以将两者复合起来使用，格式如下：

try…except…finally

这种形式是复合语句。try 子句的下面（或说后面）是被检测的语句块，except 子句的下面是异常处理语句块，finally 子句的下面是无论有无异常都将要被执行的语句块。

1. try…except 语句

捕捉异常可以使用 try…except 语句。

try…except 语句用来检测 try 语句块中的错误，从而让 except 语句捕获异常信息并处理。

如果不想在异常发生时结束程序，则只需在 try 里捕获它。

以下为简单的 try…except…else 的语法：

```
try:
   <语句>          #运行别的代码
except <名字>：
   <语句>          #如果在 try 部分引发了'name'异常
except <名字>，<数据>:
   <语句>          #如果引发了'name'异常，获得附加的数据
else:
   <语句>          #如果没有异常发生
```

try 的工作原理是，当开始一个 try 语句后，Python 就在当前程序的上下文中作标记，这样当异常出现时就可以回到这里，try 子句先执行，接下来会发生什么依赖于执行时是否出现异常。

● 如果当 try 后的语句执行时发生异常，Python 就跳回到 try 语句并执行第一个匹配该异常的 except 子句，异常处理完毕，控制流就通过整个 try 语句（除非在处理异常时又引发新的异常）。

● 如果在 try 语句后的语句里发生了异常，却没有匹配的 except 子句，异常将被递交到上层的 try 语句，或者到程序的最上层（这样将结束程序，并打印默认的出错信息）。

● 如果在 try 子句执行时没有发生异常，Python 将执行 else 语句后的语句（如果有 else 的话），然后控制流通过整个 try 语句。

如例 9-1-1 和例 9-2-2 所示操作实例分别为不进行异常处理和进行异常处理（添加 except 语句捕获异常）两种实例。

例 9-1-1　索引出界无异常处理实例。

```
s = [1, 2, 3, 4]
print(s[4])        #这个语句会产生 IndexError 异常
```

以上实例输出结果如下：

```
IndexError: list index out of range
```

代码做以下修改，实现异常处理，修改参考如例 9-1-2 所示。

例 9-1-2　索引出界异常处理实例。

```
s = [1, 2, 3, 4]
try :
...    print(s[4])
except IndexError :
...    print('索引出界')
```

以上实例输出结果如下：

```
索引出界
```

原代码照样执行，由于增加了异常检测，避免了程序代码的终止。程序监控到错误，执行 except 中的语句，不再执行 try 中未执行的语句，从而增强了代码的鲁棒性。

例 9-1-2 所示操作实例进行了异常处理，添加 except 语句捕获异常。但一般情况下，异常只会在出现某种情况下才能发生，此时可以添加 else 语句。当 try 语句中操作正常，没有捕获到任何错误信息，就不再执行 except 语句，而是执行 else 语句的内容，从而实现程序的友好性。操作实例如例 9-1-3 所示，结合例 9-1-4 进行深一步理解。

例 9-1-3　打开 test.txt 文件（如果没有则自动创建），写入内容如下：

```
try:
    f = open("test.txt", "w")
    f.write("异常处理测试!")
except IOError:
    print("错误：没找到文件或文件不可用")
else:
    print("读写成功")
    f.close()
```

以上实例输出结果如下：

```
读写成功
```

例 9-1-3 是一个简单的例子，它打开一个文件，在该文件中写入内容，且并未发生异常的情况。

重新处理该文件，实例如例 9-1-4 所示。

例 9-1-4 设置 test.txt 属性为只读，写入内容。

```
try:
    f = open("test.txt", "w")
    f.write("异常处理测试!")
except IOError:
    print("错误: 没找到文件或文件不可写")
else:
    print("读写成功")
    f.close()
```

以上实例输出结果如下：

```
错误: 没找到文件或文件不可写
```

打开 test.txt 文件，往该文件中写入内容，但文件没有写入权限，所以发生了异常。

在之前的实例中，except 都带了一个异常类型。在使用 except 时，还可以带多个异常类型或不带任何异常类型，实现使用相同的 except 语句来处理多个异常信息。

使用 except 而且带多种异常类型，书写格式如下所示，操作实例如例 9-1-5 所示。

```
except(Exception1[, Exception2[,...ExceptionN]]]):
```

例 9-1-5 实际开发中，捕获多个异常的方式操作实例。

```
try:
    print('第一个测试：打开文件')
    open('test.txt','r') # 如果 test.txt 文件不存在，那么会产生 IOError 异常
    print('第二个测试：输出变量')
    print(num)# 如果 num 变量没有定义，那么会产生 NameError 异常

except (IOError,NameError):
    #如果想通过一次 except 捕获到多个异常可以用一个元组的方式
```

当捕获多个异常时，可以把要捕获的异常的名字放到 except 后，并使用元组的方式仅进行存储操作。

在操作过程中，当出现多种异常时，为了区分不同的错误信息，用户需要知道错误信息的情况，此时可以使用 as 来获取系统反馈的信息。可以把例 9-1-5 操作代码进行改写，改写代码参考如下：

```
# 获取描述信息
except (IOError,NameError) as result:
    print("捕捉到异常:%s"%result)
```

当程序中出现大量异常时，捕获这些异常是非常麻烦的。这时，可以在 except 子句中不指明异常的类型，使用 except 时不带任何异常类型。这样，不管发生何种类型的异常，都会执行 except 中的处理代码。

使用 except 时不带任何异常类型，就是指 except 后不需要添加任何参数，如例 9-1-6 所示。

例 9-1-6 except 不带任何异常类型操作实例。

```
try:
    print("操作过程语句")
except:
    print("只要有异常,就执行此代码块")
else:
    print("无异常,执行此代码块")
```

以上方式 try…except 语句捕获所有发生的异常。但这不是一个很好的处理方式，我们不能通过该程序识别出具体的异常信息。因为它捕获所有的异常，所以建议 except 后带相关异常类型。

2. try…finally 语句

在之前介绍的实例中，实现程序异常处理时使用了 try…except…else…语句。但有时候，在程序中，不管有没有捕捉到异常，都要执行一些终止行为，比如关闭文件、释放锁等。此时使用 try…except…else…语句难以实现效果，可以使用以下语句进行处理：

- try…finally 语句。try…finally 语句无论是否发生异常都将执行最后的代码。

```
try:
  <语句>
finally:
  <语句>      #退出 try 时总会执行
raise
```

在使用 finally 语句的同时使用 except 语句和 else 语句，操作格式如下所示。

```
try:
#语句块
except Aerror:
# Aerror 异常处理语句块
else:
# 没有异常时处理语句块
finally:
#最后必须执行的语句块
```

其中，else 语句和 finally 语句不是必需的。except 语句必须在 else 语句和 finally 语句之前，else 语句必须在 finally 语句之前。finally 语句如果存在，则必须将其在整个语句的最后位置。finally 语句通常用于释放资源。

- 使用 finally 语句，改写例 9-1-3，代码如下所示。

例 9-1-7 打开 test.txt 文件，同时使用 except 语句与 finally 语句，实例代码如下：

```
try:
    f = open("test.txt", "w")
    f.write("异常处理测试!")
except:
    print("错误：没找到文件或文件不可写")
finally:
    f.close()
```

9.2 抛出异常

在 Python 中，程序运行出现错误就会引发异常。有时需要在程序中主动抛出异常，此时可以使用 raise 和 assert 语句。本节主要针对抛出异常进行详细介绍。

【学习目标】

小节目标 1. 了解异常抛出方式
2. 掌握 raise 语句的用法
3. 掌握 assert 语句的用法
4. 掌握用户自定义异常操作

9.2.1 抛出异常处理

异常并非只有在程序运行出错时才可以引发，Python 允许在代码中使用 raise 或 assert 语句主动引发异常。

1. raise 语句

Python 执行 raise 语句时，会引发异常并传递异常类的实例对象。使用 raise 语句能显式地触发异常，分为以下三种情况进行处理。

（1）用类名引发异常，创建异常类的实例对象，并引发异常，基本格式如下：

```
raise 异常类名
```

raise 语句中，指定异常类名时，首先创建该类的实例对象，然后引发异常。使用时直接写出类名。例如：

```
raise IndexError
```

IndexError 是一个异常类，编码时不实例化，执行时会进行创建。

（2）用异常类实例对象引发异常，引发异常类实例对象对应的异常，基本格式如下：

```
raise 异常类对象
```

raise 语句中，使用异常类实例对象引发异常时，通过显式地创建异常类的实例，直接使用该实例来引发异常。例如：

```
index=IndexError()
raise index
```

（3）重新引发刚刚发生的异常，基本格式如下：

```
raise
```

此时，不带参数的 raise 语句，可以再次引发刚刚发生过的异常，作用就是向外传递异常。操作如例 9-2-1 所示。

例 9-2-1 再次引发刚发生的异常实例。

```
try:
    raise IndexError
except:
    print("出错了")
    raise
```

上述实例输出结果如下：

```
出错了
Traceback (most recent call last):
  File "G:/9/例 9-2-1.py", line 2, in <module>
    raise IndexError
IndexError
```

在上述代码中，try 里面使用 raise 语句抛出了 IndexError 异常，程序会跳转到 except 子句中执行，执行 print()语句打印信息，然后再次执行 raise 语句，引发刚刚发生的异常，导致程序出现错误而终止执行。

有时，异常中可能会有另外一个异常，此时可以使用 raise…from…语句抛出异常。操作如例 9-2-2 所示。

例 9-2-2 在异常中抛出另外一个异常实例。

```
try:
    i
except Exception as exception:
    raise IndexError("数值超出范围") from exception
```

上述实例输出结果如下：

```
Traceback (most recent call last):
  File "G:/9/例 9-2-2.py", line 2, in <module>
    i
NameError: name 'i' is not defined

The above exception was the direct cause of the following exception:

Traceback (most recent call last):
  File "G:/python/例题/9/例 9-2-2.py", line 4, in <module>
    raise IndexError("数值超出范围") from exception
IndexError: 数值超出范围
```

在实例 9-2-2 中，try 语句中只命名了变量 i，并没有为其赋值，引发了 NameError 错误，使程序跳转到 except 子句中执行。except 语句捕捉所有异常，使用 raise…from…语句抛出 NameError 异常后，再抛出“数值超出范围”异常。

2. assert 语句

assert 语句也叫断言，是期望用户满足指定条件，当用户的条件不满足约束条件时，会触发 AssertionError 异常，所以，assert 语句可以当作条件式的 raise 语句。assert 语句格式如下：

```
assert 逻辑表达式，data
```

其中，逻辑表达式是条件。data 是可选项，通常是一个字符串，根据情况进行添加或去除。当逻辑表达式的结果为 False 时，作为异常类型的描述信息使用，相当于以下语句：

```
if not 逻辑表达式:
    raise AssertionError(data)
```

断言操作实例如例 9-2-3 所示。

例 9-2-3 断言操作实例。

```
a=5
assert a!=5,"a 值不能为 5"
```

上述实例输出结果如下：

```
Traceback (most recent call last):
  File "G: /例题/9/例 9-2-3.py", line 2, in <module>
    assert a!=5,"a 值不能为 5"
AssertionError: a 值不能为 5
```

在例 9-2-3 中，首先定义了变量 a 并赋值为 5，然后使用断言 a 的值不能为 5，此时这两个存在冲突，引发了异常。

assert 语句用来收集用户定义的约束条件，而不是捕捉内在的程序错误。因为 Python 会自行收集程序错误，在发现错误时自动引发异常。操作实例如例 9-2-4 所示。

例 9-2-4 assert 语句收集用户约束条件实例。

```
while True:
    try:
        a = int(input('请输入 a：'))
        b = int(input('请输入 b：'))
        assert a>1 and b>1, "a 和 b 的值必须大于 1"    # 断言
        if a<b:
            a,b = b,a        # a 与 b 的值互换
        while b!=0:          # 使用辗转相除法求最大公约数
            temp = a%b
            a = b
            b = temp
        else:
            print('%s 和%s 的最大公约数为：%s'%(a,b,a))
            break
    except Exception as result:
        print('捕捉到异常:\n',result)
```

运行实例，提示输入，a 值输入 1，b 值输入 0，报异常错误。重新输入，a 值输入 3，b 值输入 4，得到正常结果。运行结果如下所示：

```
请输入 a：1
请输入 b：0
捕捉到异常：
 a 和 b 的值必须大于 1
请输入 a：3
```

```
请输入 b：4
3 和 4 的最大公约数为：1
```


9.2.2 用户自定义异常

前面捕捉的异常是标准异常，是系统内置的，在某些错误出现时自动触发。但有时候 Python 自带异常不够用，如同 Java，Python 也可以自定义异常，并且可以手动抛出。由用户根据需要设置的异常就是自定义异常，自定义异常只能由用户抛出，系统不能自动识别此类异常。

通过创建一个新的异常类，程序可以命名异常。Python 的异常有个大父类，继承的是 Exception。典型的异常通过直接或间接的方式继承自 Exception 类。

前面介绍的异常是由 Python 解释器引发的异常，而 raise 语句是程序员编写在应用程序中的，由应用程序自己引发异常。操作实例如例 9-2-5 所示。

例 9-2-5 自定义异常实例。

```
class Input(Exception):
    '''自定义异常类'''
    def __init__(self, length, minLength):
        self.length = length          # 输入的密码位数
        self.minLength = minLength      # 最低位数
try:
    text = input("请输入密码：")
    if len(text) < 6:
        # raise 引发定义好的异常
        raise Input(len(text), 6)
except EOFError:
    print("你输入了结束标记！")
except Input as result:
    print("自定义异常类 input 接收到输入的位数是%d，"
          "位数至少应是%d"%(result.length, result.minLength))
else:
    print("操作正常")
```

运行上述实例，输入“123”，少于 6 位，触发该异常，如下所示：

```
请输入密码：123
自定义异常类 input 接收到输入的位数是 3，位数至少应是 6
```

继续运行例 9-2-5，输入“123456”，满足条件，不触发该异常，如下所示：

```
请输入密码：123456
操作正常
```

在例 9-2-5 中，定义了 input 类，继承 Exception，作为一个异常类使用。若用户输入的密码位数不符合要求时，抛出 input 异常，并使用 except 语句进行异常捕获。如果没有异常，则执行 else 语句内容。

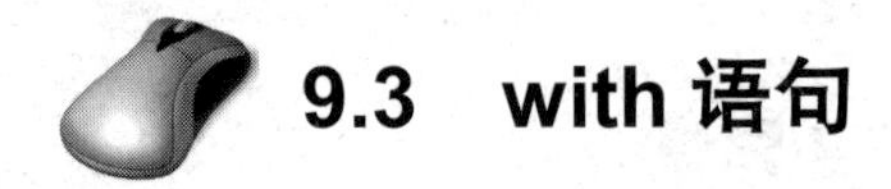

9.3　with 语句

【学习目标】

小节目标　1. 了解 with 语句的语法结构
2. 掌握 with 语句的使用方法
3. 了解上下文管理器概念
4. 了解上下文管理协议

1. with 语句

with 语句是在 Python 2.5 后的版本中得到支持的。在 Python 2.5 以前的版本中，要正确处理涉及到异常的资源管理时，需要使用 try…finally 代码结构。如要实现文件在操作出现异常时也能正确关闭，操作实例如例 9-3-1 所示。

例 9-3-1　使用异常处理方式打开文件。

```
f = open("test.txt")
try:
    for line in f.readlines():
        print(line)
finally:
    f.close()
```

不管文件操作有没有出现异常，try…finally 中的 finally 语句都会执行，从而保证文件的正确关闭，但是这种写法不简洁。with 语句适用于对资源进行访问的场合，确保不管使用过程中是否发生异常都会执行必要的“清理”工作，释放资源。

with 语句的基本语法结构在第 8 章文件处理部分已作简单介绍，这里将表达式明确为上下文表达式，如下所示：

```
with 上下文表达式 [as 资源对象]:
对象操作语句
```

用 with 语句改写例 9-3-1，操作实例如例 9-3-2 所示。

例 9-3-2　使用 with 语句打开文件。

```
with open("test.txt") as f:
    for line in f.readlines():
        print(line)
```

使用 with 语句相对 try…finally 来说简洁了很多，而且也不需要写 f.close()来关闭文件。

2. 上下文管理器

with 语句可以写得如此简单但功能强大，主要依赖于上下文管理器。

上下文管理器就是实现了上下文协议的类，而上下文协议就是一个类要实现_ _enter_ _()和_ _exit_ _()两个方法。一个类只要实现了_ _enter_ _()和_ _exit_ _()，就称为上下文管理器。

下面简要介绍这两个方法。

_ _enter_ _()：主要执行一些环境准备工作，同时返回一个资源对象。例如，上下文管理器 open("test.txt")的_ _enter_ _()函数返回一个文件对象。

_ _exit_ _()：完整形式为_ _exit_ _（type，value，traceback），这三个参数和调用 sys.exec_info()函数的返回值是一样的，分别为异常类型、异常信息和堆栈。如果执行体语句没有引发异常，则这三个参数均被设为 None。否则，它们将包含上下文的异常信息。_ _exit_ _()方法返回 True 或 False，分别指示被引发的异常有没有被处理，如果返回 False，则引发的异常将会被传递出上下文。如果_ _exit_ _()函数内部引发了异常，则会覆盖掉执行体中引发的异常。处理异常时，不需要重新抛出异常，只需要返回 False，with 语句会检测_ _exit_ _()返回 False 来处理异常。

with 语句中的“上下文表达式”是一个上下文管理器，其实现了_ _enter_ _和_ _exit_ _两个函数。当调用 with 语句时，执行过程如下：

① 首先生成一个上下文管理器 expression，在例 9-3-2 中，with 语句首先以“test.txt”作为参数生成一个上下文管理器 open("test.txt")。

② 然后执行 expression._ _enter_ _()。如果指定了[as 资源对象]说明符，则将_ _enter_ _()的返回值赋给资源对象。例 9-3-2 中 open("test.txt")._ _enter_ _()返回的是一个文件对象给 f。

③ 执行 with…block 语句块，例 9-3-2 中执行读取文件。

④ 执行 expression._ _exit_ _()，在_ _exit_ _()函数中可以进行资源清理工作，例 9-3-2 中执行的就是文件的关闭操作。

9.4 实训 9：实现异常处理的学生信息管理系统

根据第 8 章中的实训 8，将其改写，实现程序意外错误处理，在遇到异常时，打印提示信息，并将异常信息写入日志文件。其他功能和文件版的相同。

要求：

1. 要打印堆栈跟踪信息。
2. 为日志文件写入当前日期时间。
3. 显示异常信息时，要进行“出错了：”提示，并提示出错时间、出错信息及跟踪信息。
4. 需要将异常写入文件。

【操作提示】

在目录下建立 stu_info.txt 文件，并且写入一对中括号[]。

启动 IDLE，选择“File\New File”命令，打开 IDLE 编辑器，在代码编辑窗口中输入参考代码。

【参考代码】

```
try:
    import os
```

```
# 定一个列表，用来存储所有的学生信息(每个学生是一个字典)
stu_list = []

def print_info():
    #打印提示信息，返回输入信息
    print("欢迎访问学生信息管理系统，请按提示输入操作！")
    print("1.添加学生信息")
    print("2.删除学生信息")
    print("3.修改学生信息")
    print("4.查询学生信息")
    print("5.浏览学生信息")
    print("6:保存数据")
    print("7:退出系统")
    input_num=input("请输入要操作的序号：")
    return input_num

def add_new_info():
    """添加学生信息"""
    global stu_list
    name=input("请输入姓名：")
    stu_id=input("请输入学号：")
    stu_age=input("请输入年龄:")
    for temp_info in stu_list:
        if   temp_info['stu_name'] == name:
            print("此用户名已经被占用,请重新输入")
            return   # 如果函数只有 return 就相当于函数结束，无返回值
    # 定义一个字典，用来存储用户的学生信息(这是一个字典)
    info = {}
    # 向字典中添加数据
    info["stu_name"] = name
    info["stu_id"] = stu_id
    info["stu_age"] = stu_age

    # 向列表中添加这个字典
    stu_list.append(info)

def del_info():
    """删除学生信息"""
    global stu_list
    del_num = int(input("请输入要删除的序号:"))
    if 1<= del_num < len(stu_list):
        del_flag = input("你确定要删除么?请输入 yes or no：")
        if   del_flag == "yes":
            del stu_list[del_num]
    else:
        print("输入序号有误,请重新输入")

def modify_info():
    """修改学生信息"""
```

```
    global stu_list
    modify_num = int(input("请输入要修改的序号:"))
    if 0 <= modify_num < len(stu_list):
        print("你要修改的信息是:")
        print("name:%s, stu_id:%s, stu_age:%s" % (stu_list[modify_num]['stu_name'],
            stu_list[modify_num]['stu_id'],stu_list[modify_num]['stu_age']))
        stu_list[modify_num]['stu_name'] = input("请输入新的姓名:")
        stu_list[modify_num]['stu_id'] = input("请输入新的学号:")
        stu_list[modify_num]['stu_age'] = input("请输入新的年龄:")
    else:
        print("输入序号有误,请重新输入")

def search_info():
    """查询学生信息"""
    search_name = input("请输入要查询的学生姓名:")
    for temp_info in stu_list:
        if temp_info['stu_name'] == search_name:
            print("查询到的信息如下:")
            print("学生姓名:%s, 学号:%s, 年龄:%s" % (temp_info['stu_name'],
                temp_info['stu_id'], temp_info['stu_age']))
            break
    else:
        print("没有您要找的信息....")

def print_all_info():
    """遍历学生信息"""
    print("序号\t 姓名\t\t 学号\t\t 年龄")
    i = 0
    for temp in stu_list:
        # temp 是一个字典
        print("%d\t%s\t\t%s\t\t%s" % (i, temp['stu_name'], temp['stu_id'], temp['stu_age']))
        i += 1

def save_data():
    """加载之前存储的数据"""
    f = open("stu_info.txt", "w")
    f.write(str(stu_list))
    f.close()

def load_data():
    """加载之前存储的数据"""
    global   stu_list
    f = open("stu_info.txt","r")
    content = f.read()
    stu_list = eval(content)
    f.close()

def main():
    """用来控制整个流程"""
```

```
        # 加载数据（1 次即可）
        load_data()
        while True:
            num=print_info()
            if num == "1":
                # 添加学生
                add_new_info()
            elif num == "2":
                # 删除学生
                del_info()
            elif num == "3":
                # 修改学生
                modify_info()
            elif num == "4":
                # 查询学生
                search_info()
            elif num == "5":
                # 遍历所有的信息
                print_all_info()
            elif num == "6":
                # 保存数据到文件中
                save_data()
            elif num == "7":
                # 退出系统
                exit_flag = input("确定要退出么?确认退出请输入 yes，否则不退出:")
                if exit_flag == "yes":
                    os.system("clear")  # 调用命令 clear 完成清屏
                    break
            else:
                print("输入有误,请重新输入......")


    # 程序的开始
    main()
except Exception as ex:
    from traceback import print_tb #导入 print_tb 打印堆栈跟踪信息
    from datetime import datetime #导入日期时间类，为日志文件写入当前日期时间
    log=open('file_log.txt','a')
    x=datetime.today()
    #显示异常信息
    print('\n 出错了：')
    print('日期时间：',x)
    print('出错信息：',ex)
    print('跟踪信息：')
    print_tb(ex.__traceback__)
    #将异常写入文件
    print('\n 出错了：',file=log)
    print('日期时间：',x,file=log)
    print('出错信息：',ex.args[0],file=log)
```

```
        print('跟踪信息：',file=log)
        print_tb(ex.__traceback__,file=log)
        log.close()
        print('发生错误，系统退出')
```

首先按要求正确执行，再将数据文件 stu_info.txt 中的数据连同“[]”全部删除，检查错误情况。程序运行结果参考如下：

```
出错了：
日期时间：  2019-06-07 23:41:13.028398
出错信息：  unexpected EOF while parsing (<string>, line 0)
跟踪信息：
  File "G:/python/例题/9/例 9-4.py", line 135, in <module>
    main()
  File "G:/python/例题/9/例 9-4.py", line 103, in main
    load_data()
  File "G:/python/例题/9/例 9-4.py", line 97, in load_data
    stu_list = eval(content)
发生错误，系统退出
```

然后将数据文件 stu_info.txt 删除，看异常处理情况，程序运行结果参考如下：

```
出错了：
日期时间：  2019-06-07 20:49:52.166246
出错信息：  2
跟踪信息：
  File "G:/python/例题/9/例 9-4.py", line 135, in <module>
    main()
  File "G:/python/例题/9/例 9-4.py", line 103, in main
    load_data()
  File "G:/python/例题/9/例 9-4.py", line 95, in load_data
    f = open("stu_info.txt","r")
发生错误，系统退出
```

【本章习题】

一、判断题

1．所有程序错误都可以用异常控制、解决。（　　）

2．try…except 语句与 try…finally 语句的区别在于：前者在有异常时执行 except 下的语句，而后者无论有无异常，都执行 finally 子句下面的语句。（　　）

3．try…except…else 语句、try…except 语句的结构类似于 if…else 语句、if…语句的结构。（　　）

4．在带有多个 except 子句的 try 语句或 try…else 语句中，每个 except 子句可以处理多种异常。（　　）

5．在带有多个 except 子句的 try 语句或 try…else 语句中，每个 except 子句下面的语句块的最后一个语句必须是 break 语句。（   ）

6．捕获所有异常 Exception 没有必要。（   ）

7．raise 语句用于程序员编写的应用程序中，由应用程序自己引发异常，这是没有必要的语句。（   ）

8．如果程序语言没有异常处理语句，则程序员就没有办法控制异常。（   ）

9．异常只有在程序运行出错时才可以引发。（   ）

10．异常（Exception）是程序的执行过程中用来解决错误、避免直接终止程序运行的手段。（   ）

二、填空题

1．异常的检测与处理是用________语句实现完成的。

2．________语句用于在程序员编写的应用程序中，由应用程序自己引发异常。

3．try…finally 语句无论有无异常，都执行________子句下面的语句。

4．顶层的异常是________。

5．________是 BaseException 的下层异常。

6．用户需要知道错误信息的情况，此时可以使用________获取系统反馈的信息。

7．________语句用来收集用户定义的约束条件，而不是捕捉内在的程序错误。

8．________语句也叫断言，期望用户满足指定条件。

9．Python 的异常有个大父类，继承的是________。

10．with 语句中的表达式称为________。

三、程序题

录入学生的计算机考试成绩，显示优秀、良好、及格、不及格四种情况。四种情况分别对应如下：

85 分以上（含 85 分），优秀；

75～84 分，良好；

60～74 分，及格；

60 分以下，不及格。

要求将学生成绩打印出来，显示为优秀、良好、及格、不及格四种情况。使用 assert 断言处理分数输入不正确的情况。

第 9 章习题参考答案

第 10 章　MySQL 数据库操作

Python 标准数据库接口为 Python DB-API，Python DB-API 为开发人员提供了数据库应用编程接口。

Python 数据库接口支持非常多的数据库，选择适合项目的数据库：

- GadFly
- mSQL
- MySQL
- PostgreSQL
- Microsoft SQL Server
- Informix
- Interbase
- Oracle
- Sybase

可以访问 Python 数据库接口及 API 查看详细的支持数据库列表。

不同的数据库需要下载不同的 DB API 模块，例如，若要访问 MySQL 数据，则需要下载 MySQL 数据库模块。

本章以流行的开源 MySQL 数据库为例，介绍 Python 操作 MySQL 数据库的过程及方式。

教学导航

学习目标　1. 了解 MySQL 数据库的使用
　　　　　　2. 掌握 MySQL 数据库的连接
　　　　　　3. 了解并掌握 MySQL 数据库的操作
　　　　　　4. 了解 MySQL 数据库的错误处理方法

教学重点　1. 掌握 MySQL 数据库的连接
　　　　　　2. 了解并掌握 MySQL 数据库的操作

教学方式　案例教学法、分组讨论法、自主学习法、探究式训练法

课时建议　4 课时

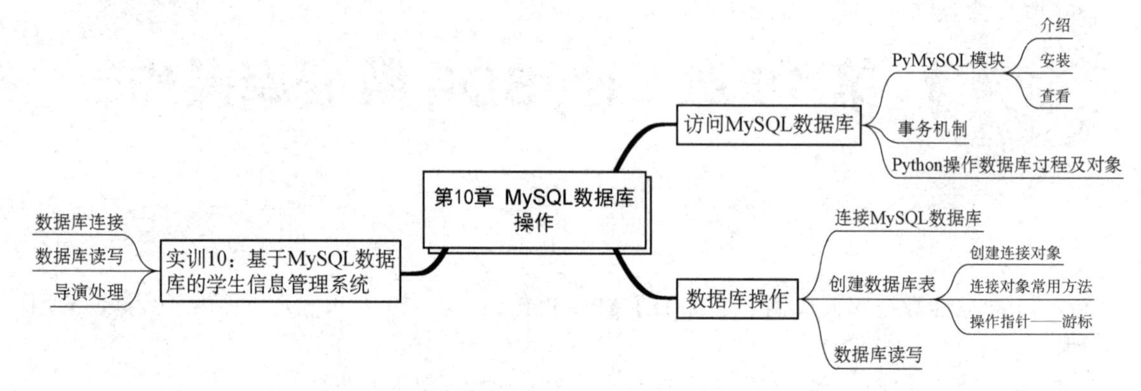

10.1 访问 MySQL 数据库

数据可以存储在文件中，但如果数据复杂，就需要对数据进行格式化操作，否则难以识别。数据库是专门用来存储数据的系统，能存储复杂的数据。本节的目标是熟悉 Python 连接 MySQL 数据库的模块、过程、对象及方法，使程序能实现数据的连接。

【学习目标】

小节目标
1. 了解并掌握 PyMySQL 模块安装
2. 了解 Python 操作数据库的过程
3. 了解 Connection 对象并掌握其操作
4. 了解 Cursor 对象并掌握其操作
5. 了解事务及使用
6. 掌握 Python 连接 MySQL 数据库的操作过程

10.1.1 PyMySQL 模块

MySQL 是目前流行的关系型数据库管理系统之一，在 Web 中应用广泛。

MySQL 所使用的 SQL 语言是用于访问数据库的最常用的标准化语言。MySQL 软件采用双授权政策，分为社区版和商业版。因其体积小、速度快、成本低且开放源码，所以一般中小网站的开发都选择 MySQL 作为网站数据库。

Python 没有自带对 MySQL 的支持，必须另外安装。安装方式和其他第三方库一样，进入 Python 的安装目录的 Scripts 子目录，执行 pip 安装命令：

```
pip install    pymysql
```

成功安装 PyMySQL 的驱动，就可以使用 import pymysql 引入这个模块驱动 MySQL 数据库。

10.1.2 事务机制

事务是数据库理论中一个比较重要的概念，指访问和更新数据库的一个程序执行单元，事务具有4个属性：原子性、一致性、隔离性、持久性。这4个属性通常称为ACID特性。

原子性（Atomic）：一个事务是一个不可分割的工作单位，事务中的各项操作要么全都做，要么全都不做，任何一项操作的失败都会导致整个事务的失败。

一致性（Consistent）：事务必须使数据库从一个一致性状态变到另一个一致性状态。一致性与原子性是密切相关的。

隔离性（Isolated）：并发执行的事务彼此无法看到对方的中间状态，一个事务的执行不能被其他事务干扰。

持久性（Durable）：持续性也称永久性（Permanence），指一个事务一旦提交，它对数据库中数据的改变就应该是永久性的。接下来的其他操作或故障不应该对其有任何影响。可以通过日志和同步备份在故障发生后重建数据。

事务机制可以确保数据一致性。

Python DB API 2.0 的事务提供了两个方法 commit 或 rollback。

- 正常结束事务：conn.commit()。
- 异常结束事务：conn.rollback()。

对于支持事务的数据库，在 Python 数据库编程中，当游标建立之时，就自动开始了一个隐形的数据库事务。

commit()方法用于提交所有更新操作，Python 操作 MySQL 是用事务的方式来实现的，在 update 时必须有 commit 提交的过程，否则数据表不会更新。

rollback()方法回滚当前游标的所有操作。每一个方法都开始了一个新的事务。

在开发时，还可以关闭自动 commit，即设置 conn.autocommit(False)。

10.1.3 Python 操作数据库过程及对象

Python 操作数据库的过程依次如下：

- 首先创建 Connection 对象（数据库连接对象）用于打开数据库连接，再创建 Cursor 对象（游标对象）用于执行查询和获取结果。
- 然后执行 SQL 语句对数据库进行增、删、改、查等操作并提交事务，此过程如果出现异常则使用回滚技术使数据库恢复到执行 SQL 语句之前的状态。
- 最后，依次销毁 Cursor 对象和 Connection 对象。

1. Connection 对象

Connection 对象即为数据库连接对象，在 Python 中可以使用 pymysql.connect()方法创建 Connection 对象，格式如下：

```
pymysql.connect(host="主机名（IP）",port=端口号,user="用户名",passwd="密码",db="数据库名",chartset="字符集")
```

connect()方法的常用参数如下。

- host：连接的数据库服务器主机名，默认为本地主机（localhost），字符串类型。

➢ port：指定数据库服务器的连接端口，默认为 3306，整型。
➢ user：用户名，默认为当前用户，字符串类型。
➢ passwd：密码，无默认值，字符串类型。
➢ db：数据库名称，无默认值，字符串类型。
➢ chartset：字符集，无默认值，字符串类型。

Connection 对象常用的方法如下。

➢ cursor()：使用当前连接创建并返回游标。
➢ commit()：提交当前事务。
➢ rollback()：回滚当前事务。
➢ close()：关闭当前连接。

2. Cursor 对象

Cursor 对象即为游标对象，用于执行查询和获取结果，在 Python 中可以使用 conn.cursor() 创建，conn 为 Connection 对象。Cursor 对象常用的方法和属性如下。

➢ execute()：执行数据库查询或命令，将结果从数据库获取到客户端。
➢ fetchone()：获取结果集的下一行。
➢ fetchmany()：获取结果集的下几行。
➢ fetchall()：获取结果集中剩下的所有行。
➢ close()：关闭当前游标对象。
➢ rowcount：最近一次的 execute 返回数据的行数或受影响的行数。

10.2 数据库操作

数据库操作，主要是对数据库的读取与更新。连接数据库后，进行数据的增、删、改、查操作。本节的目标就是掌握对数据库访问及数据表的增、删、改、查这些基本操作。

【学习目标】

小节目标 1. 掌握 MySQL 数据库的连接
2. 掌握数据库表的创建
2. 掌握数据的读写操作，能熟练进行数据的增、删、改、查

10.2.1 连接 MySQL 数据库

连接数据库前，请先确认以下事项：

- 已经创建了数据库 test。
- 在 test 数据库中已经创建了表 employee。
- employee 表字段为 userName，age，sex 和 tel。

- 连接数据库 TEST 使用的用户名为“root”，密码为“root”，可以自己设定或者直接使用 root 用户名及其密码，MySQL 数据库用户授权操作请使用 grant 命令。

Python 连接 MySQL 数据库的方法如下：

```
conn=pymysql.connect(host="127.0.0.1",port=3306,user="root",passwd="root",db="TEST",chartset="utf8")
```

其中，connect 是 PyMySQL 的连接函数，连接的数据库位于服务器 host 上，一般用 IP 地址或服务器名称连接。127.0.0.1 代表本机的 IP 地址，表示本机 MySQL 数据库。port 表示端口号，MySQL 默认端口号是 3306。user、passwd 是 MySQL 的一个用户的用户名和密码（注：本教材所用 MySQL 用户名与密码均采用 root）。db 是用来表示 MySQL 数据库的名称。chartset 表示文本采用 UTF-8 编码。

上述方法也可以简写为 pymysql.connect("localhost","root""root","test")形式。

test 数据库连接代码如例 10-2-1 所示。

例 10-2-1 Python 连接 MySQL 的 test 数据库实例 1。

```
import pymysql
try:
    # 打开数据库连接
    conn=pymysql.connect(host="127.0.0.1",port=3306,user="root",passwd="root",db="test")
    print("数据库连接成功！")
    conn.close()
except Exception as result:
    print(result)
```

执行以上实例输出结果如下：

```
数据库连接成功！
```

上例中，连接数据库时使用了参数名和参数值，可以简化这个写法，如例 10-2-2 所示。

例 10-2-2 Python 连接 MySQL 的 test 数据库实例 2。

```
import pymysql
try:
    # 打开数据库连接
    conn = pymysql.connect('localhost', 'root', 'root', 'test')
    print("数据库连接成功！")
    conn.close()
except Exception as result:
    print(result)
```

以上实例输出结果如下：

```
数据库连接成功！
```

10.2.2 创建数据库表

如果数据库连接存在，那么我们可以使用 execute()方法来为数据库创建表，如例 10-2-3 所示创建表 employee。

例 10-2-3 创建数据库表实例。

```
import pymysql
# 打开数据库连接
conn = pymysql.connect(host="127.0.0.1",port=3306,user="root", passwd="root",db="test", charset="utf8")
# 使用 cursor()方法创建一个游标对象 Cursor
cursor = conn.cursor()          # 游标对象用于执行查询和获取结果
# 使用 execute()方法执行 SQL，如果要创建的表存在则将其删除
cursor.execute('drop table if exists employee')
#创建表，使用三引号，可以包含多行字符串，作一行处理
sql = """CREATE TABLE `employee` (
  `username` varchar(25) default null comment '姓名',
  `age` int(11) default null comment  '年龄',
  `sex` varchar(4) default null comment  '性别',
  `tel` varchar(20)default null comment  '电话'
) engine=InnoDB default charset=utf8;
"""
# 执行 SQL 语句
cursor.execute(sql)
# 关闭数据库连接
conn.close()
```

在 conn = pymysql.connect(host="127.0.0.1",port=3306,user="root", passwd="root", db="test", charset="utf8")代码中，如果需要使用中文，则需要添加“charset="utf8"”，否则中文会输出乱码。

执行上例所示代码，在数据库 test 中，创建 employee 表。打开 MySQL 的可视化窗口 Navicat for MySQL，创建 employee 表如图 10-2-1 所示。

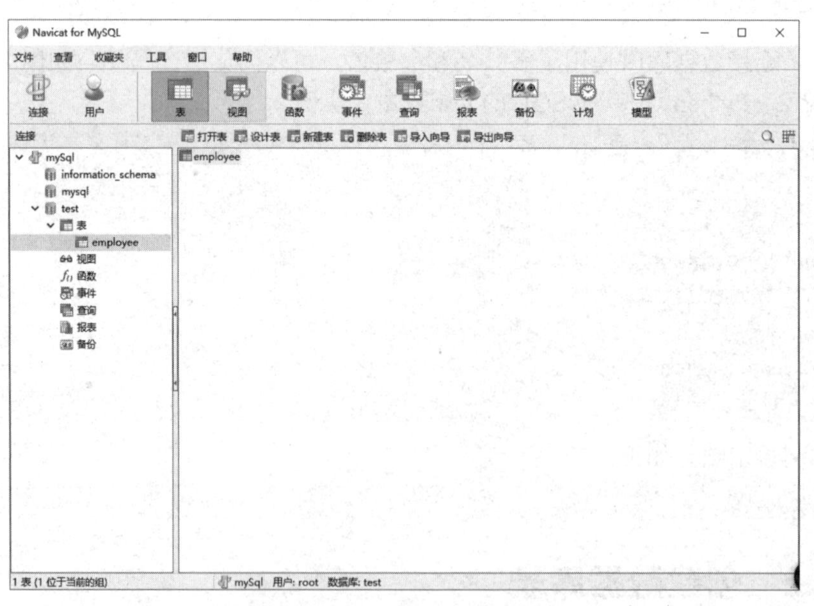

图 10-2-1 创建 employee 表

选中 employee，设计表，表结构如图 10-2-2 所示。

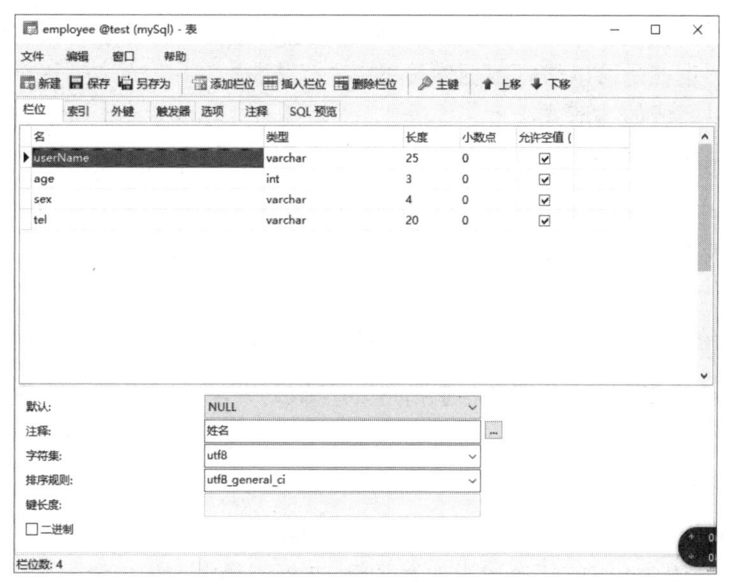

图 10-2-2 设计 employee 表

10.2.3 数据库读写

对于数据库读写，最基本的操作就是增、删、改、查。以下结合实例，介绍 MySQL 数据库的增、删、改、查操作。

1. 插入数据

插入数据库，主要使用 INSERT 语句，如向表 EMPLOYEE 插入记录。操作如例 10-2-4 所示。

例 10-2-4 直接使用 SQL 语句插入记录。

```
# encoding: utf-8
import pymysql
# 打开数据库连接
db = pymysql.connect(host="127.0.0.1",port=3306,user="root",passwd="root", db="test", charset="utf8")
# 使用 cursor()方法获取操作游标
cursor = db.cursor()
# SQL 插入语句
sql = """INSERT INTO EMPLOYEE(userName, age, sex, tel) VALUES ('张三', 20, '男', 13911111111)"""
try:
    # 执行 SQL 语句
    cursor.execute(sql)
    # 提交到数据库执行
    db.commit()
except:
    # Rollback in case there is any error
    db.rollback()
# 关闭数据库连接
db.close()
```

以上例子采用 SQL 语句直接传值，用户的信息通过键盘等途径输入，SQL 语句中通过相关变量接收数值，也就是可以进行数据库传参。

数据传参可以写成如下形式：

```
cursor.execute(sql，(参数列表))
```

在 SQL 语句中，需要使用占位符进行占位。MySQL 数据库参数统一用“%s”表示，表示此处是不确定的值，具体需要使用参数表示。例如，在例 10-2-2 中，SQL 语句使用占位符输出，参考如下：

```
sql = "INSERT INTO EMPLOYEE(userName, age, sex, tel) VALUES (%s, %s, %s, %s)"
```

数据传参 cursor.execute(sql, (参数列表))中的参数列表，是对应参数的具体值，此参数放在一个元组中或列表中，参考如下：

```
cursor.execute(sql,(变量 1,变量 2,变量 3,变量 4))
```

变量 1 到变量 4 分别对应 SQL 语句中的 userName、age、sex、tel，也就是分别对应 employee 表的 4 个字段。例 10-2-4 中的代码可以改写为例 10-2-5 所示代码。

例 10-2-5 使用数据传参插入记录。

```
# encoding: utf-8
import pymysql
# 打开数据库连接
db = pymysql.connect(host="127.0.0.1",port=3306,user="root",passwd="root", db="test",charset="utf8")
# 使用 cursor()方法获取操作游标
cursor = db.cursor()
# SQL 插入语句
name=input("请输入姓名:")
age=int(input("请输入要修改的年龄:"))
sex=input("请输入性别:")
tel=input("请输入电话号码:")
sql = "INSERT INTO EMPLOYEE(userName, age, sex, tel) VALUES (%s, %s, %s, %s)"
try:
    # 执行 SQL 语句
    cursor.execute(sql,(name,age,sex,tel))
    # 提交到数据库执行
    db.commit()
    print("添加成功")
except Exception as err:
    # Rollback in case there is any error
    db.rollback()
    print(err)
# 关闭数据库连接
db.close()
```

2. 查询数据

根据 10.1 节的描述，Python 查询 MySQL 使用 fetchone()方法获取单条数据，使用 fetchall()方法获取多条数据。其中

fetchone()：该方法获取下一个查询结果集。结果集是一个对象。

fetchall()：接收全部的返回结果行。

rowcount：这是一个只读属性，并返回执行 execute()方法后所影响的行数。

如要读取表的全部记录，可以使用游标的 fetchall()方法，操作实例如例 10-2-6 所示。

例 10-2-6　查询表中所有数据实例。

```
# encoding: utf-8
import pymysql

# 打开数据库连接
db = pymysql.connect(host="127.0.0.1",port=3306,user="root",passwd="root", db="test", charset="utf8")
# 使用 cursor()方法获取操作游标
cursor = db.cursor()
# SQL 查询语句
sql = " select * from employee "
try:
    # 执行 SQL 语句
    cursor.execute(sql)
    # 获取所有记录列表
    results = cursor.fetchall()
    for row in results:
        userName = row[0]
        age = row[1]
        sex = row[2]
        tel = row[3]
        # 打印结果
        print("姓名=%s,年龄=%d,性别=%s,电话=%s" % \
                (userName, age, sex, tel))
except Exception as err:
    print(err)
# 关闭数据库连接
db.close()
```

以上实例执行结果如下：

```
姓名=张三,年龄=20,性别=男,电话=13911111111
姓名=小明,年龄=22,性别=男,电话=1221222222
```

第一条记录，执行例 10-2-2 所示代码时直接添加，后一条记录，执行例 10-2-3 所示代码时添加。此例将所有记录查询并输出。

如果要查询某一确定人员信息，只需在 SQL 语句中添加相应的条件即可，其他代码基本不变。

3. 更新数据

更新数据操作用于更新数据表中的数据，SQL 语句中的占位符和数据传参与例 10-2-5 含义相同，操作实例如例 10-2-7 所示。

例 10-2-7　更新数据操作实例。

```
# encoding: utf-8
import pymysql
```

```
# 打开数据库连接
db = pymysql.connect(host="127.0.0.1",port=3306,user="root",passwd="root", db="test",charset="utf8")
# 使用 cursor()方法获取操作游标
cursor = db.cursor()
# SQL 更新语句
name=input("请输入要修改的人员姓名:")
age=int(input("请输入要新的年龄:"))
sex=input("请输入要新的性别:")
sql = "update employee set age = %s,sex=%s    where    userName =%s"
try:
    # 执行 SQL 语句
    cursor.execute(sql,(age,sex,name))
    # 提交到数据库执行
    db.commit()
    print("修改成功")
except Exception as err:
    # 发生错误时回滚
    db.rollback()
    print(err)
# 关闭数据库连接
db.close()
```

以上实例可以修改相应人员的年龄和性别。

4. 删除数据

删除数据操作用于删除数据表中的数据、SQL 语句中的占位符和数据传参，与例 10-2-5 含义相同，操作实例如 10-2-8 所示。

例 10-2-8　删除记录操作实例。

```
# encoding: utf-8
import pymysql

# 打开数据库连接
db = pymysql.connect(host="127.0.0.1",port=3306,user="root",passwd="root", db="test",charset="utf8")
# 使用 cursor()方法获取操作游标
cursor = db.cursor()
# SQL 更新语句
name=input("请输入要删除的人员姓名:")
sql = "delete    from    employee    where    userName =%s"
try:
    # 执行 SQL 语句
    cursor.execute(sql,(name))
    # 向数据库提交
    db.commit()
    print("删除成功")
except Exception as err:
    # 发生错误时回滚
    db.rollback()
    print(err)
```

```
# 关闭数据库连接
db.close()
```

5. 错误处理

在数据库操作中，经常会出现操作错误和异常，DB API 中定义了一些数据库操作的错误及异常，这些错误和异常匹配如表 10-2-1 所示。

表 10-2-1 数据库操作的错误及异常一览表

异常	描述
Warning	当有严重警告时触发，例如，插入数据时被截断等，必须是 StandardError 的子类
Error	警告以外所有其他错误类，必须是 StandardError 的子类
InterfaceError	当有数据库接口模块本身的错误（而不是数据库的错误）发生时触发，必须是 Error 的子类
DatabaseError	和数据库有关的错误发生时触发，必须是 Error 的子类
DataError	当数据处理发生错误时触发，例如，除零错误，数据超范围等，必须是 DatabaseError 的子类
OperationalError	指非用户控制的，在操作数据库时发生的错误。例如，连接意外断开、数据库名未找到、事务处理失败、内存分配错误等操作数据库时发生的错误，必须是 DatabaseError 的子类
IntegrityError	与完整性相关的错误，例如，外键检查失败等，必须是 DatabaseError 子类
InternalError	数据库的内部错误，例如，游标（Cursor）失效、事务同步失败等，必须是 DatabaseError 子类
ProgrammingError	程序错误，例如，数据表（table）没找到或已存在、SQL 语句语法错误、参数数量错误等，必须是 DatabaseError 的子类
NotSupportedError	不支持错误，指使用了数据库不支持的函数或 API 等。例如，在连接对象上使用.rollback() 函数，然而数据库并不支持事务或者事务已关闭，必须是 DatabaseError 的子类

读者可以参考表中的错误或异常，判定程序的问题。

10.3 实训 10：基于 MySQL 数据库的学生信息管理系统

【任务描述】

根据第 5 章实训 5 中的学生信息管理系统，将其改写，使用 MySQL 数据库保存数据，实现数据的长久保存。

要求：

1．使用 MySQL 数据库保存数据，数据库名为 stu_info。数据库的字段是“姓名”“学号”“年龄”，库中没有初始数据。设置“姓名”为主键。

2．程序的功能和函数版的相同。

【操作提示】

1．首先在 MySQL 数据库中建立 stu_info 数据库，字段名分别 stu_Name、stu_id、stu_age，类型分别为 varchar(50)、int(12)、int(3)。

2．启动 IDLE，选择“File\New File”命令，打开 IDLE 编辑器，在代码编辑窗口中输入参考代码。

3．导入 PyMySQL 模块，完成程序编写。

【参考代码】

```
# encoding: utf-8
import pymysql

def print_info():
    #打印提示信息，返回输入信息
    print("欢迎访问学生信息管理系统，请按提示输入操作！")
    print("1.添加学生信息")
    print("2.删除学生信息")
    print("3.修改学生信息")
    print("4.查询学生信息")
    print("5.浏览学生信息")
    print("6:退出系统")
    input_num=input("请输入要操作的序号：")
    return input_num

#定义数据库连接函数
def db():
    # 打开数据库连接，MySQL 数据库登录用户名与密码均设置为 root，数据库名为 stu
    db = pymysql.connect(host="127.0.0.1",port=3306,user="root",passwd="root",
db="stu",charset="utf8")
    # 使用 cursor()方法获取操作游标
    return db


def add_new_info():
    """添加学生信息"""
    conn=db()
    cursor = conn.cursor()
    name=input("请输入姓名：")
    stu_id=input("请输入学号：")
    stu_age=input("请输入年龄:")
    sql = "INSERT INTO stu_info(userName, stu_id,stu_age) VALUES (%s, %s, %s)"
    try:
        # 执行 SQL 语句
        cursor.execute(sql,(name,stu_id,stu_age))
        # 提交到数据库执行
        conn.commit()
```

```
            print("添加成功")
        except Exception as err:
            # Rollback in case there is any error
            conn.rollback()
            print(err)
        # 关闭数据库连接
        conn.close()

def del_info():
    """删除学生信息"""
    conn=db()
    cursor = conn.cursor()
    # SQL 更新语句
    name=input("请输入要删除的人员姓名:")
    sql = "delete from stu_info where    userName =%s"
    try:
        # 执行 SQL 语句
        cursor.execute(sql,(name))
        # 向数据库提交
        conn.commit()
        print("删除成功")
    except Exception as err:
        # 发生错误时回滚
        conn.rollback()
        print(err)
    # 关闭数据库连接
    conn.close()

def modify_info():
    """修改学生信息"""
    conn=db()
    cursor = conn.cursor()
    # SQL 更新语句
    name=input("请输入要修改的人员姓名:")
    age=int(input("请输入要新的年龄:"))
    stu_id=input("请输入要新的学号:")
    sql = "UPDATE stu_info SET stu_age = %s,stu_id=%s    where userName =%s"
    try:
        # 执行 SQL 语句
        cursor.execute(sql,(age,stu_id,name))
        # 提交到数据库执行
        conn.commit()
        print("修改成功")
    except Exception as err:
        # 发生错误时回滚
        conn.rollback()
        print(err)
    # 关闭数据库连接
    conn.close()
```

```
def search_info():
    """查询学生信息"""
    conn=db()
    cursor = conn.cursor()
    search_name = input("请输入要查询的学生姓名:")
    sql = "select * from stu_info where userName =%s"
    try:
        # 执行 SQL 语句
        cursor.execute(sql,(search_name))
        # 获取所有记录列表
        results = cursor.fetchall()
        for row in results:
            userName = row[0]
            age = row[1]
            stu_id = row[2]
            # 打印结果
            print("姓名=%s,年龄=%d,学号=%s" % \
                    (userName, age, stu_id))
    except Exception as err:
        print(err)
    # 关闭数据库连接
    conn.close()

def print_all_info():
    """遍历学生信息"""
    conn=db()
    cursor = conn.cursor()
    # SQL 查询语句
    sql = "select * from stu_info "
    try:
        # 执行 SQL 语句
        cursor.execute(sql)
        # 获取所有记录列表
        results = cursor.fetchall()
        for row in results:
            userName = row[0]
            age = row[1]
            stu_id = row[2]
            # 打印结果
            print("姓名=%s,年龄=%d,学号=%s" % \
                    (userName, age, stu_id))
    except Exception as err:
        print(err)
    # 关闭数据库连接
    conn.close()

def load_data():
    """加载之前存储的数据"""
```

```
        # 使用 cursor()方法获取操作游标
        conn=db()
        cursor = conn.cursor()
        # SQL  查询语句
        sql = "select * from stu_info "
        try:
            # 执行 SQL 语句
            cursor.execute(sql)
            # 获取所有记录列表
            results = cursor.fetchall()
            for row in results:
                userName = row[0]
                age = row[1]
                stu_id = row[2]
                # 打印结果
                print("姓名=%s,年龄=%d,学号=%s" % \
                          (userName, age, stu_id))
        except Exception as err:
            print(err)
        # 关闭数据库连接
        conn.close()

def main():
        """用来控制整个流程"""
        # 加载数据（1 次即可）
        load_data()
        while True:
            num=print_info()
            if num == "1":
                # 添加学生
                add_new_info()
            elif num == "2":
                # 删除学生
                del_info()
            elif num == "3":
                # 修改学生
                modify_info()
            elif num == "4":
                # 查询学生
                search_info()
            elif num == "5":
                # 遍历所有的信息
                print_all_info()
            elif num == "6":
                # 退出系统
                break
            else:
                print("输入有误,请重新输入......")

if __name__=="__main__":
```

```
main()
```

【本章习题】

一、判断题

1．Python 中，不同的数据库需要下载不同的 Python DB API 模块。(　　)

2．MySQL 所使用的 SQL 语言是用于访问数据库的最常用的标准化语言。(　　)

3．MySQL 是当前流行的关系型数据库，所以 Python 可以直接使用 MySQL。(　　)

4．Python 中，Connection 对象用于打开数据库连接。(　　)

5．Python 中，Cursor 对象用于执行查询和获取结果。(　　)

6.在 Python 连接 MySQL 字符串中,port 用于指定数据库服务器的连接端口,默认为 3306。(　　)

7．事务具有 4 个属性：原子性、一致性、隔离性、持久性。这 4 个属性通常称为 ACID 特性。(　　)

8．Python 中，结束事务可以使用 commit()方法。(　　)

9．Python 操作数据库出现异常时，需要提交事务，可以使用 commit()方法。(　　)

10．rollback()表示回滚事务，回滚当前游标的所有操作。因为是回滚事务，所以不开始一个新的事务。(　　)

二、填空题

1．安装 Python 使用 MySQL 的驱动，命令是________。

2．Python 使用 MySQL，必须要导入 MySQL 处理模块，导入命令是________。

3.Connection 对象即为数据库连接对象,在 Python 中可以使用________方法创建该对象。

4．Cursor 对象用于执行查询和获取结果，在 Python 中，conn 为 Connection 对象，此时用________创建 Cursor 对象。

5．连接数据库后，使用________方法创建一个游标对象，用于执行查询和获取结果。

6．________方法用于提交所有更新操作。

7．rollback()方法用于________当前游标的所有操作。

8．connect()方法中，________参数表示连接的数据库服务器主机名。

9．connect()方法中，port 表示指定数据库服务器的连接端口，默认为________。

10．connect()方法中，chartset 表示字符集，如果要使用汉字，则需要使用________。

第 10 章习题参考答案

第 11 章　计算生态

Python 的库分为标准库和第三方库。标准库是随解释器直接安装到操作系统中的功能模块；第三方库是需要经过安装才能使用的功能模块。Python 功能之所以强大，和强大的库是分不开的。例如，Python 网络爬虫方向的第三方库有 request、scrapy 等；数据分析方向的第三方库有 Numpy、Scipy、Pandas 等；数据可视化方向的第三方库有 matplotlib、TVTK、mayavi 等；文本处理方向的第三方库有 openpyxl、python-docx、filecmp 等；机器学习和深度学习方向的第三方库有 TensorFlow、Scikit-learn、Theano、Keras 等；Web 开发方向的第三方库有 Django、Pyramid、Flask 等；图形用户界面方向的标准库有 tkinter，第三方库有 PyQt5、wxPython、PySide、PyGTK 等；游戏开发方向的第三方库有 Pygame、Panda3D、cocos2d 等。

全国计算机等级考试二级 Python 语言程序设计考试大纲（2018 年版）中第 7 部分——Python 计算生态中所涉及的库，除本教材前面章节中所提到的库，主要还有 Turtle、random 标准库及 jieba、wordcloud 第三方库。本章的目标是让读者了解这些库的使用。

教学导航

学习目标　1. 了解 Turtle 标准库的概念和使用
2. 了解 random 标准库的概念和使用
3. 掌握 jieba 第三方库的安装和使用
4. 了解 wordcloud 第三方库的安装和使用

教学重点　1. Turtle 绘图命令
2. random 库的常用函数
3. jieba 分词应用

教学方式　案例教学法、分组讨论法、自主学习法、探究式训练法

课时建议　6 课时

内容导读

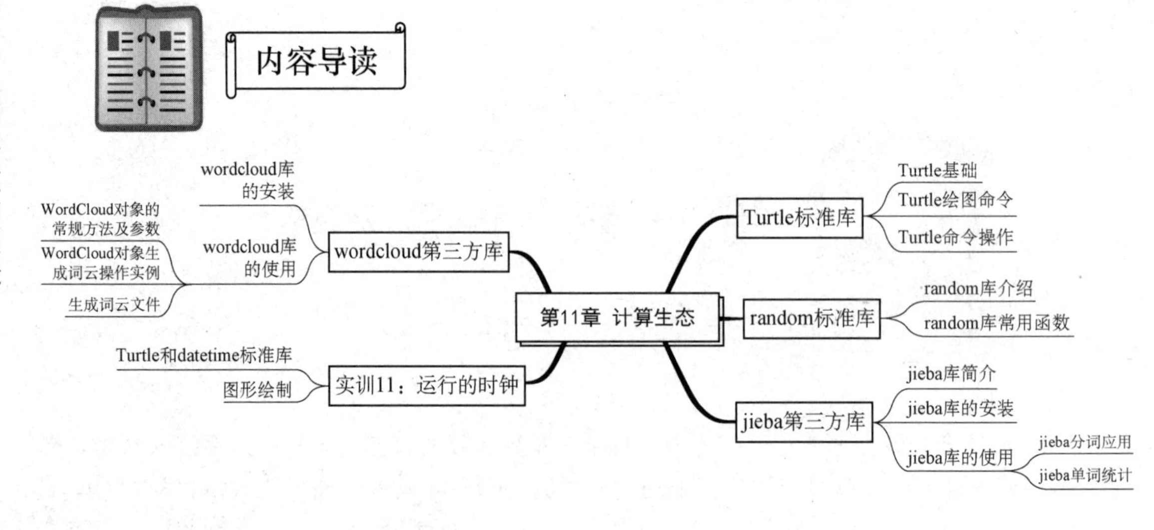

11.1 Turtle 标准库

Turtle 库，也叫海龟库，是一个入门级的函数绘制库，是 Python 语言的标准库之一。其被创作出来的主要目的是教小朋友们学编程。本节介绍 Turtle 标准库，这个库也是全国计算机等级考试二级 Python 语言程序设计考试大纲（2018 年版）中第七部分——Python 计算生态中第 1 点（标准库）中必考的一个库。

【学习目标】

小节目标 1. 了解 Turtle 库的基础知识
2. 了解并掌握 Turtle 库绘图命令
3. 掌握 Turtle 绘图的基本操作方式

Turtle 库是 Python 语言中一个很流行的绘制图像的函数库。想象一个画笔，从一个横轴为 x、纵轴为 y 的坐标系原点（0，0）位置开始，它根据一组函数指令的控制，在这个平面坐标系中移动，从而在移动的路径上绘制了图形。

11.1.1 Turtle 基础

Turtle 是 Wally Feurzig 和 Seymour Papert 于 1966 年开发的原始 Logo 编程语言的一部分。

在导入 Turtle 库之后，输入“import turtle”命令，如果没报错就说明成功引用 Turtle。如果报错则请在执行安装命令中输入“pip install turtle”。从 x-y 平面的（0，0）开始，给它一个命令“turtle.forward(x)”，然后就移动 x 个像素（在屏幕上移动），在移动的同时绘制一条线。如果加载命令“turtle.right(y)”，就会顺时针旋转 y 度。

通过将这些类似命令组合在一起，可以容易地绘制复杂的形状和图片。Turtle 基础命令如下。

1. 画布（canvas）

画布就是 Turtle 为我们展开用于绘图的区域，我们可以设置它的大小和初始位置。

turtle.screensize(canvwidth=None, canvheight=None, bg=None)，参数分别为画布的宽（单位为像素）、高、背景颜色。例如：

turtle.screensize(800,600, "green")

turtle.screensize() #返回默认大小(400, 300)

turtle.setup(width=0.5,height=0.75,startx=None,starty=None)

其中，参数 width, height：输入宽和高为整数时，表示像素；为小数时，表示占据计算机屏幕的比例，(startx, starty)：这一坐标表示矩形窗口左上角顶点的位置，如果为空，则窗口位于屏幕中心。例如，

turtle.setup(width=0.6,height=0.6)

turtle.setup(width=800,height=800, startx=100, starty=100)

2. 画笔

在画布上，默认有一个坐标原点为画布中心的坐标轴，坐标原点上有一只面朝 x 轴正方向的画笔。这里我们描述画笔时使用了两个词语：坐标原点（位置），面朝 x 轴正方向（方向）。Turtle 使用位置方向来描述画笔的状态。

画笔的属性指画笔的静态表现，如颜色、画线的宽度等，主要包括以下三点。

- turtle.pensize()：设置画笔的宽度。
- turtle.pencolor()：没有参数传入，返回当前画笔颜色，传入参数用于设置画笔颜色，可以是字符串如“green”“red”，也可以是 RGB 3 元组。
- turtle.speed(speed)：设置画笔移动速度，画笔绘制的速度范围为[0, 10]整数，数字越大表示速度越快。

11.1.2 Turtle 绘图命令

Turtle 库中，操纵绘图有着许多的命令，这些命令可以划分为 3 种：一种为画笔运动命令，一种为画笔控制命令，还有一种是全局控制命令。Turtle 操纵绘图命令分别表述如下。

1. 画笔运动命令和说明

画笔运动命令和说明如表 11-1-1 所示。

表 11-1-1 画笔运动命令和说明

命令	说明
turtle.forward(distance)	向当前画笔方向移动 distance 像素长度
turtle.backward(distance)	向当前画笔相反方向移动 distance 像素长度
turtle.right(degree)	顺时针移动 degree
turtle.left(degree)	逆时针移动 degree
turtle.pendown()	移动时绘制图形，默认时也为绘制
turtle.goto(x,y)	将画笔移动到坐标为 x，y 的位置
turtle.penup()	提起笔移动，不绘制图形，用于另起一个地方绘制

续表

命令	说明
turtle.circle(radius,extent=None, steps=None)	画圆，radius（半径）：半径为正（负），表示圆心在画笔的左边（右边）画圆；extent（弧度）：optional（可选择的）；steps：optional（可选择的），作半径为 radius 的圆的内切正多边形，多边形边数为 steps
setx()	将当前 x 轴移到指定位置
sety()	将当前 y 轴移到指定位置
setheading(angle)	设置当前朝向为 angle 角度
home()	设置当前画笔位置为原点，朝向东
dot(r)	绘制一个指定直径和颜色的圆点

2. 画笔控制命令和说明

画笔控制命令和说明如表 11-1-2 所示。

表 11-1-2　画笔控制命令和说明

命令	说明
turtle.fillcolor(colorstring)	绘制图形的填充颜色
turtle.color(color1,color2)	同时设置 pencolor=color1，fillcolor=color2
turtle.filling()	返回当前是否处于填充状态
turtle.begin_fill()	准备开始填充图形
turtle.end_fill()	填充完成
turtle.hideturtle()	隐藏画笔的 Turtle 形状
turtle.showturtle()	显示画笔的 Turtle 形状

3. 全局控制命令和说明

全局控制命令和说明如表 11-1-3 所示。

表 11-1-3　全局控制命令和说明

命令	说明
turtle.clear()	清空 Turtle 窗口，但是 Turtle 的位置和状态不会改变
turtle.reset()	清空窗口，重置 Turtle 状态为起始状态
turtle.undo()	撤销上一个 Turtle 动作
turtle.isvisible()	返回当前 Turtle 是否可见
stamp()	复制当前图形
turtle.write(s [,font=("font-name", font_size,"font_type")])	写文本，s 为文本内容，font 是字体的参数，分别为字体名称、大小和类型；font 为可选项，font 参数也是可选项

4. 其他命令和说明

其他命令和说明如表 11-1-4 所示。

表 11-1-4　其他命令和说明

<table>
<tr><th>命令</th><th>说明</th></tr>
<tr><td>turtle.mainloop()或 turtle.done()</td><td>启动事件循环，调用 Tkinter 的 mainloop 函数，必须是程序中的最后一个语句</td></tr>
<tr><td>turtle.mode(mode=None)</td><td>设置模式（“standard”“logo”或“world”）并执行重置。如果没有则给出模式，否则返回当前模式<table><tr><td>模式</td><td>初始朝向</td><td>正角度</td></tr><tr><td>standard</td><td>向右（东）</td><td>逆时针</td></tr><tr><td>logo</td><td>向上（北）</td><td>顺时针</td></tr></table></td></tr>
<tr><td>turtle.delay(delay=None)</td><td>设置或返回以毫秒为单位的绘图延迟</td></tr>
<tr><td>turtle.begin_poly()</td><td>开始记录多边形的顶点。当前的位置是多边形的第一个顶点</td></tr>
<tr><td>turtle.end_poly()</td><td>停止记录多边形的顶点。当前的位置是多边形的最后一个顶点。将与第一个顶点相连</td></tr>
<tr><td>turtle.get_poly()</td><td>返回最后记录的多边形</td></tr>
</table>

11.1.3　Turtle 命令操作

在 Turtle 绘图中，因为画布是静止不动的，所以以画布中心构建的角度坐标是不会发生变化的，如 90° 就是指正北方向。这在 Turtle 中是绝对角度，绝对角度是相对于画布而言的，turtle.seth(angle)函数中的角度用的就是绝对角度。

与绝对角度相对应的是 Turtle 角度，也叫相对角度。它是以 Turtle 本身的方向为中心建立起来的一个角度坐标系，它是时刻在变动的。turtle.left(angle)、turtle.right(angle)中的角度用的就是相对角度。

Turtle 的画图方向是左手边的，类似左撇子的操作，turtle.fd()表示朝前爬行多少个像素点，而 turtle.bk()则表示后退了多少个像素点。

Turtle 绘图一般遵循以下几个方面，操作如下。

（1）让 Python 引入 Turtle 模块：import turtle。

（2）创建画布，调用 Turtle 中的相关函数，如：turtle.Pen()。

（3）移动画笔。使用 Turtle 中的相关函数，如：首先开始填充图形（turtle.begin_fill()），中间过程，如：turtle.forward(50)，表示向前移动 50 个像素；turtle.left(90)，表示向左转 90 度等此类操作；最后需要通知填充完成（turtle.end_fill()）。

（4）擦除画布。如 turtle.reset()，重置命令（reset），这会清除画布并把画笔放回开始的位置；turtle.clear()，清除命令（clear）只清除屏幕，画笔仍停留在原位。

画笔还可以向右（right）转，或者后退（backward）。可以向上（up）把笔从纸上抬起来（换句话说就是停止作画），向下（down）开始作画。

使用 Turtle，可以绘制许多有趣的图形，如例 11-1-1 所示。

例 11-1-1　利用 Turtle 绘制花。

```
import turtle
import time
```

```
# 同时设置 pencolor=color1, fillcolor=color2
turtle.color("yellow ", " red ")
turtle.begin_fill()#开始填充图形
for i in range(50):#执 50 次
    turtle.forward(200)# 向前移动 200 个像素
    turtle.left(170)# 向左转 170 度
turtle.end_fill()#填充完成
turtle.mainloop()#启动事件循环
```

以上实例输出结果如图 11-1-1 所示。

图 11-1-1　利用 Turtle 绘制花的效果图

在例 11-1-1 中，“turtle.color("yellow","red")”使用一行代码同时定义了 pencolor 和 fillcolor，相当于“turtle.pencolor("yellow")”和“turtle.fillcolor("red")”两行代码，具有相同作用。例 11-1-2 中使用 pencolor 和 fillcolor 来进行图形样式定义，如例 11-1-2 所示。

例 11-1-2　绘制五角星实例。

```
import turtle
import time

turtle.pensize(5)
turtle.pencolor("yellow")
turtle.fillcolor("red")

turtle.begin_fill()
for i in range(5):
  turtle.forward(200)
  turtle.right(144)
turtle.end_fill()
time.sleep(2)
```

```
    turtle.penup()
    turtle.goto(-150,-120)
    turtle.color("violet")
    turtle.write("Python", font=('Arial', 40, 'normal'))

    turtle.mainloop()
```

以上实例输出结果如图 11-1-2 所示。

图 11-1-2 利用 Turtle 绘制五角星的效果图

11.2 random 标准库

随机数可以用于数学、游戏、安全等领域中，还经常被嵌入到算法中，用以提高算法的效率，并提高程序的安全性。使用随机数函数，需要导入 random 库。本节介绍 random 库，这个库也是全国计算机等级考试二级 Python 语言程序设计考试大纲（2018 年版）中第七部分——Python 计算生态中第 1 点（标准库）中必考的一个库。

【学习目标】

小节目标 1. 了解随机数的概念
2. 了解 random 库的基本随机函数与扩展随机函数
3. 了解并掌握 random 库的常用随机函数使用

11.2.1 random 库介绍

从概率论角度来说，随机数是随机产生的数据（比如抛硬币），但计算机是不可能产生随机数的，真正的随机数也是在特定条件下产生的确定值。计算机不能产生真正的随机数，伪随机数也被称为随机数。

Python 中用于生成伪随机数的函数库是 random 库。random 库是使用随机数的 Python 标准库，使用时只需要使用 import random。

random 库包含两类函数，常用的有以下个。

- 基本随机函数：seed()、random()。
- 扩展随机函数：randint()、getrandbits()、uniform()、randrange()、choice()、shuffle()。

Python 包含的部分常用随机数函数如表 11-2-1 所示。

表 11-2-1　Python 常用随机函数一览表

函数	描述
choice(seq)	从序列的元素中随机挑选一个元素，比如 random.choice(range(10))，从 0 到 9 中随机挑选一个整数
randrange([start,] stop [,step])	从指定范围内，按指定基数递增的集合中获取一个随机数，基数默认值为 1
random()	随机生成下一个实数，它在[0, 1）范围内
seed([x])	改变随机数生成器的种子 seed。如果不了解其原理，不必特别去设定 seed，则 Python 会自动选择 seed
shuffle(lst)	将序列的所有元素随机排序
uniform(x,y)	随机生成下一个实数，它在[x, y]范围内

11.2.2　random 库常用函数

random()函数是 Python 中生成随机数的函数，是由 random 模块控制的。random()函数不能直接访问，首先需要导入 random 模块，再通过相应的静态对象调用该方法才能实现相应的功能。每次生成的随机数都不一样，在后面的实例中，输出的随机数均仅供参考。

1.　random.random()

random.random()方法返回一个随机数，其在 0 至 1 的范围之内，如例 11-2-1 所示。

例 11-2-1　返回一个随机数实例。

```
import random
print("随机数: ", random.random())
```

以上实例输出结果如下：

```
随机数：0.22867521257116
```

2.　random.uniform()

random.uniform()是在指定范围内生成随机数，其有两个参数：一个是范围上限，一个是范围下限，如果 $a > b$，则生成随机数 n，n 的取值范围是 $a \leqslant n \leqslant b$。如果 $a < b$，则 n 的取值范围是 $b \leqslant n \leqslant a$，实例如例 11-2-2 所示。

例 11-2-2　返回一个随机数实例。

```
import random
print(random.uniform(2, 6))
```

以上实例输出结果如下：

```
3.62567571297255
```

3. random.randint()

random.randint()是随机生成指定范围内的整数，其有两个参数，一个是范围上限，一个是范围下限，下限必须小于上限，实例如例 11-2-3 所示。

例 11-2-3 返回一个随机数实例。

```
import random
print(random.randint(6,8))
```

以上实例输出结果如下：

```
8
```

4. random.randrange()

random.randrange()是在指定范围内，按指定基数递增的集合中获得一个随机数，它有三个参数，前两个参数代表范围上限和下限，第三个参数是递增增量，如例 11-2-4 所示。

例 11-2-4 返回一个随机数实例。

```
import random
print(random.randrange(6, 28, 3))
```

以上实例输出结果如下：

```
15
```

5. random.choice()

random.choice()是从序列中获取一个随机元素，如例 11-2-5 所示。

例 11-2-5 返回一个随机数实例。

```
import random
print(random.choice("www.jb51.net"))
```

以上实例输出结果如下：

```
j
```

6. random.shuffle()

random.shuffle()函数是将一个列表中的元素打乱，随机排序，如例 11-2-6 所示。

例 11-2-6 返回一个随机数实例。

```
import random
num = [1, 2, 3, 4, 5]
random.shuffle(num)
print(num)
```

以上实例输出结果如下：

```
[3, 5, 2, 4, 1]
```

7. random.sample()

random.sample()函数是从指定序列中随机获取指定长度的片段，原有序列不会改变，它有两个参数，第一个参数代表指定序列，第二个参数是需获取的片段长度，如例 11-2-7 所示。

例 11-2-7　返回一个随机数实例。

```
import random
num = [1, 2, 3, 4, 5]
sli = random.sample(num, 3)
print(sli)
```

以上实例输出结果如下：

```
[2, 4, 5]
```

11.3　jieba 第三方库

jieba 库是 Python 的中文分词工具，可以将句子精确地分开，对文本进行分析、统计词频、作词云图、构建对象等。本节介绍 jieba 第三方库，这个库也是全国计算机等级考试二级 Python 语言程序设计考试大纲（2018 年版）中第七部分——Python 计算生态中第 4 点（第三方库）中必考的一个库。

【学习目标】

小节目标　1. 了解 jieba 库的概念

2. 了解并掌握 jieba 库的安装

3. 了解并掌握 jieba 库的分词统计

11.3.1　jieba 库简介

jieba 是优秀的中文分词第三方库，需要额外安装。jieba 库提供三种分词模式，最简单的只需掌握一个函数。

jieba 分词依靠中文词库。利用一个中文词库，确定汉字之间的关联概率，通过汉字间概率大的组成词组，形成分词结果。除了分词，用户还可以添加自定义的词组。

jieba 分词有三种模式：精确模式、全模式、搜索引擎模式。

- 精确模式：试图将语句最精确地切分，不存在冗余数据，适合做文本分析。
- 全模式：将语句中所有可能是词的词语都切分出来，速度很快，但是存在冗余数据。
- 搜索引擎模式：在精确模式的基础上，对长词再次进行切分。

jieba 库常用函数如表 11-3-1 所示。

表 11-3-1　jieba 库常用函数

序号	函数	描述
1	jieba.cut(s)	精确模式，返回一个可迭代的数据类型
2	jieba.cut(s,cut_all=True)	全模式，输出文本 s 中所有可能的单词
3	jieba.cut_for_search(s)	搜索引擎模式，适合搜索引擎建立索引的分词结果

续表

序号	函数	描述
4	jieba.lcut(s)	精确模式，返回一个列表类型，建议使用
5	jieba.lcut(s,cut_all=True)	全模式，返回一个列表类型，建议使用
6	jieba.lcut_for_search(s)	搜索引擎模式，返回一个列表类型，建议使用
7	jieba.add_word(w)	向分词词典中增加新词

11.3.2 jieba 库的安装

jieba 是一个第三方库，需要在本地进行安装。

Windows 下使用命令安装：在联网状态下，在命令行下输入“pip install jieba”命令进行安装，安装完成后会提示安装成功。

jieba 分词有三种模式，不同模式分词的效果不同，如例 11-3-1 所示。

例 11-3-1 jieba 三种模式分词实例。

```
# -*- coding: utf-8 -*-
import   jieba
seg_str = "中华人民共和国是一个古老又伟大的国家。"
print("精确模式：","/".join(jieba.lcut(seg_str)))# 精确模式，返回一个列表类型的结果
print("全模式：","/".join(jieba.lcut(seg_str, cut_all=True)))   # 全模式，使用 'cut_all=True' 指定
print("搜索引擎模式：","/".join(jieba.lcut_for_search(seg_str))) # 搜索引擎模式
```

分词效果如下：

```
精确模式： 中华人民共和国/是/一个/古老/又/伟大/的/国家/。
全模式： 中华/中华人民/中华人民共和国/华人/人民/人民共和国/共和/共和国/国是/一个/古老/又/伟大/的/国家//
搜索引擎模式： 中华/华人/人民/共和/共和国/中华人民共和国/是/一个/古老/又/伟大/的/国家/。
```

11.3.3 jieba 分词应用

使用 jieba 分词工具对一个文本进行分词，统计次数出现最多的前 10 位词语，这里以西游记为例，“西游记_正文（第 1 章-20 章）.txt”文件和“例 11-3-2.py”在同一目录下，如例 11-3-2 所示。

例 11-3-2 jieba 分词西游记操作实例。

```
# -*- coding: utf-8 -*-
import jieba
txt = open("西游记_正文(第 1 章-20 章).txt", "r", encoding='utf-8').read()
words = jieba.lcut(txt) # 使用精确模式对文本进行分词
counts = {} # 通过键值对的形式存储词语及其出现的次数
for word in words:
    if len(word) == 1:# 单个词语不计算在内
        continue
    else:
        counts[word] = counts.get(word, 0) + 1# 遍历所有词语，每出现一次其对应的值加 1
items = list(counts.items())
```

```
items.sort(key=lambda x: x[1], reverse=True)# 根据词语出现的次数进行从大到小排序
for i in range(10):
    word, count = items[i]
    print("{0:<5}{1:>5}".format(word, count))
```

统计结果如下：

```
Building prefix dict from the default dictionary ...
Loading model from cache C:\Users\ADMINI～1\AppData\Local\Temp\jieba.cache
Loading model cost 2.255 seconds.
Prefix dict has been built succesfully.
行者      399
三藏      319
菩萨      238
悟空      196
一个      195
师父      183
大圣      166
那里      121
袈裟      117
猴王      103
```

上面的例子统计实现了中文文档中出现最多的排名前 10 位词语。

11.3.4　jieba 单词统计

上面的例子实现了统计中文文档中出现最多的词语，接着我们来统计一下在一个英文文档中出现次数最多的单词，如例 11-3-3 所示。

例 11-3-3　单词统计分词操作实例。

```
# -*- coding: utf-8 -*-
def get_text():
    txt = open("Python.txt", "r", encoding='UTF-8').read()
    txt = txt.lower()
    for ch in '!"#$%&()*+,-./:;<=>?@[\\]^_‘{|}～':
        txt = txt.replace(ch, " ")   # 查找文本中特殊字符，批量替换为空格
    return txt

file_txt = get_text()
words = file_txt.split()# 对字符串进行分割，生成单词列表
counts = {}
for word in words:
    if len(word) == 1:
        continue
    else:
        counts[word] = counts.get(word, 0) + 1
items = list(counts.items())
items.sort(key=lambda x: x[1], reverse=True)
for i in range(10):
    word, count = items[i]
    print("{0:<5}->{1:>5}".format(word, count))
```

以上实例输出统计结果如下：

```
the    ->    21
you    ->    18
python->    17
to     ->    14
for    ->    12
and    ->    12
of     ->    12
is     ->    10
if     ->     8
information->    6
```

11.4 wordcloud 第三方库

wordcloud 把词云当作一个对象，它可以将文本中词语出现的频率作为一个参数绘制词云，而词云的大小、颜色、形状等都是可以设定的。本节介绍 wordcloud 第三方库，这个库也是全国计算机等级考试二级 Python 语言程序设计考试大纲（2018 年版）中第七部分——Python 计算生态中第 4 点（第三方库）中选考的一个库。

【学习目标】

小节目标 1. 了解 wordcloud 库的概念

2. 了解并掌握 wordcloud 库的安装

3. 了解并掌握 wordcloud 库的分词统计

11.4.1 wordcloud 库的安装

在网络正常的情况下，在命令行中输入“pip install wordcloud”命令，如果提示报错则需要注意 pip 工具的版本：在 pip 安装 wordcloud 过程中，要求 pip 工具版本不低于 pip-10.0.1 版本，如果 pip 版本低，则需先更新 pip 包管理工具 python-m pip install--upgrade pip。

pip 更新到最新版本后安装 wordcloud，如果还报错，此时先下载 wordcloud-1.4.1-cp36-cp36m- win_amd64.whl 安装包到本地目录，Python 为 3.6.x 版本的可以下载 cp36 包。

下载 wordcloud 编译后的安装包，采用本地安装方式。

选择对应版本进行安装，注意要选择对应 Python 安装版本。

本地 Python 安装 wheel，安装方式 pip，命令为：pip install wheel。

安装 wheel 后，使用 pip 安装下载到本地的 wordcloud−1.5.0-cp37-cp37m-win_amd64（下载对应版本即可）。

下载后，打开命令行窗口，进入到安装包所在目录位置，选择合适版本再进行安装。

如输入“pip install wordcloud−1.5.0-cp37-cp37m-win_amd64.whl”后回车安装。如版本错

误，会有错误提示，提示内容如图 11-4-1 所示。如版本正确，进行安装，提示安装成功，如图 11-4-2 所示。

```
C:\Users\Administrator>pip install wordcloud-1.5.0-cp37-cp37m-win_amd64.whl
ERROR: wordcloud-1.5.0-cp37-cp37m-win_amd64.whl is not a supported wheel on this
 platform.
```

图 11-4-1　安装错误版本提示

```
C:\Users\Administrator>pip install wordcloud-1.5.0-cp37-cp37m-win32.whl
Processing c:\users\administrator\wordcloud-1.5.0-cp37-cp37m-win32.whl
Requirement already satisfied: pillow in c:\users\administrator\appdata\local\pr
ograms\python\python37-32\lib\site-packages (from wordcloud==1.5.0) (6.0.0)
Requirement already satisfied: numpy>=1.6.1 in c:\users\administrator\appdata\lo
cal\programs\python\python37-32\lib\site-packages (from wordcloud==1.5.0) (1.16.
2)
Installing collected packages: wordcloud
Successfully installed wordcloud-1.5.0
```

图 11-4-2　安装成功提示

如 pip 正常安装 wordcloud 后，使用时仍然提示错误，例如，提示“ImportError: No module named 'wordcloud'”，则请注意 Python 开发环境版本号。

11.4.2　wordcloud 库的使用

1．生成词云文件过程

wordcloud 库把词云当作一个 WordCloud 对象。wordcloud.WordCloud()代表一个文本对应的词云，可以根据文本中词语出现的频率等参数绘制词云，词云的形状、尺寸和颜色均可设定。

生成一个漂亮的词云文件分三步就可以完成，即：

（1）配置对象参数。

（2）加载词云文本。

（3）输出词云文件（如果不加说明则默认的图片大小为 400px×200px）。

将词云输出为图像文件（.png 或.jpg 格式），需要使用 matplotlib 绘图库。matplotlib 是一个 Python 的 2D 绘图库，通过 matplotlib，开发者可以仅需要编写几行代码，便可以生成直方图、功率谱、条形图、错误图、散点图等。如果没有该库，则会提示“ModuleNotFoundError: No module named 'matplotlib'”错误，此时导入安装 matplotlib 绘图库（命令为 pip install matplotlib）即可。

2．WordCloud 对象的常规方法及参数

以 WordCloud 对象为基础，进行配置参数、加载文本再输出文件。WordCloud 对象的常规方法包括以下两种方法：

- generate()加载文本，向 WordCloud 对象中加载文本 txt。
- to_file(filename)，将词云输出为图像文件（.png 或.jpg 格式）。

两个方法操作代码示意如下：

```
w= wordcloud.WordCloud()
```

```
w.generate()
w.to_file(filename)
```

wordcloud.WordCloud()还可以配置对象参数，格式如下：

```
w= wordcloud.WordCloud（<参数>）
```

参数如表 11-4-1 所示。

表 11-4-1　WordCloud 参数表

参数	描述
width	指定词云对象生成图片的宽度，默认为 400 像素，如 w=wordcloud.WordCloud(width=600)
height	指定词云对象生成图片的高度，默认为 200 像素，如 w=wordcloud.WordCloud(height=400)
min_font_size	指定词云中字体的最小字号，默认为 4 号，如 w=wordcloud.WordCloud(min_font_size=10)
max_font_size	指定词云中字体的最大字号，根据高度自动调节，如 w=wordcloud.WordCloud(max_font_size=20)
font_step	指定词云中字体字号的步进间隔，默认为 1，如 w=wordcloud.WordCloud(font_step=2)
font_path	指定文本文件的路径，默认 None，如 w=wordcloud.WordCloud(font_path="msyh.ttc")
max_words	指定词云显示的最大单词数量，默认为 200，如 w=wordcloud.WordCloud(max_words=20)
stop_words	指定词云的排除词列表，即不显示的单词列表，如 w=wordcloud.WordCloud(stop_words="Python")
mask	指定词云形状，默认为长方形，需要引用 imread()函数，如 from scipy.msc import imread mk=imread("pic.png") w=wordcloud.WordCloud(mask=mk)
background_color	指定词云图片的背景颜色，默认为黑色，如 w=wordcloud.WordCloud(background_color="white")

3. WordCloud 对象生成词云操作实例

wordcloud 将文本转化为词云，基本操作步骤如下。

（1）分隔：以空格分隔单词。

（2）统计：统计单词出现次数并过滤。

（3）字体：根据统计配置字号。

（4）布局：设置颜色环境尺寸。

如果单词不多，则可以使用 WordCloud 对象直接加载文本输出词云图形，如例 11-4-1 所示。

例 11-4-1　使用 WordCloud 对象直接加载文本输出词云图形实例。

```
import wordcloud
```

```
w= wordcloud.WordCloud()
w.generate("Python and WordCloud")
w.to_file("outfile.png")
```

以上实例输出图形结果如图 11-4-3 所示。

图 11-4-3　词云图形 1

很多时候，需要分析的单词较多，这时需要将单词赋值给一变量，WordCloud 对象加载文本变量输出词云图形，如例 11-4-2 所示。

例 11-4-2　使用 WordCloud 对象加载文本变量输出词云图形实例。

```
import wordcloud
txt ="Python For Beginners Welcome! Are you completely new to programming? If not then we presume you will be looking for information about why and how to get started with Python. Fortunately an experienced programmer in any programming language (whatever it may be) can pick up Python very quickly. It's also easy for beginners to use and learn, so jump in!"
w=wordcloud.WordCloud(background_color="white")
w.generate(txt)
w.to_file("pywcloud.png")
```

以上实例输出图形结果如图 11-4-4 所示。

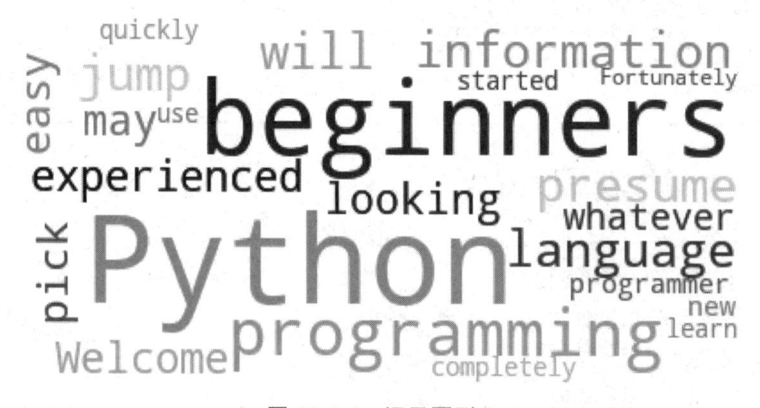

图 11-4-4　词云图形 2

通常，在输出词云文件之前，首先要分析文本，再对文本进行分词，以达到比较好的词云效果。WordCloud 对象首先加载经过分词的文本变量，然后再输出词云图形，如例 11-4-3 所示。

例 11-4-3 WordCloud 对象加载经过分词的文本变量并输出词云图形实例。

```
import jieba
import wordcloud
txt="Python For Beginners Welcome! Are you completely new to programming? If not then we presume you will be looking for information about why and how to get started with Python. Fortunately an experienced programmer in any programming language (whatever it may be) can pick up Python very quickly. It's also easy for beginners to use and learn, so jump in!"
w=wordcloud.WordCloud(width=400,font_path="msyh_boot.ttf",height=300)
w.generate(" ".join(jieba.lcut(txt)))
w.to_file("Pythonlanguage.png")
```

以上实例输出图形结果如图 11-4-5 所示。

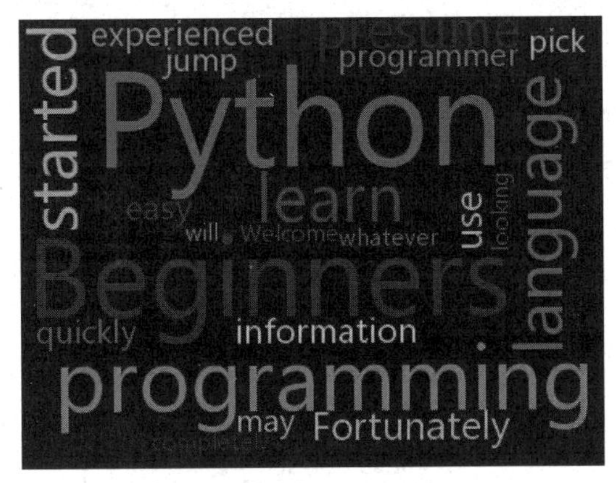

图 11-4-5 词云图形 3

上例中，msyh_boot.ttf 是字体文件，和例 11-4-3.py 在同一目录中。

例 11-4-3 和例 11-4-2 使用相同的数据，但例 11-4-2 不分词直接输出，而例 11-4-3 经过分词后输出。

11.5 实训 11：运行的时钟

【任务描述】

设置一个时钟程序，展现时钟运行情况，界面类似如图 11-5-1 所示。

图 11-5-1 时钟运行效果图

【操作提示】

创建上述图形，需要进行仔细安排。需求包括 5 个 Turtle 对象（1 个绘制外表盘+3 个模拟表上针+1 个输出文字）。

（1）导入 Turtle 和 datetime 标准库。

（2）建立 Turtle 对象并初始化.
（3）静态表盘绘制。
（4）根据时钟更新表针位置与时间信息。

【参考代码】

```
import turtle
from datetime import *

# 抬起画笔，向前运动一段距离放下
def Skip(step):
    turtle.penup()
    turtle.forward(step)
    turtle.pendown()

def Hand(name, length):
    # 注册 Turtle 形状，建立表针 Turtle
    turtle.reset()
    Skip(-length * 0.1)
    # 开始记录多边形的顶点。当前的位置是多边形的第一个顶点。
    turtle.begin_poly()
    turtle.forward(length * 1.1)
    # 停止记录多边形的顶点。当前的位置是多边形的最后一个顶点。将与第一个顶点相连。
    turtle.end_poly()
    # 返回最后记录的多边形。
    handForm = turtle.get_poly()
    turtle.register_shape(name, handForm)

def Init():
    global secHand, minHand, hourHand, printer
    # 重置 Turtle 指向北
    turtle.mode("logo")
    # 建立三个表针 Turtle 并初始化
    Hand("secHand", 135)#秒针
    Hand("minHand", 125)#分针
    Hand("hourHand", 90)#时针
    secHand = turtle.Turtle()
    secHand.shape("secHand")
    minHand = turtle.Turtle()
    minHand.shape("minHand")
    hourHand = turtle.Turtle()
    hourHand.shape("hourHand")
    for hand in secHand, minHand, hourHand:
        hand.shapesize(1, 1, 3)
        hand.speed(0)

    # 建立输出文字 Turtle
    printer = turtle.Turtle()
```

```
    # 隐藏画笔的 Turtle 形状
    printer.hideturtle()
    printer.penup()

def SetupClock(radius):
    # 建立表的外框
    turtle.reset()
    turtle.pensize(7)
    for i in range(60):
        Skip(radius)
        if i % 5 == 0:
            turtle.forward(20)
            Skip(-radius - 20)
        else:
            turtle.dot(5)
            Skip(-radius)
        turtle.right(6)

def Week(N):
    week = ["星期一", "星期二", "星期三",
    "星期四", "星期五", "星期六", "星期日"]
    return week[N.weekday()]

def Date(N):
    y = N.year
    m = N.month
    d = N.day
    return "%s-%d-%d" % (y, m, d)

def Tick():
    # 绘制表针的动态显示
    N = datetime.today()#当前时间
    second = N.second + N.microsecond * 0.000001
    minute = N.minute + second / 60.0
    hour = N.hour + minute / 60.0
    secHand.setheading(6 * second)
    minHand.setheading(6 * minute)
    hourHand.setheading(30 * hour)
    #使用 Tracer 函数以控制刷新速度
    turtle.tracer(False)
    printer.forward(65)
    printer.write(Week(N), align="center",font=("Courier", 14, "bold"))
    printer.back(130)
    printer.write(Date(N), align="center",font=("Courier", 14, "bold"))
    printer.home()
    turtle.tracer(True)

    # 100ms 后继续调用 tick
    turtle.ontimer(Tick, 100)
```

```
def main():
    # 打开/关闭动画，并为更新图纸设置延迟。使用 Tracer 函数以控制刷新速度
    turtle.tracer(False)
    Init()
    SetupClock(160)
    turtle.tracer(True)
    Tick()
    turtle.mainloop()

if __name__ == "__main__":
main()
```

【本章习题】

一、判断题

1．Turtle 库是 Python 语言中用来输出图形的第三方库。(　　)

2．假设已导入 random 标准库，那么表达式 max([random.randint(1, 10) for i in range(10)]) 的值一定是 10。(　　)

3．Python 标准库 random 的方法 randint(m,n)用来生成一个[m,n]区间上的随机整数。(　　)

4．jieba 分词中的全模式适合做文本分析。(　　)

5．jieba.cut(s)命令采用的是精确模式，返回一个可迭代的数据类型。(　　)

6．jieba 搜索引擎模式是在全模式的基础上，对长词再次进行切分。(　　)

7．random()是 Python 中生成随机数的函数，random 是 Python 的标准库，所以不需要导入。(　　)

8．jieba.lcut(s) 返回的是一个列表类型。(　　)

9．wordcloud 库把词云当作一个 WordCloud 对象，可以直接将词云输出为图像文件(.png 或.jpg 格式)。(　　)

10．random 库包含两类函数，其中基本随机函数是 random()与 uniform()。(　　)

二、填空题

1．Python 中文分词的第三方库是________。

2．Turtle 绘图中，准备开始填充图形命令是________。

3．随机生成一个随机数，其在 0 至 1 的范围之内，命令是________。

4．随机生成一个随机数，其在 1 至 100 的范围之内，命令是________。

5．Turtle 绘图中，________会清除画布并把画笔放回开始的位置。

6．随机生成在 1 至 100 的范围之内的整数的命令是________。

7．在 Turtle 绘图中，表示填充图形完成的命令是________。

8．WordCloud 对象的________方法用来加载文本，向 WordCloud 对象中加载文本 txt。

9．WordCloud 对象的________方法用来将词云输出为图像文件。

10．在 Turtle 绘图中，________只清除屏幕，画笔仍停留在原位。

第 11 章习题参考答案

附录　全国计算机等级考试二级 Python 语言程序设计考试大纲（2022 年版）

基本要求

1．掌握 Python 语言的基本语法规则。

2．掌握不少于 3 个基本的 Python 标准库。

3．掌握不少于 3 个 Python 第三方库，掌握获取并安装第三方库的方法。

4．能够阅读和分析 Python 程序。

5．熟练使用 IDLE 开发环境，能够将脚本程序转变为可执行程序。

6．了解 Python 计算生态在以下方面（不限于）的主要第三方库名称：网络爬虫、数据分析、数据可视化、机器学习、Web 开发等。

考试内容

一、Python 语言基本语法元素

1．程序的基本语法元素：程序的格式框架、缩进、注释、变量、命名、保留字、连接符、数据类型、赋值语句、引用。

2．基本输入输出函数：input()、eval()、print()。

3．源程序的书写风格。

4．Python 语言的特点。

二、基本数据类型

1．数字类型：整数类型、浮点数类型和复数类型。

2．数字类型的运算：数值运算操作符、数值运算函数。

3．真假无：True、False、None。

4．字符串类型及格式化：索引、切片、基本的 format()格式化方法。

5．字符串类型的操作：字符串操作符、操作函数和操作方法。

6．类型判断合类型间转换。

7．逻辑运算和比较运算。

三、程序的控制结构

1．程序的三种控制结构。
2．程序的分支结构：单分支结构、二分支结构、多分支结构。
3．程序的循环结构：遍历循环、条件循环。
4．程序的循环控制：break 和 continue。
5．程序的异常处理：try–except 及异常处理类型。

四、函数和代码复用

1．函数的定义和使用。
2．函数的参数传递：可选参数传递、参数名称传递、函数的返回值。
3．变量的作用域：局部变量和全局变量。
4．函数递归的定义和使用。

五、组合数据类型

1．组合数据类型的基本概念。
2．列表类型：创建、索引、切片。
3．列表类型的操作：操作符、操作函数和操作方法。
4．集合类型：创建。
5．集合类型的操作：操作符、操作函数和操作方法。
6．字典类型：创建、索引。
7．字典类型的操作：操作符、操作函数和操作方法。

六、文件和数据格式化

1．文件的使用：文件打开、读写和关闭。
2．数据组织的维度：一维数据和二维数据。
3．一维数据的处理：表示、存储和处理。
4．二维数据的处理：表示、存储和处理。
5．采用 CSV 格式对一二维数据文件的读写。

七、Python 程序设计方法

1．过程式编程方法。
2．函数式编程方法。
3．生态式编程方法。
4．递归计算方法。

八、Python 计算生态

1．标准库的使用：turtle 库、random 库、time 库。
2．基本的 Python 内置函数。
3．利用 pip 工具的第三方库安装方法。
4．第三方库的使用：jieba 库、PyInstaller 库、基本 NumPy 库。

5．更广泛的 Python 计算生态，只要求了解第三方库的名称，不限于以下领域：网络爬虫、数据分析、文本处理、数据可视化、用户图形界面、机器学习、Web 开发、游戏开发等。

考试方式

上机考试，考试时长 120 分钟，满分 100 分。

1. 题型及分值

单项选择题 40 分（含公共基础知识部分 10 分）。
操作题 60 分（包括基本编程题和综合编程题）。

2. 考试环境

Windows 7 操作系统，建议 Python 3.5.3 至 Python 3.9.10 版本，IDLE 开发环境。

参考文献

李渊，鄢维. 双创比赛项目在Python教学中的应用探索——以第七届互联网+大赛项目为例[J]. 中国教育技术装备.